U0930608

集成电路领域
本科教育教学改革试点
工作计划（“101 计划”）
研究成果

高等学校集成电路类专业人才培养
战略研究报告暨核心课程体系

集成电路领域本科教育教学改革试点
工作计划工作组　组编

郝　跃　主　编
胡辉勇　副主编

中国教育出版传媒集团
高等教育出版社·北京

内容提要

本书分为三个部分。第 1 部分为“高等学校集成电路类专业人才培养战略研究报告”，基于对国内集成电路类专业本科教育教学的调研，较为系统地整理了国内集成电路类专业学科布局、培养模式、人才需求和课程体系等方面的现状。第 2 部分为“高等学校集成电路类专业核心课程体系”，全面介绍集成电路“101 计划”重点建设的 8 门核心课程的知识体系，系统给出各个课程包含的重要知识点，指出各个知识点的内涵和能力目标，并明确知识点间的关联。第 3 部分为“高等学校集成电路类专业人才培养方案”，列出了参与集成电路“101 计划”的 22 所高校集成电路相关专业的培养方案。

图书在版编目（CIP）数据

高等学校集成电路类专业人才培养战略研究报告暨核心课程体系 / 集成电路领域本科教育教学改革试点工作计划工作组组编；郝跃主编；胡辉勇副主编. -- 北京：高等教育出版社，2025. 7. -- ISBN 978-7-04-063760-1

Ⅰ. TN4

中国国家版本馆CIP数据核字第2025E979N8号

Gaodeng Xuexiao Jichengdianlulei Zhuanye Rencai Peiyang Zhanlüe Yanjiu Baogao ji Hexin Kecheng Tixi

策划编辑 缪可可　　责任编辑 缪可可　　封面设计 王　洋　　版式设计 李彩丽
责任绘图 李沛蓉　　责任校对 张　薇　　责任印制 赵义民

出版发行 高等教育出版社
社　　址 北京市西城区德外大街 4 号
邮政编码 100120
印　　刷 三河市春园印刷有限公司
开　　本 787mm×1092mm　1/16
印　　张 19.75
字　　数 480千字
购书热线 010-58581118
咨询电话 400-810-0598
网　　址 http://www.hep.edu.cn
　　　　 http://www.hep.com.cn
网上订购 http://www.hepmall.com.cn
　　　　 http://www.hepmall.com
　　　　 http://www.hepmall.cn
版　　次 2025 年 7 月第 1 版
印　　次 2025 年 7 月第 1 次印刷
定　　价 98.00元

本书如有缺页、倒页、脱页等质量问题，请到所购图书销售部门联系调换
版权所有　侵权必究
物 料 号 63760-00

本书编委会

主　编：郝　跃

副主编：胡辉勇

编　委：

郝　跃	于　奇	叶　凡	朱　丹
闫　浩	孙伟锋	吴行军	吴华强
张沛昌	金　晶	郑雪峰	胡辉勇
贺光辉	贾新章	郭宇铮	黄　磊
蒋玉龙	程　然	雷鑑铭	

前 言

PREFACE

从 1947 年晶体管的发明，到 1958 年集成电路的诞生，集成电路在各领域的应用日益广泛，极大地推动了电子设备性能的提升和不断小型化，加速了电子信息化时代的到来。同时，集成电路的应用也促进了相关技术的迅猛发展，尤其是进入 21 世纪后，来自计算机、移动通信、物联网、人工智能和消费类电子等领域的巨大需求更是推动了以集成电路为核心基础的信息产业的革命性发展，人类社会已然进入了电子信息时代，并将进入智能化时代。

集成电路技术及其相关产业是信息产业的基石，集成电路技术与产业的发展离不开人才，培养和造就高质量的集成电路技术与产业人才，对发展技术和产业新质生产力、提升国家综合实力和国家安全保障能力具有极为重要的意义。为了培养既能满足产业快速发展，又能提升技术创新能力，且满足国家需求的集成电路相关领域的专门人才，按照《学位授予和人才培养学科目录设置与管理办法》的规定，经专家论证，国务院学位委员会批准，决定设置“交叉学科”门类（门类代码为“14”）、“集成电路科学与工程”一级学科（学科代码为“1401”）。2020 年 12 月 30 日，国务院学位委员会、教育部印发《国务院学位委员会　教育部关于设置“交叉学科”门类、“集成电路科学与工程”和“国家安全学”一级学科的通知》（学位〔2020〕30 号）。随后教育部公布了全国首批 18 所集成电路科学与工程一级学科博士学位授权点高校名单，标志着我国集成电路人才培养进入一个新阶段。

2024 年 4 月教育部正式启动了集成电路领域“101 计划”，由西安电子科技大学、清华大学和深圳大学牵头，高等教育出版社支持，汇集我国高校优势资源共同开展集成电路领域“101 计划”建设，全面推进集成电路领域本科阶段核心课程、教材体系、重点实践项目、高水平教学团队建设，目标是将我国集成电路领域本科阶段人才培养质量推进到一个新高度。

2024 年 7 月 18 日，中国共产党第二十届中央委员会第三次全体会议审议通过了《中共中央关于进一步全面深化改革　推进中国式现代化的决定》。习近平总书记指出：“分类推进高校改革，建立科技发展、国家战略需求牵引的学科设置调整机制和人才培养模式，超常布局急需学科专业，加强基础学科、新兴学科、交叉学科建设和拔尖人才培养，着力加强创新能力培养。完善高校科技创新机制，提高成果转化效能。”针对目前高水平集成电路产业人才的国际竞争空前激烈的

状况，集成电路领域“101 计划”立足国内高校教育资源和特色、依托国内产业优势资源、结合国家产业发展和需求、借鉴国际集成电路领域人才培养的先进经验、吸收国际前沿科技与技术，构建集成电路领域高水平课程体系和教材体系，全面提升集成电路领域人才培养能力和质量，促进集成电路产业快速发展。

该计划重点完成以下“四个一”的关键建设内容：

1. 建设 8 门核心课程知识图谱、示范课等课程资源，充分体现课程的“高阶性、创新性、挑战度”，形成一个特色鲜明的集成电路领域本科阶段核心课程群。

2. 紧跟产业发展前沿，反映产业发展中国特色，注重理论实践融合，编写一批适合我国集成电路领域人才培养的核心课程优秀教材，积极探索建设数字教材和新形态教材。

3. 面向未来集成电路技术发展和产业需求，建设一批核心课程和教材配套的校内外重点实践项目，把新方法、新技术、新工艺、新标准引入教育教学实践。

4. 以建设核心课程、教材、实践项目等为载体，组建高水平核心课程教学团队，依托产教融合平台、虚拟教研室等，积极开展名师示范、教师培训、交流研讨，培育一批拥有卓越教学能力和丰富产教融合经验的核心课程授课教师。

为了配合集成电路领域“101 计划”建设工作，在教育部高等教育司的指导下，集成电路领域“101 计划”指导委员会（以下简称“委员会”）与高等教育出版社在 2023 年立项的教育部战略性新兴领域“十四五”高等教育教材体系建设项目［新一代信息技术（集成电路）］中规划了撰写一本白皮书，即《高等学校集成电路类专业人才培养战略研究报告暨核心课程体系》。在委员会统一协调下，24 所参与高校和 4 家集成电路相关企业，还有参与 8 门核心课程建设的 150 余位集成电路领域骨干教师和专家共同完成了本书的撰写。本书作为集成电路领域“101 计划”建设以及后续工作的建议指导用书，不仅为课程体系与教材体系建设提供较为全面的参考资料，也可为国内集成电路领域相关高校、院系、教师与学生在专业建设和课程学习时提供参考。本书内容包括三个部分。

第 1 部分：“高等学校集成电路类专业人才培养战略研究报告”

针对国内外集成电路领域本科人才培养的现状，较为系统地梳理了国内外集成电路及相关学科布局、培养模式、人才需求和课程体系等方面的现状，并进行了对比分析。在此基础上，较为全面地阐明了集成电路领域“101 计划”建设的组织架构、工作目标、工作思路、工作计划和实施建设情况，为相关学科专业建设和人才培养提供借鉴。

第 2 部分：“高等学校集成电路类专业核心课程体系”

完整介绍了集成电路领域“101 计划”重点建设的 8 门核心课程的知识体系，对每门课程的教学内容、教学目标和教学安排进行了简要介绍，并详细罗列了每门课程包含的重要知识点，给出了每个知识点的内容和能力目标，并勾画出

这些知识点之间的相互关联，为课程体系构建、知识点的明确、知识内容的学习提供了清晰的路径，同时也为教材编写提供了重要的支撑。

第 3 部分："高等学校集成电路类专业人才培养方案"

给出了部分国家示范性微电子学院及相关学院、学科集成电路类专业的培养方案，以便促进各高校之间的信息交流、为教学计划制定和学生专业学习等提供参考。

本书第 1 部分"高等学校集成电路类专业人才培养战略研究报告"由西安电子科技大学集成电路学部胡辉勇和郑雪峰、华中科技大学集成电路学院雷鑑铭、上海交通大学集成电路学院贺光辉以及电子科技大学集成电路科学与工程学院于奇等五位老师执笔，西安电子科技大学集成电路学部贾新章老师修订。第 2 部分"高等学校集成电路类专业核心课程体系"分别由 8 门核心课程建设组的负责人和参与专家（名单见附录 B）共同完成，胡辉勇和贾新章老师整理和审核。第 3 部分"高等学校集成电路类专业人才培养方案"由高等教育出版社缪可可编辑负责收集和整理，胡辉勇、郑雪峰和张鹤鸣等老师进行审核和修订。

由于集成电路属于多学科交叉，课程内容涵盖的知识点较多，加之建设时间比较紧，难免会有疏漏和不足，敬请各位读者批评指正。我们将持续不断改进和提高教材质量，为特色鲜明的高水准集成电路领域专业核心课程体系建设和高质量集成电路人才培养作出贡献。

致谢

感谢教育部高等教育司领导的悉心指导，从本书立项、撰写、出版整个过程中均给予了强有力的指导与支持。感谢参与集成电路领域"101 计划"的高校、企业、科研院所与相关单位的老师，感谢他们不仅在核心课程、教材体系、重点实践项目、高水平教学团队等方面的建设给予了支持和保障，也要感谢他们提供了集成电路领域相关专业培养方案。

感谢集成电路领域"101 计划"指导委员会的尤政、黄如、刘明、毛军发、吴汉明、刘胜、魏少军、王志敏、霍宗亮等各位院士专家，他们从本书初期研讨，到本书的撰写一直给予了耐心和有力指导建议，同时他们全程参与和组织了集成电路领域"101 计划"教材编撰、课程建设等工作。

感谢西安电子科技大学任小龙书记、张新亮校长、王泉副校长，西安电子科技大学本科生院苏涛院长、教务处杨敏副处长，西安电子科技大学集成电路学部肖刚书记、郑雪峰副主任、范重副主任、胡辉勇副院长、郭强、陈明、冯晓丽、张卫青、梁森；感谢清华大学集成电路学院吴华强院长，深圳大学电子与信息工程学院黄磊院长、张沛昌副院长在本书撰写过程中给予的大力支持和帮助。

感谢集成电路领域"101 计划"指导委员会秘书处和西安电子科技大学工作

组的各位老师以及兄弟院校的老师在成书过程中参与讨论和提出宝贵的意见建议，他们是西安电子科技大学集成电路学部胡辉勇、郑雪峰、朱樟明、马晓华、贾新章、张鹤鸣、杨林安、游海龙，清华大学集成电路学院吴华强、吴行军、朱丹，深圳大学电子与信息工程学院黄磊、张沛昌、钟世达，华中科技大学集成电路学院雷鑑铭、徐静平，复旦大学微电子学院叶凡、蒋玉龙，东南大学集成电路学院孙伟锋、闫浩，浙江大学集成电路学院程然，武汉大学动力与机械学院郭宇铮，电子科技大学集成电路科学与工程学院于奇，上海交通大学集成电路学院贺光辉、金晶等各位专家。

特别要感谢高等教育出版社对本书的大力支持，尤其感谢刘超社长、阳化冰副总编辑、张龙、刘茜、吴陈滨、缪可可、欧阳舟、平庆庆等对集成电路领域“101计划”从酝酿、启动到建设全过程的大力支持，以及在白皮书的构想、内容、编辑、出版等方面给予的大力支持。

2024年10月11日

目　录

CONTENTS

第 1 部分

高等学校集成电路类专业人才培养战略研究报告

1. 集成电路类专业学科布局

国内外高校的本科生和研究生培养都是依托学科方向下的课程体系和科研体系完成的，为更好地推进集成电路类专业建设和人才培养，有必要对国内外集成电路类专业的学科布局进行分析。

1.1 国内学科布局

我国学位授予和人才培养对学科、专业层级和相互关系有明确的划分。在我国《学位授予和人才培养学科目录（2011 年）》中按照学科门类和一级学科、二级学科进行划分，有的一个学科对应一个专业，如《学位授予和人才培养学科目录（2011 年）》中的二级学科也称学科专业；也有根据社会发展对人才知识构成的需要，由不同的学科知识即不同学科的不同科目组成一个专业，比如一些跨学科专业。

集成电路科学与工程学科的产生有着浓厚的时代背景。众所周知，我国集成电路产业保持高速增长，技术创新能力不断提高，产业发展支撑能力显著提升，但由于其研究对象的特殊性，在理论、方法上涉及较多现有一级学科，显示出多学科综合与交叉的突出特点。

为健全新时代高等教育学科专业体系，进一步提升对科技创新重大突破和重大理论创新的支撑能力，2020 年 12 月，国务院学位委员会、教育部印发《国务院学位委员会　教育部关于设置“交叉学科”门类、“集成电路科学与工程”和“国家安全学”一级学科的通知》（学位〔2020〕30 号），按照《学位授予和人才培养学科目录设置与管理办法》的规定，设置“交叉学科”门类（门类代码为“14”），“集成电路科学与工程”（学科代码为“1401”）就是其中的一级学科。其目的就是依托集成电路科学与工程一级学科，构建支撑集成电路产业高速发展的创新人才培养体系，从数量上和质量上培养出满足产业发展急需的创新型人才，为从根本上解决制约我国集成电路产业发展的“卡脖子”问题提供强有力的人才支撑。

集成电路科学与工程一级学科下设三个二级学科：

（1）集成纳电子科学

主要研究基于纳米材料的集成电路材料及器件等基础科学问题和技术，为集成电路的设计与制造提供新理论、新材料和新器件结构，融合了数学、物理、化学、材料科学与工程等相关学科的理论原理，具有明显的学科交融性。

(2) 集成电路设计与设计自动化

主要研究集成电路模型 / 算法、系统架构、模块结构和电路实现中的基础科学问题和技术途径，实现信息获取、处理、存储、传输和执行等功能在芯片上的集成并可大批量、高可靠和低成本地生产，融合了电子科学与技术、计算科学与工程、信息与通信工程等相关学科的理论原理，具有突出的学科交融性。

(3) 集成电路制造工程

主要研究集成电路制造工艺与材料、制造工程技术、微纳系统集成方法及工程管理，主要涵盖半导体制造材料、集成电路制造工艺、微纳制造方法、封装与测试等理论及方法，与数学、物理、化学、光学工程、管理工程和工业工程等学科交叉融合。

此外，普通高等学校本科专业目录中，有 4 个与集成电路类相关的本科专业，如表 1–1 所示。

表 1–1　集成电路类相关的普通高等学校本科专业

专业代码	专业名称	授予学位
080704	微电子科学与工程	理学 / 工学
080710T	集成电路设计与集成系统	工学
080702	电子科学与技术	理学 / 工学
080709T	电子封装技术	工学

1.2　国外学科分类

从国外不同国家和国际组织对学科划分的情况来看，其层级略有不同，有的划分为三级（如联合国、欧盟、英国、美国、日本），有的划分为四级（如加拿大）。由高到低可以称为学科大类、一级学科、二级学科和科目。其中，学科大类是学科划分中的最高层级，它不代表某一具体学科，只是为便于更高层次的数据呈现或分析，是对学科群的归类；一级学科则是具有共同理论基础或研究领域相对一致的学科集合；二级学科是组成一级学科的基本单元；科目则是二级学科下的更细分类，是具体的教学项目。

由美国教育部国家教育统计中心（以下简称 NCES）研制的学科分类系统（classification of instructional programs，以下简称 CIP），是世界各国教育部门研究和模仿的对象。以最新修订的 CIP2020 为例，将学科分为三个层级，最高级别为学科群，共 50 个，用两位数代码表示；学科群下设学科类别，共 473 个，用四位数代码表示；学科类别下设具体学科，共 2 325 个，用六位数代码表示。值得注意的是，原“15.0306 集成电路设计技术”更名为“15.0306 集成电路设计技术 / 技术员”。这一变更使得 CIP2020 中综合型及专业型代码与特定的职业相对应，具有更强的职业指向性，同时体现了 CIP2020 培养特定人才的价值观。

具体到集成电路类学科专业，国外的一级学科、二级学科或者学科方向划分也有所不同。例如，集成电路在美国对应于 EE（电子工程）或 EECE（电子工程与计算机工程），其主要相关专业归纳为 11 个：通信与网络、计算机科学与工程、信号处理、系统控制、电子学与集成电路、光子学与光学、电力、电磁学、微结构、材料与装置、生物工程。各个美国大学会根据自身的教学科研特色和优势，设置不同的学科专业，如美国麻省理工学院（MIT）的 EECS（电子工程与计算机科学）的专业设置为：信息系统、电路、应用物理与装置、生物医学科学与工程。

1.3 国内外学科分类对比

从国内外学科分类方法和集成电路类学科专业的设置可以看出,国内的学科划分很细,学科定位和培养方向清晰,有利于高校根据自身特点开展学科专业建设和人才培养,从而构建国内高校优势互补的学科群,培养的人才也能满足产业多层级、多方向的需求。

而国外高校的学科划分则相对颗粒度较粗,各学校学科和学科方向设置的自主性强,并能及时根据产业需求灵活调整。

2. 集成电路类专业培养模式

集成电路学科是在半导体技术基础上发展起来的一门新兴交叉学科,需要深厚的数理基础,又具有明显的创新性、工程化特征,是一门理论性和实践性都很强的学科,也是工程教育改革的重点领域。为了响应中央关于新时代做好人才工作的号召,加快高质量集成电路人才培养,有必要对国内外人才培养模式进行梳理和对比分析。

2.1 拔尖人才培养模式

2.1.1 国内人才培养模式

(1) 领军班

集成电路产业的快速发展,对产业人才的规模和水平提出了更高的需求。我国集成电路产业人才存在的重要瓶颈之一就是高端领军人才严重缺乏,在企业自主培养领军拔尖人才的同时,国内各高校也在积极探索产业急需的高层次领军人才培养新路径。

复旦大学"集成电路领军人才班(本科)"秉持"厚基础,重实践,融合创新"的理念,通过课程改革、国际交流等措施,为学生营造良好成长的环境,形成良好的学习氛围,为培养优秀集成电路人才提供条件保障和环境建设。学校结合复旦大学在基础学科上的优势,培养学生运用数学物理等基础理论的能力;在新生入学阶段进行选拔,通过"一生一芯"项目和导师制,帮助低年级学生进行选课和学业规划指导,高年级学生进行本科科研项目实践,实践实训项目覆盖领军人才班每个学生;与集成电路头部企业建立对接研习机制,培养学生发现、提出和解决问题的实践能力;通过与应用学科的交叉教学,培养学生的融合创新能力。

清华大学于2022年启动了集成电路创新领军工程博士班,从集成电路产业链中拥有丰富实践经验、取得突出技术成果、能够推动行业创新和进步的企事业单位中高层骨干中进行选拔。该计划采用课程学习、专业实践、学位论文相结合的培养方式,实行校企联合培养,学位论文的选题直接来源于产业急需攻关的难点技术,旨在培养具有坚实宽广的基础理论和系统深入的专业知识,具备解决复杂工程技术问题、进行工程技术创新以及规划组织实施工程技术研究开发工作的能力,能够在所在工程领域做出创新性成果的创新领军人才。

(2) 本研贯通培养

在建设创新型国家的进程中,要实现高水平科技自立自强,迫切需要在集成电路等关键领域超常规培养拔尖创新人才。本研贯通就是以培养拔尖创新人才为目标,贯通本硕博培养过程，统筹优质教育资源，优化人才培养体系，为优秀学生的成长特别是创新能力的培养提供多元路径和良好机遇，增强学生科研活动的专注性和持续性，提高人才培养效率。国内多所高校已经开展了集成电路专业的本研贯通改革试点工作。

电子科技大学依托学校在集成电路领域的学科资源和产教融合资源，聚焦集成电路设计、制造工艺、先进封装以及 EDA（electronic design automation，电子设计自动化）等关键核心技术，实施集成电路"强芯铸魂"本研贯通培养特别行动计划。该计划在大一下学期面向全校理工科学生开展选拔，通过"项目式 + 模块化 + 双导师"模式，全程配备校内校外双导师，按"一生一计划"，针对学生不同的专业背景，在导师指导下，学生自主设定个性化的培养计划，项目式课程贯穿全过程，以探索实践本硕 5~6 年、本博 7~8 年的本研贯通精英培养新范式，加快培养集成电路领域的拔尖创新和领军人才。

西安电子科技大学面向国家对集成电路设计与集成系统专业高精尖人才的迫切需求，开设"卓越班"，实施全员导师制和本硕一贯制贯通教育模式，通过一体化设计本研贯通课程体系，实施贯通大二至大四的本科生科研训练计划（URTP）、"一生一芯"综合实践，开展校企合作课、企业项目训练、暑期实习实践等形式的校企联合培养，培养具有实践创新能力和国际视野的集成电路行业卓越工程师和未来引领者。

(3) 卓越工程师教育培养计划

为促进我国由工程教育大国迈向工程教育强国，培养造就一大批创新能力强、适应经济社会发展需要的高质量各类型工程技术人才，为国家走新型工业化发展道路、建设创新型国家和人才强国战略服务，2010 年 6 月，教育部正式启动了"卓越工程师教育培养计划"（简称"卓越计划"），并遴选了 100 多所综合类、工科类试点院校，旨在为推动我国创新型国家的建设培育一批实践能力、创新能力、国际竞争力突出的高级应用型工程人才。2018 年 9 月，教育部、工业和信息化部、中国工程院发布《关于加快建设发展新工科实施卓越工程师教育培养计划 2.0 的意见》，要求以新工科建设为重要抓手，持续深化工程教育改革，加快培养适应和引领新一轮科技革命和产业变革的卓越工程科技人才，打造世界工程创新中心和人才高地，提升国家硬实力和国际竞争力。

2.1.2　国外人才培养模式

(1) STEM 教育

STEM 是科学（science）、技术（technology）、工程（engineering）、数学（mathematics）四门学科英文首字母的缩写，其中科学在于认识世界、解释自然界的客观规律；技术和工程则是在尊重自然规律的基础上改造世界、实现与自然界的和谐共处、解决社会发展过程中遇到的难题；数学则作为技术与工程学科的基础工具。

从 1986 年开始，美国开始推行 STEM 教育，2006 年开始作为国家战略执行。在 2006 年发布的《美国竞争力计划》中，提出知识经济时代教育目标之一是培养具有 STEM 素养的人才，并认为这是全球竞争力的关键。由此，美国在 STEM 教育方面不断加大投入，鼓励学生主修科学、技术、工程和数学，培养其科技理工素养。

STEM 教育的重点是加强对学生四个方面的教育：一是科学素养，即运用科学知识（如

物理、化学、生物科学和地球空间科学)理解自然界并参与影响自然界的过程;二是技术素养,也就是使用、管理、理解和评价技术的能力;三是工程素养,即对技术工程设计与开发过程的理解;四是数学素养,也就是学生发现、表达、解释和解决多种情境下的数学问题的能力。

(2) MIT 模式

麻省理工学院(Massachusetts Institute of Technology,简称 MIT)作为世界一流研究型大学的典范,其工程教育享誉全球。2016 年,MIT 发布《全球一流工程教育现状报告》,并启动新工程教育改革,着眼于培养"未来世界的工程人才"。

MIT 工程教育秉持的三大理念,即:从知识、技术、实践多个方面培养学生;培养的学生是能够终身学习的、各个领域的领导者;MIT 工程教育的最终目的是解决社会难题,服务国家乃至世界。学生在入学申请时,无须决定自己申请哪一特定的专业或学科,学校会在大一期间提供所有学科的学术介绍会、讲座及研讨会,并鼓励那些有兴趣探索工程专业的学生寻找并参与其中的工程项目,学生可以根据学习兴趣制定课程计划并随时调整。直到大学三年级,学生才在导师的指导下,确定具体的专业学习方向。在此安排下,学生能够在充分了解知识的整体结构、形成对学科的整体性观念的前提下,探索自己兴趣和特长,实现个性化培养。

此外,为了进一步扩充学生有关研究方向的选项,MIT 还设立了众多与学位紧密关联的实践与研究计划,例如大学生科研项目计划(UROP)、本科实践机会计划(UPOP)、戈登 - 工程领袖计划(Golden–Elp)等,其中 UPOP 是工程学院为了提高学生工程实践能力而专门设立的实践训练,这一计划不仅能使学生获得实际参与工程的机会,更让学生获得了丰富的校外工作经验。

(3) 欧林模式

欧林工程学院(Olin College of Engineering)是美国最具特色的工程专业大学之一,该校专注于精巧的工程本科教育,致力于培养未来工程界的领军人物,强调学生应具备精湛的工程基础和专业知识,同时对工程的社会作用有广泛的理解,能够创造性地解决当今世界的工程问题。

欧林工程学院工程教育的特点主要体现在其教育理念、课程设置、学生培养方式以及与企业的合作上。学院提供综合工程课程,学生可以在生物工程、工程计算、工程设计、工程机器人和工程可持续性五个专业细分领域中选择一个方向进行学习,并根据要求选择课程,形成定制化的学习计划;与许多"先理论后实践"的工程院校不同,其最具特色的就是 project-based learning(项目式学习),即在实践探索中教授相关理论,鼓励跨学科学习,让学生能够更好地将所学知识融会贯通。学生从第一学年就开始参与基于项目的工作,通过数学、科学和工程类课程中的动手参与,进行建模、仿真工程、工程系统分析等方面的学习和锻炼;此外,学院还通过校企合作将工程创新与商业化应用有机结合,开设"商业与创业基础"课程,毕业设计课题直接面向产业或市场需求。学院与企业、研究机构和政府等合作,大四学生有一个 SCOPE(Senior Capstone Program in Engineering)项目,企业为毕业项目设计提供经费资助和具体指导,帮助学生将创新成果转化为实际产品。

欧林工程学院的课程体系在深层次回顾后每五年更换一次,被称为"不断在进化的课程”。这些回顾旨在保证学院保持变化发展的文化，并且持续再创造，包括项目课题、学生评估机制、文理分配、实验题目、学生课业负担等，这种持续进化的教育结构也正是欧林工程学院能够培养出未来更加优秀的工程师的有效保障。

2.2　集成电路类专业人才培养计划与项目支持

2.2.1　国内支持计划与项目

(1) 国家集成电路人才培养基地

为贯彻国务院《鼓励软件产业和集成电路产业发展的若干政策》(国发〔2000〕18 号)文件精神，大力发展我国集成电路产业和软件产业，教育部、科技部于 2003 年发布《关于批准有关高等学校建设国家集成电路人才培养基地的通知》，在国内有相对优势的高等学校建立国家集成电路人才培养基地。首批获批高校为北京大学、清华大学、浙江大学、复旦大学、西安电子科技大学、上海交通大学、东南大学、电子科技大学、华中科技大学共 9 所高校，此后，又先后批准了北京航空航天大学、哈尔滨工业大学、同济大学、华南理工大学、西安交通大学、西北工业大学、北京工业大学、天津大学、大连理工大学、福州大学、中山大学共 11 所高校，此举对我国在新世纪的历史机遇期中迅速发展集成电路产业，加快培养产业急需的专业人才，尤其是新兴的集成电路设计人才有着十分重要的意义。

(2) 国家示范性微电子学院

为贯彻落实《国家集成电路产业发展推进纲要》和《关于支持有关高校建设示范性微电子学院的通知》精神，创新集成电路相关专业人才培养机制，提高人才培养质量，继而推动我国集成电路产业的可持续发展，2015 年 6 月，教育部、国家发展改革委、科技部、工业和信息化部、财政部、国家外专局联合发文，公布了 9 所建设和 17 所筹建示范性微电子学院的高校名单，后期又增加了 2 所，共计 28 所高校，即北京大学、清华大学、中国科学院大学、复旦大学、上海交通大学、东南大学、浙江大学、电子科技大学、西安电子科技大学、北京航空航天大学、北京理工大学、北京工业大学、天津大学、大连理工大学、同济大学、南京大学、中国科学技术大学、合肥工业大学、福州大学、山东大学、华中科技大学、国防科学技术大学、中山大学、华南理工大学、西安交通大学、西北工业大学、厦门大学、南方科技大学。

国家示范性微电子学院建设面向产业需求，以培养具有国际视野、多学科综合知识、具备产业思维的创新创业人才为目标，充分发挥高校对人才培养的基础作用和企业对人才培养的导向作用，在学科建设、师资队伍、人才培养、产学研平台建设、国际化合作等方面取得快速发展，培养出一批符合产业需求、创新能力强的高端工程型人才，更好地服务于国家微电子产业大发展的战略需求。

(3) 国家集成电路产教融合创新平台

为贯彻落实全国教育大会精神，统筹推进“双一流”建设和深化产教融合改革，加强集成电路等“卡脖子”技术领域人才培养，加快关键核心技术攻关，国家发展改革委、教育部按照“面向产业集聚科学规划布局、面向一流学科突出扶优扶强、面向协同创新深化产教融合、面向区域需求促进共建共享”四个原则，先后批准北京大学、清华大学、复旦大学、厦门大学、华中科技大学、南京大学、电子科技大学、西安电子科技大学共八所高校入选国家集成电路产教融合创新平台建设项目。

国家集成电路产教融合创新平台建设聚焦集成电路“卡脖子”技术领域的国家重大需求，以政府为指导、产业需求为导向、高校与企业为主体，集人才培养、科技创新、学科建设三位一体，探索产教融合的创新体制机制，形成高校与企业之间的协同创新动力，为引领集成电路科技与产业高质量发展提供人才与智力支持，服务国家战略和重大需求。

2.2.2 国外支持计划与项目

半导体和集成电路人才短缺是当前全球芯片产业发展面临的重要挑战，世界各国都在积极采取措施加大对集成电路人才培养的战略投入。以美国为例，主要采取以“本土培养为主、海外引进为辅”的策略，从多个层面培养集成电路技术人才。

(1) 人才培养专项基金

美国在《CHIPS 和科学法案》中，设立了两个与集成电路人才培养有关的专项基金。其一是名为“为美国劳动力和教育提供有利于生产半导体激励措施”(CHIPS)的基金项目。该基金将在 5 年内共计拨款 2 亿美元资助国家科学基金会，专用于促进美国芯片人才培养计划。其二是名为“为美国防御创造有益于生产半导体激励措施”的基金项目。计划 5 年内共计拨款 20 亿美元为美国国内芯片设计、实验室到工厂的半导体技术应用以及集成电路人才培养提供资金支持，通过多个渠道培养集成电路技术人才，以满足各个领域对人才的基本需求。

(2) 校企联合培养

同时，美国芯片企业也主动加强与大学的人才培养合作。如英特尔计划投资 5 000 万美元用于资助俄亥俄州部分大学，提升大学培养半导体本硕博各个层次人才的能力。此后俄亥俄州为响应英特尔的投资计划，积极联合印第安纳州和密歇根州的 11 家机构成立了“解决国家半导体和微电子需求中西部地区网络”，以加强各机构在半导体产业研究和人才培养方面的合作。

(3) 制定能力标准

此外，在国家科学基金会先进技术教育(NSF-ATE)计划资助下，美国国家创新与技术研究所(NIIT)建立了国家人才中心，制定美国首个《半导体能力标准》，建立“课程对标流程”，以确保半导体的教育课程能够符合行业需求。

(4) 全国协作网络

在学术层面，美国半导体学院(ASA)2022 年宣布将与半导体设备和材料研究所(SEMI)共同成立一个全国性半导体人才教育培训协作网络，该网络将动员 200 多所美国研究型大学和社区学院的教师从事半导体教育工作，以改进半导体教学课程、推行学徒制以及推行产业实训等。如在全国性半导体教育培训网络中共享最新的技术课程，在各个大学中推行理论与实践并重的培养模式等。

2.3　国内外人才培养模式对比

集成电路人才是全球政府和高校关注的重点，集成电路人才培养的工程性、产业性非常明显，国内外集成电路人才培养都已呈现出举全国之力、产教融合协同育人的共性，同时各个高校也都在突出各自的特色和优势，面向产业急需，不断创新人才培养模式，加大培养力度和规模，应对集成电路领域的全球化竞争。

3. 集成电路领域专业人才需求

集成电路产业是全球电子信息产业的基础和核心，其发展水平直接决定了电子信息产业的竞争力和创新能力。随着5G、物联网、人工智能等技术的快速发展，集成电路产业已成为全球范围内技术创新和产业升级的重要驱动力。在这一背景下，集成电路领域专业人才的需求也呈现出新的趋势和特点。本书旨在对当前集成电路领域专业人才需求进行概述和比较分析，以期为集成电路及其相关领域的人才培养提供参考。

3.1 国内集成电路领域专业人才需求

从国内集成电路领域专业人才需求总量来看，根据《中国集成电路产业人才发展报告》(2022—2023年版)的预测，到2024年，集成电路全行业人才需求将达到78.9万人左右，人才缺口近20万人，表明集成电路行业对于人才的需求量很大且存在明显的供不应求的情况。

从国内集成电路领域专业人才结构需求来看，集成电路属于知识密集、交叉融合型学科，涉及数学、物理、化学、电气、机械等多个学科深度交叉。目前，电子信息类专业，如电子信息工程、电子科学与技术、微电子科学与工程等专业是向集成电路产业供给人才的主要来源。《中国集成电路产业人才发展报告》(2022—2023年版)指出，集成电路企业偏好经验丰富的技术人才。以2022年为例，1年以上经验的集成电路人才需求占比高达76.38%，其中1~3年经验的人才需求占比最高，达33.49%。设计环节对1年以上工作经验的集成电路人才需求占比更高，达77.29%。集成电路作为高技术型产业，对人才综合素质要求较高。2022年，国内集成电路人才供给以本科和硕士为主，二者合计占比达92.3%，博士占比为0.4%。不过，随着企业研发创新能力持续提升，本科及以上人才需求保持较高增长。

总之，中国集成电路领域专业人才需求量大，且对人才的综合素质要求较高。为满足行业需求，需要高校、企业、政府等多方共同努力，加强人才培养和引进工作。

3.2 以美国为代表的国外集成电路领域专业人才需求

2022年全球集成电路产业开始进入下行周期，但全球主要国家和地区政府均持续推进各自的集成电路产业发展计划并加大政府补贴力度，陆续开始出台培养人才的具体计划。国外集成电路领域专业人才需求同样旺盛，需求增长趋势明显，需求结构多样化，薪酬水平较高，地域分布不均。全球半导体产业供应链格局加速重构，各国建设本土产业链促使美国、欧洲、日本、韩国半导体产业从业人数均呈现增长，其中2022年日本、美国的半导体产业从业人数增长较为明显。随着各国对半导体产业重视程度的提升，未来对半导体产业人才的需求将进一步加大。

美国 Eightfold AI 发布的数据显示，到 2025 年，美国对于半导体、集成电路相关技术人才的需求相比 2020 年将增加 7 万至 9 万人。随着美国持续推动本土半导体产能扩张，对于技术人才的需求将迅速增长到 30 万人。集成电路作为电子工程（EE）的一个重点方向，其涉及的专业领域广泛，包括设计、制造、封装、测试等。因此，对集成电路领域专业人才的需求不限于单一领域，而是需要跨学科的复合型人才。在设计环节，由于集成电路的复杂性和创新性，对人才的需求尤为突出。美国对于设计环节的人才需求增长迅速，显示出对高端创新人才的需求。集成电路领域专业人才的薪酬水平普遍较高。前程无忧的数据显示，在同期其他 55 个行业的毕业生薪酬没有增长的情况下，2020 年集成电路 / 半导体领域的毕业生的薪酬平均增长 20%~25%。国外集成电路领域专业人才也存在地域分布不均的情况。虽然一些中西部城市也在积极培养集成电路领域的人才，但人才仍然更倾向于流向产业集聚度更高的城市。

3.3　国内外集成电路领域专业人才情况对比分析

国内外在集成电路领域专业人才的数量、层级、质量、结构和供需等方面都存在一定的差异。国内在人才数量上占据优势，但人才层级和质量相对较低；而国外在人才层级和质量上更具优势，但数量上相对较少。

人才数量与层级上，根据《中国集成电路产业人才发展报告》(2022—2023 年版）的数据，中国集成电路人才数量在 2022 年已达到 60.2 万人，较 2017 年增加了约 20 万人。虽然人才数量庞大，但初级人员占比最多，占 44.41%；中级人员占 36.48%；高级人员占 16.01%；特级人员仅占 3.1%。而根据美国半导体协会和国际半导体产业协会（SEMI）统计，2022 年美国本土直接从事半导体产业者达到 30.7 万人，较 2021 年增长 8.48%。其中，不仅有大量的技术人员，还有相当数量的高端人才。欧洲半导体协会统计显示，2022 年欧洲半导体直接从业人员达 21.22 万人；日本 2022 年本土从事半导体人员达 16 万人；韩国直接从业人员达 19.34 万人。

人才质量与结构上，国内以本科和硕士为主，二者合计占比达 92.3%，博士占比仅为 0.4%。虽然硕士及以上学历的人才数量在增长，但博士等高学历人才相对稀缺；企业偏好经验丰富的技术人才，1~3 年经验的人才需求比重逐年提升，占比达 33.49%。美国等发达国家在集成电路领域拥有大量的高学历人才，博士的数量相对较多。由于集成电路行业的技术含量高，国外对人才的经验要求也相对较高，但具体占比数据因地区和国家的不同而有所差异。

4. 国内高校集成电路类专业课程体系

4.1 国内高校集成电路类专业课程体系

国内各高校为服务国家重大战略与人才培养需要，进行了集成电路类专业课程体系的建设和培养方案的制定，所开设的本科专业中与集成电路方向紧密相关的主要包括“集成电路设计与集成系统”“微电子科学与工程”等。上述专业的课程体系和培养方案通常包括三类课程：(1) 通识教育 / 公共平台课程；(2) 专业基础 / 专业核心课程；(3) 自主选修 / 专业实践课程。其中，第(1)类课程实现对学生的宽口径培养，提升其基本的科学素养；第(2)类课程专注于集成电路学科的核心课程建设，为学生打下深厚的专业基础；第(3)类课程培养学生的实践动手和解决工程问题的能力，并根据学生的兴趣特点进行细分方向的针对性培养。鉴于集成电路领域知识的广泛性、强应用性及其与行业的紧密关联性，各高校正积极构建覆盖全产业链的课程体系，并强化产教协同育人策略，以切实提升学生的实践能力。以北京大学为例，该校在课程体系构建上，设立了“集成电路设计与集成系统”和“微电子科学与工程”两个核心专业，以涵盖集成电路全产业链的关键环节。前者专注于集成电路芯片设计、EDA 技术、计算机软硬件协同设计、智能计算系统与架构、智能传感器系统等现代信息技术软硬件系统中的核心技术；后者则侧重于传授先进微纳器件与制造技术、微纳传感器技术、新型计算器件与架构等前沿科学知识。在理论与实践并举，产教协同育人方面，以中国科学院大学和上海交通大学为例，前者推行了“三二三”人才培养体系，构建多层次的校企深度合作实践训练平台，并实施“一生一芯”计划，为本科生提供自主流片的实践机会，而后者则通过科创项目、学科竞赛、毕业有芯计划等多维度实践型本科人才培养模式，结合与企业专家的前沿课程合作，实现产教深度融合的人才培养策略，以提升学生的实践能力和行业适应能力。

4.2 国际高校集成电路类专业课程体系

当前，以美国为首的西方国家依然在全球集成电路产业中占据主导地位，这一地位的稳固得益于其高等教育体系中众多享有盛誉的高校和学术机构在集成电路类专业建设与人才培养方面的卓越贡献。特别是美国的斯坦福大学、麻省理工学院、加州大学伯克利分校、加州理工学院，以及欧洲的剑桥大学、牛津大学、苏黎世联邦理工学院、伦敦帝国理工学院等，它们不仅拥有世界一流的科研设施和杰出的师资队伍，更与产业界建立了紧密的合作关系。这种合作模式为学生提供了丰富的实践机会，并为其职业发展提供了广阔的舞台。

相较于国内高校主要建设“集成电路设计与集成系统”“微电子科学与工程”等集成电路领域相关专业，国外高校鲜有直接以“集成电路”命名的高校院系专业，而是通常将集成电路领域的人才培养纳入电气工程(electrical engineering,EE),电气与电子工程(electrical and electronic engineering,EEE),电子工程与计算机科学(electrical engineering and computer science,EECS)等专业或专业下的细分方向。

以加州大学伯克利分校、斯坦福大学等高校的 EECS 和 EE 等专业为例,在具体的课程设置上,专业培养方案通常涵盖自然科学、专业必修、专业选修以及人文社科等多个领域,授课形式丰富多样,包括课堂教学、实验操作、深入讨论、定期测验以及拓展性的课外学习。在自然科学类课程中,数学类课程聚焦于微积分、线性代数、常微分方程和概率论的基础理论;科学和工程物理学则系统讲解力学与波动、热学、电学、磁学、电磁波、光学、相对论以及量子物理基础。这些知识点不仅可为学生构建坚实的理论基础,亦可在集成电路的材料制备、设计、制造、封装、测试等多个领域中发挥关键作用。专业必修和选修课程则大致可划分为三个方向:计算机类相关课程,旨在让学生掌握计算机程序、数据结构、计算机体系结构等关键知识;电子类基础课程,如信号与系统、电子电路、数字系统设计等,为学生打下坚实的电子工程基础;集成电路专业核心课程,从半导体工艺、半导体器件、集成器件,到模拟集成电路、数字集成电路和通信集成电路,形成完整的知识体系。

总的来看,在课程构建与人才培育上,国外顶尖高校凭借其在产业领域的优势,尤为注重实践与产教融合的培育理念。仍以加州大学伯克利分校和斯坦福大学为例,其建设了如模拟通信设计实验、集成电路设计基础与制造实验、高级集成电路技术等课程。这些课程或侧重于实验实践,或将课堂讲授与实验实践有机结合,旨在推动理论知识与实践能力的无缝对接,同时鼓励学生主动投入学习,培养其自主学习的能力。在课内实践基础上,这些高校还通过一系列如 Undergraduate Research Apprentice Program(URAP) 和 Research Experience for Undergraduates(REU) 等计划,积极鼓励并引导学生与校内教授或校外科研机构建立联系,深入科技前沿领域进行研究探索。值得一提的是,这些高校充分利用地理优势,通过诸如 Corporate Access Program(CAP) 和 Apple Stanford EE Coterm Scholarship in Integrated Systems 等项目,与苹果、英特尔、英伟达、思科等业界核心企业建立了紧密的合作关系。这些合作不仅为学生提供了丰富的行业讲座与研讨机会,还为他们提供了暑期实习和研究资助等宝贵资源,从而实现了学术教育与产业实践的深度融合,为学生的全面成长和职业发展奠定了坚实的基础。

4.3　国内外课程体系对比

国内外高校在建设集成电路类专业课程体系的过程中,都普遍遵循相似的课程架构,即从通识 / 人文类课程、到自然科学 / 科学基础类课程、再到专业必修 / 专业核心类课程,以及专业选修 / 实践探索类课程的渐进式课程培养模式。然而,尽管在集成电路学科的核心知识点上两者大体一致,但在具体课程设置、教育理念及人才培养模式等方面,国内外高校间仍存在一定差异:

(1) 国内高校的专业设置通常对标产业需求,无论是“集成电路设计与集成系统”还是“微电子科学与工程”,均紧密围绕集成电路产业链进行课程设置和人才培养。相较之下,国外高校则倾向于将集成电路方向融入电子工程、电子与计算机工程等更广泛的专业领域,

结合电子科学与技术、信息工程、计算机科学等其他专业领域的课程，以提供更全面的教育视角。

(2) 国内高校在毕业学分数和修读课程数量上普遍高于国外高校。这主要归因于：首先，国内通识类课程数量相对较多；其次，对自然科学理论知识的讲授较为深入和广泛；再次，部分专业课程集成度不足，导致某些知识点在多门课程中重复出现；最后，选修课的学分数量要求相对较高，包括专业选修课和个性化选修课等。

(3) 在实践育人和产教协同育人方面，国外高校的专业课程设置更加注重实验和实践的融入，同时能够依托产业优势大力开展产教融合的人才培养。而国内高校在课内教学方面依赖课堂理论讲授的课程依然偏多，学生在动手参与和自我学习方面的机会相对较少，导致国内专业课程与集成电路行业的实际需求存在一定程度的脱节，同时在产教融合的培养模式上尚待加强。

5. 集成电路领域“101 计划”简介与建设进展

我国集成电路领域人才培养体系源于建国初期的半导体专业的建设，经过近 70 年的发展已经形成了一套我国特有的人才培养和教学体系。随着近几十年集成电路技术和产业的蓬勃发展以及国内对集成电路领域人才需求高速增长，诸如集成电路领域人才培养规模小、高水平毕业生匮乏、授课内容滞后于产业技术发展、产教与科教融合不够以及学生动手实践能力欠缺等问题逐渐显现，成为制约我国集成电路人才培养的瓶颈。

随着“101 计划”的开展，其中的一些方法和经验为集成电路领域的人才培养提供了一条新的途径。基于这样的背景，在教育部高等教育司的指导下，西安电子科技大学、清华大学、深圳大学三校牵头联合国内多家优势学校以及龙头、优势企业共同开展集成电路领域“101 计划”。

5.1 建设目标

鉴于集成电路技术的特点，结合我国集成电路人才尤其是高水平拔尖人才培养现状，集成电路领域“101 计划”坚持“课程、教材、实践、师资”四个核心要素一体化建设，全面提升集成电路领域人才培养能力和培养质量，促进集成电路产业快速发展。总体建设目标：

- 建设形成特色鲜明的集成电路领域本科阶段核心课程群；
- 出版一批适合中国集成电路领域人才培养的优秀教材；
- 建成一批面向未来集成电路技术发展和产业需求的实践项目；
- 培育一批拥有卓越教学能力和丰富产教融合经验的课程授课教师。

5.2 组织架构

在教育部高等教育司的指导下，2024 年 4 月 19 日西安电子科技大学、清华大学、深圳大学联合国内多所高校成立了集成电路领域“101 计划”指导委员会，指导委员会全面统筹集成电路领域“101 计划”建设工作；监督和推进集成电路领域“101 计划”建设工作；全面负责推进核心课程建设工作；审议集成电路领域“101 计划”建设重要事项。指导委员会在西安电子科技大学下设秘书处，秘书处主要负责项目的日常管理、联络以及会议组织等工作。

为了总体协调核心课程建设，在指导委员会的领导下，由秘书处联合核心课程牵头单位成立集成电路领域“101 计划”建设委员会，主要负责集成电路领域“101 计划”日常建设和管理工作；负责集成电路领域“101 计划”整体规划和工作部署；负责集成电路领域“101 计划”核心课程、配套教材及重点实践项目内容审定；负责各核心课程建设任务的协调、推进和落实。

为了进一步落实核心课程建设，在建设委员会下设立 8 支集成电路领域“101 计划”核心课程建设团队，每个团队由相应的核心课程建设牵头单位负责组建。核心课程建设团队主要负责核心课程、配套教材、重点实践项目及高水平教学团队建设方案的制定与实施；核心范例课、重点实践项目等课程资源建设；核心课程配套教材编写及出版；核心课程高水平教学团队组建，组织开展名师示范、教师培训、教学研讨、教学研究等工作。具体组织架构如图 1–1 所示。

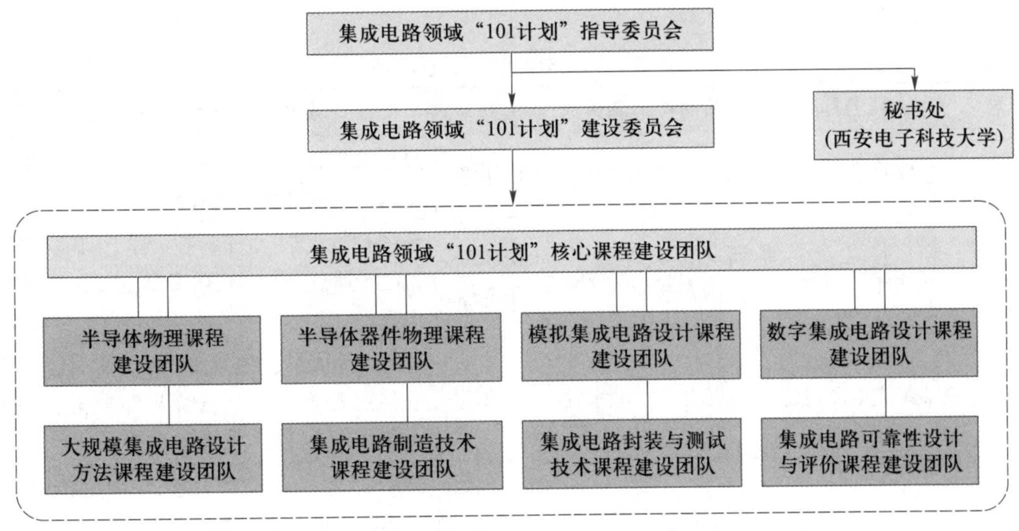

图 1–1　集成电路领域“101 计划”组织架构图

5.3　课程建设

在国内高校集成电路领域相关专业教学团队推荐和指导委员会广泛征求意见的基础上，确定了集成电路领域“101 计划”建设的 8 门核心课程（如图 1–2 所示）。

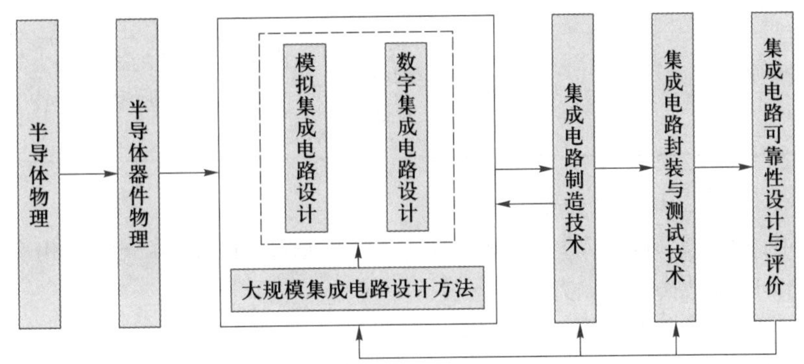

图 1–2　集成电路领域“101 计划”8 门核心课程

8 门核心课程中“半导体物理”“半导体器件物理”“模拟集成电路设计”“数字集成电路设计”“集成电路制造技术”是集成电路领域相关专业中的基础核心课程，“集成电路封装与测试技术”和“集成电路可靠性设计与评价”是在前 5 门的基础上补齐集成电路知识和技术链条，“大规模集成电路设计方法”作为一个支撑与延伸交叉，一方面支撑“模拟集成电路设计”与“数字集成电路设计”的学习，另一方面延伸交叉到不同应用的方向，同时也为集成电路的设计提供基础知识的支撑。

在建设过程中，我们采用自愿报名和牵头单位推荐的方式，确定了课程建设高校与单位的分工方案（如表 1–2 所示）。

表 1–2　集成电路领域核心课程清单

序号	课程名称	牵头高校	牵头人	负责人	参与建设的学校与单位
1	半导体物理	东南大学	黄如	孙伟锋	复旦大学、北京大学、西安电子科技大学、南京大学、电子科技大学、天津大学
2	半导体器件物理	西安电子科技大学	郝跃	胡辉勇 / 郑雪峰	华中科技大学、电子科技大学、中国科学院微电子所、东南大学、西安交通大学、北京理工大学
3	模拟集成电路设计	深圳大学	毛军发	张沛昌	上海交通大学、南京大学、华中科技大学、电子科技大学、北京航空航天大学、北京理工大学、国防科技大学、复旦大学
4	数字集成电路设计	复旦大学	刘明	叶凡	清华大学、上海交通大学、华中科技大学、哈尔滨工业大学、西安交通大学、北京理工大学
5	集成电路制造技术	浙江大学	吴汉明	程然	清华大学、北京航空航天大学、北京理工大学、山东大学、西安电子科技大学、福州大学
6	集成电路可靠性设计与评价	华中科技大学	尤政	雷鑑铭	西安电子科技大学、哈尔滨工业大学、东南大学、北京工业大学、中国科学院大学、长江存储科技有限责任公司
7	集成电路封装与测试技术	武汉大学	刘胜	郭宇铮	中国科学院大学、西安电子科技大学、福州大学、深圳大学
8	大规模集成电路设计方法	清华大学	魏少军	吴华强 / 尹首一	东南大学、北京大学、中山大学、中国科学院计算技术研究所、香港科技大学（广州）、福州大学

课程建设的工作安排如下。

- 2024 年：梳理 8 门核心课程知识点，每门课程根据知识内容分解成相应的核心知识点，完成每个核心知识点的授课方式的安排。
- 2025 年上半年：编写每个核心知识点的教学内容，形成教学手册，同时开展教学实践实例的梳理以及实践平台的建设与完善，完成教材的撰写。
- 2025 年下半年：在参与建设的部分院校进行试点，完善教学手册。
- 2026 年上半年：在参与建设的高校进行推广，根据反馈意见修订教学手册，完成实践

平台的建设。

5.4 教材建设

集成电路领域“101 计划”核心课程教材编写汇聚了国内及行业的顶级科学家、具有丰富教学经验的教师以及集成电路行业精英,依托建设高校现有的国家、省级以及学校的一流课程及核心课程,充分调研国际先进课程与教材资源,借鉴其他领域“101 计划”经验,成立核心课程教材编写团队,用近一年的时间为每门核心课程编写一部适合中国集成电路领域人才培养的优秀教材。通过 8 本教材形成集成电路领域完整的知识链条,体现知识的系统性;融入思政元素,回答“为谁培养人”的问题;站在科技前沿,紧扣产出导向;紧密与出版社合作,提升教材的质量和适用性。

体现知识系统性:8 本教材涵盖了集成电路领域最核心的专业知识,并在此基础上形成了完整的知识链条,构建专业体系知识图谱,系统规划 8 门核心课程教材的主要内容,为构建高质量教材体系提供路径示范。

融入思政元素 :8 本教材在编写过程中,积极贯彻《习近平新时代中国特色社会主义思想进课程教材指南》和党的二十大精神,融入思政元素,体现爱国精神、科学精神和创新精神,落实立德树人根本任务,从细微处回答“为谁培养人”。

站在科技前沿:8 本教材在编写内容里除了体现完整的半导体基础知识以外,积极加入集成电路领域新原理、新技术和新发展,更多地体现集成电路领域技术和产业发展的前沿。

紧密与出版社合作 :8 本教材采用“新形态教材 + 网络资源 + 实践平台 + 教案库案例库”等形式,实现纸质教材与数字教学资源的融合,适应基础理论知识的稳固和产业技术的快速发展。

教材编写工作计划:

- 2024 年 3 月,确定 8 门核心课程,制定出版计划;
- 2024 年 4 月,确定教材撰写牵头单位,落实出版社及出版规划;
- 2024 年 5 月,形成教材撰写团队,梳理编写内容;
- 2024 年 6 月,完成教材三级目录架构,落实编写任务以及相关资料收集和整理;
- 2024 年 10 月,完成教材初稿;
- 2024 年 11 月,完成教材统稿、审核以及针对审核意见的修改;
- 2024 年 12 月,交付出版社审校。

5.5 小结

集成电路领域“101 计划”培养集成电路领域拔尖创新人才培养的筑基工程,时间紧、任务重。建设团队为了能够在较短的时间内完成建设任务,立足于自身优势,吸纳国内外理论教学、实践教学、教材建设的经验,研究探索从核心课程的体系完善、教材撰写、数字化赋能等全面提升教材内容与技术发展的协同性、传统与创新的兼容性、知识深度与广度的协调

性，为加速高质量拔尖人才培养提供支撑。

本书第 2 部分给出 8 门核心课程的知识图谱，第 3 部分给出部分高校部分相关专业的培养方案。这两部分内容虽然还在不断地完善中，但是建设团队还是希望先行公开这些内容，为不同院校相关专业的建设和设立提供参考与借鉴。

参考文献

第 2 部分

高等学校集成电路类专业核心课程体系

半导体物理(Semiconductor Physics)

一、半导体物理课程定位

本课程是集成电路、微电子科学与工程等专业的核心专业课程,是后续"半导体器件物理""集成电路制造工艺""数字/模拟集成电路设计"等专业课程的先修课程。本课程主要介绍集成电路设计与制造应用所需的概念体系、分析方法和基础原理。具体内容包括:半导体能带论、半导体载流子统计、半导体载流子输运、非平衡载流子、PN结、异质结、金属-半导体接触、半导体表面与MIS结构。

二、半导体物理课程目标

知识层面:理解半导体相关的基本概念、载流子运动规律和特点;理解PN结、异质结、金属-半导体接触和MIS结构的工作原理。

能力层面:计算和分析半导体的基本电学性质,从数学角度推导PN结、异质结、金属-半导体接触和MIS结构的工作原理,计算其相关电学参数。

素质层面:思辨能力全面提升,强化科学精神,坚定专业志向。

三、半导体物理课程设计

设计总则:前五章基础概念部分由点到线、梯次展开,完成概念体系的介绍;后三章基础应用部分强调场景应用条件、数学推导和物理图景。

模块1(半导体的电子态):① 介绍半导体晶体结构,包括非晶、多晶、单晶及晶格点阵和晶格结构,晶面和晶向与倒格矢空间的定义,硅的晶体结构和晶格常数;② 介绍导带、价带、禁带的定义,半导体的能带,能带计算方法,第一性原理方法,介绍硅、锗以及典型半导体的能带图;③ 介绍半导体中能量视角、空间视角,能带中的空穴与电子激发,有效质量的物理含义;④ 介绍半导体 $\boldsymbol{k}$ 空间等能面的意义及各向异性。

模块2(半导体中的杂质和缺陷):① 介绍半导体中替位式杂质和间隙式杂质,施主与受主杂质以及杂质补偿作用,掺杂方式;② 介绍半导体中缺陷的基本概念,包含点缺陷、线缺陷、面缺陷和体缺陷;③ 介绍透射电子显微镜、能量色散X射线光谱、二次离子质谱的测试原理和结果分析。

模块3(热平衡时半导体中载流子的统计分布):① 介绍考虑自旋后 $\boldsymbol{k}$ 空间的状态密度,以及球形等能面和椭球形等能面的能态密度;② 介绍费米分布函数和玻耳兹曼分布函数的物理意义以及相互转化、非简并半导体与简并半导体;③ 介绍本征半导体和本征激发、半导体中的载流子浓度、本征载流子浓度、载流子浓度乘积及其物理意义;④ 介绍杂质能级上的电子和空穴浓度、电中性条件、分温区讨论杂质半导体的载流子浓度和费米能级;⑤ 介绍简并半导体中的载流子浓度。

模块 4(半导体的导电性):① 介绍载流子定向运动和平均漂移速度、载流子迁移率以及半导体电导率与迁移率的关系;② 介绍半导体中载流子运动的散射机制,主要介绍库仑散射和晶格散射,以及平均弛豫时间与平均自由程;③ 介绍迁移率的平均自由时间表达、马西森定则、迁移率对温度的依赖关系、掺杂半导体中的载流子迁移率以及热载流子与迁移率强场退化;④ 介绍电阻率与杂质浓度以及电阻率与温度的关系;⑤ 介绍载流子在电磁场中的运动、霍尔效应及测量方法,多能谷散射、负微分电导现象及耿氏振荡。

模块 5(非平衡载流子):① 介绍非平衡态和非平衡载流子的概念、非平衡载流子注入方式与小注入以及非平衡态下载流子浓度与准费米能级;② 介绍非平衡载流子光注入、复合、复合率与非平衡载流子寿命;③ 介绍载流子的扩散运动,包括扩散流密度、扩散第一定律、稳态扩散方程、扩散长度、扩散电流密度等,以及载流子的漂移运动、爱因斯坦关系式及总电流密度方程;④ 介绍连续性方程的建立与各项物理意义,包括扩散积累、漂移积累、复合率与其他因素产生率。

模块 6(PN 结):① 介绍 PN 结的形成方式、空间电荷区、平衡态能带图、接触电势差及载流子分布;② 介绍 PN 结中的电场及电势分布、势垒高度、非平衡态能带图、理想与非理想 PN 结的 J–V 关系;③ 介绍 PN 结势垒电容与扩散电容、PN 结雪崩击穿与齐纳击穿;④ 介绍简并 PN 结的能带图及隧道二极管工作原理;⑤ 介绍异质结的分类、能带图及考虑界面态时的能带图。

模块 7(金属 - 半导体接触):① 介绍金属与半导体的功函数、电子亲和能、表面势、肖特基势垒、阻挡层与反阻挡层、费米钉扎、表面态;② 介绍金属 - 半导体接触耗尽层宽度、势垒高度、多子电流受外加电压影响的规律,热电子发射理论,SBD 和 PN 结二极管的差别,镜像力和隧道效应及其对 I–V 特性的影响及势垒层的电容效应,欧姆接触及其实现方式。

模块 8(半导体表面与 MIS 结构):① 介绍 Si/SiO_2 系统中的电荷和电子态、理想 MIS 结构、等效电路模型及其 C–V 特性、表面电场效应;② 介绍半导体表面电场、电势和电容、功函数差的影响、绝缘层中电荷的影响;③ 介绍表面电导、表面迁移率、栅叠层、高 k 绝缘层 / 金属栅极、沟道掺杂分布。

本课程包含 8 个知识模块,主要模块之间的关系如图 2–1 所示。

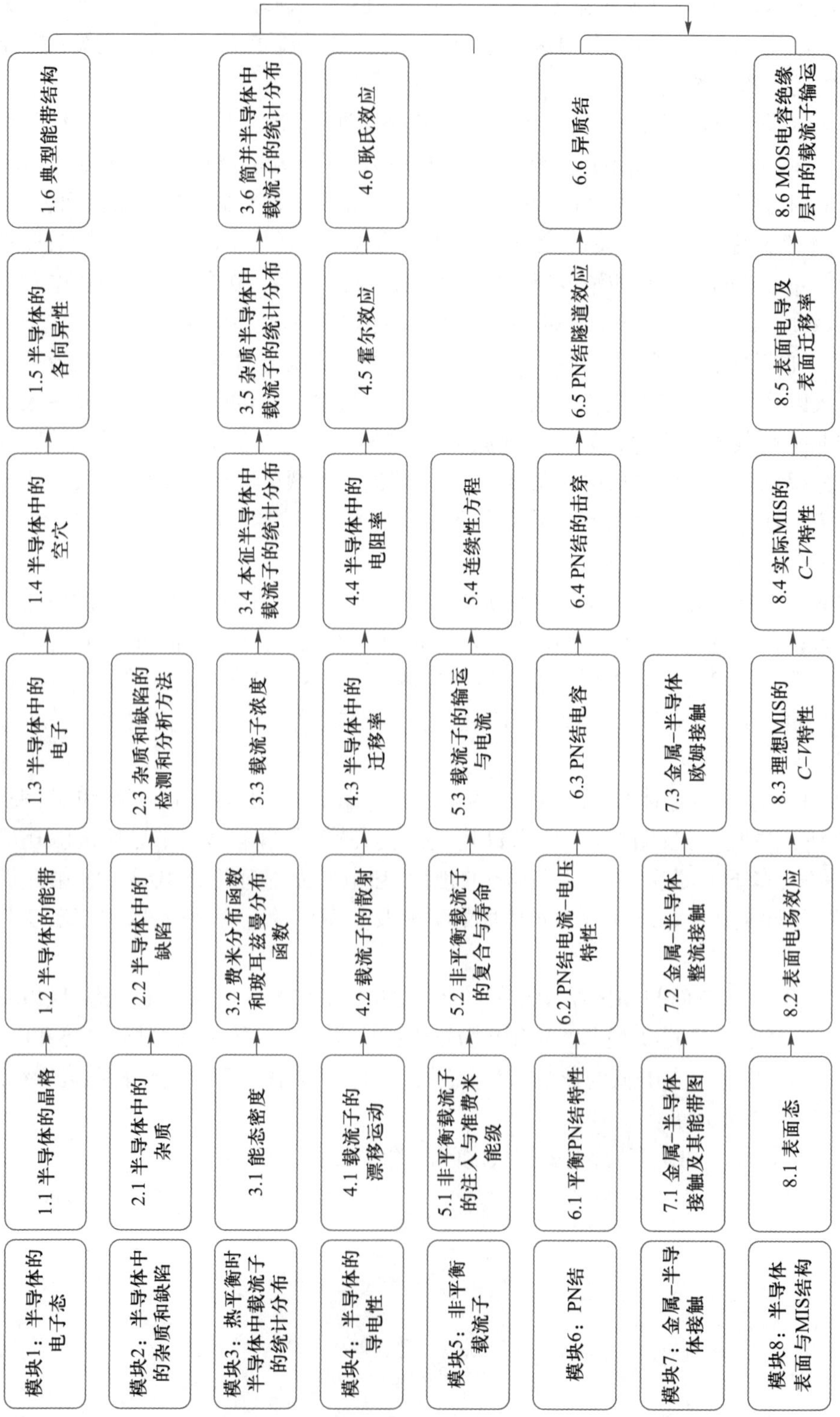

模块						
模块1：半导体的电子态	1.1 半导体的晶格	1.2 半导体的能带	1.3 半导体中的电子	1.4 半导体中的空穴	1.5 半导体的各向异性	1.6 典型能带结构
模块2：半导体中的杂质和缺陷	2.1 半导体中的杂质	2.2 半导体中的缺陷	2.3 杂质和缺陷的检测和分析方法			
模块3：热平衡时半导体中载流子的统计分布	3.1 能态密度	3.2 费米分布函数和玻耳兹曼分布函数	3.3 载流子浓度	3.4 本征半导体中载流子的统计分布	3.5 杂质半导体中载流子的统计分布	3.6 简并半导体中载流子的统计分布
模块4：半导体的导电性	4.1 载流子的漂移运动	4.2 载流子的散射	4.3 半导体中的迁移率	4.4 半导体中的电阻率	4.5 霍尔效应	4.6 耿氏效应
模块5：非平衡载流子	5.1 非平衡载流子的注入与准费米能级	5.2 非平衡载流子的复合与寿命	5.3 载流子的输运与电流	5.4 连续性方程		
模块6：PN结	6.1 平衡PN结特性	6.2 PN结电流–电压特性	6.3 PN结电容	6.4 PN结的击穿	6.5 PN结隧道效应	6.6 异质结
模块7：金属–半导体接触	7.1 金属–半导体接触及其能带图	7.2 金属–半导体整流接触	7.3 金属–半导体欧姆接触			
模块8：半导体表面与MIS结构	8.1 表面态	8.2 表面电场效应	8.3 理想MIS的 *C–V* 特性	8.4 实际MIS的 *C–V* 特性	8.5 表面电导及表面迁移率	8.6 MOS电容绝缘层中的载流子输运

图 2–1　半导体物理课程知识模块关系图

四、半导体物理课程知识点

模块 1：半导体的电子态（Electronic States of Semiconductors）（参考学时：7 学时）

知识点	主要内容	能力目标	参考学时
1. 半导体的晶格（Lattice of Semiconductors）	非晶、多晶、单晶；常见晶格点阵结构；低维半导体晶格结构；晶面和晶向；原子数密度；倒格矢空间的定义；四种基本化学键；晶体的生长方式；硅的晶体结构和晶格常数	理解晶格的分类和常见晶格点阵结构（A）；理解晶面和晶向，理解原子数密度的计算方法（B）；理解倒格矢空间与实空间的关系（B）；理解 X 射线衍射光斑与晶面的关系（C）；理解不同化学键固体的电子共有化程度（A）；理解不同化学键的代表性固体（B）；理解不同化学键晶体的生长方式（C）；理解硅的面心立方套构结构及键角（A）；计算硅原子数密度（C）	1
2. 半导体的能带（Energy Bands of Semiconductors）	从孤立原子到相邻原子；多个原子的电子能级；硅的 sp 轨道杂化与能带的形成；导带、价带、禁带的定义；自由电子、无限深势阱的电子、周期性晶格的电子的能级和能带、能带计算方法、第一性原理方法	理解近邻原子之间电子共有化的原因和相互作用及影响（A）；理解硅的外层电子轨道分布及其与能带的关系（A）；理解导带、价带、禁带的定义（A）；理解禁带的宽度大小和类型与金属、半导体、绝缘体之间的关联（B）；理解禁带宽度与激发波长之间的关系（B）；理解薛定谔方程（A）；推导自由电子的波函数、E–k 关系、波矢、动量（A）；推导无限深势阱电子的波函数和 E–k 关系（B）；周期性晶格中的周期势和布洛赫定理（A）；推导 E–k 关系和电子波函数（C）；理解简约布里渊区能带图（A）	3
3. 半导体中的电子（Electrons in Semiconductors）	能量视角、空间视角；运动的复杂受力、等效性；有效质量的物理含义；有效质量的推导；能带图与速度、有效质量的关系、有效质量在平面型 MOSFET 和 FinFET 中的影响	理解周期性晶格中电子运动的复杂性（A）；理解有效质量与牛顿运动定律之间的关系（A）；理解从能带底的 E–k 关系推导出有效质量，以及有效质量与电子速度、加速度的关系（B）；理解从能带图 E–k 关系计算有效质量的方法（A）；理解典型半导体的有效质量（B）	1
4. 半导体中的空穴（Holes in Semiconductors）	晶格中的空穴运动的含义；能带中的空穴与电子激发；空穴等效为带有单位正电荷的粒子	理解空穴运动是共价键电子整体运动的等效结果（A）；理解能带中的空穴与电子的产生和能量高低（A）；理解空穴移动产生的电流与电子移动产生的电流的关系（A）	0.5

续表

知识点	主要内容	能力目标	参考学时
5. 半导体的各向异性(Anisotropy of Semiconductors)	$\boldsymbol{k}$ 空间等能面的意义；回旋共振实验测量有效质量的原理；硅的回旋共振实验	理解三维 E–k 关系的展开和 $\boldsymbol{k}$ 空间等能面的意义(A)；理解回旋共振实验对有效质量的测量方法和公式(C)；理解不同方向上测得不同吸收峰的原因及其与有效质量的关系(C)	1
6. 典型能带结构(Typical Band Structures)	硅、锗的能带图；间接带隙半导体；典型Ⅲ－Ⅴ族、Ⅱ－Ⅵ族、氧化物、非晶半导体的能带图；直接带隙半导体；二维、准一维、准零维半导体的能带图	理解硅、锗的能带图及其与简约布里渊区的关系(A)；理解晶格应力对能带结构的影响(C)；理解间接带隙半导体的定义(A)；理解典型能带图(B)；理解直接带隙半导体的定义(A)；理解典型能带图(C)	0.5

说明：知识点的能力目标分为 A、B、C 三级，其中 A 表示基础和核心能力(必修)，B 表示高级和综合能力(限选)，C 表示扩展和前沿能力(选修)。

模块 2：半导体中的杂质和缺陷(Impurities and Defects in Semiconductors)(参考学时：4 学时)

知识点	主要内容	能力目标	参考学时
1. 半导体中的杂质(Impurities in Semiconductors)	替位式杂质和间隙式杂质的基本概念；施主杂质、受主杂质、杂质能级的电离能计算、杂质补偿作用；掺杂方式	理解替位式和间隙式杂质的定义和区别(A)；掌握施主和受主杂质的概念、能级和杂质补偿作用(A)；了解杂质能级电离能计算(B)；了解人为掺杂和非人为掺杂方法(C)	1.5
2. 半导体中的缺陷(Defects in Semiconductors)	空位点缺陷和替位点缺陷的基本概念；刃位错、螺位错、失配位错的基本概念；裂纹和堆垛层错的基本概念	理解半导体中点缺陷的分类和基本概念(A)；理解刃位错、螺位错、失配位错的基本概念(A)；理解裂纹和堆垛层错的基本概念(B)	1.5
3. 杂质和缺陷的检测和分析方法(Detection and Analysis Methods for Impurities and Defects)	透射电子显微镜的测试原理和结果分析；能量散射谱的测试原理和结果分析；二次离子质谱的测试原理和结果分析	了解透射电子显微镜的基本原理、适用范围(C)；了解能量散射谱的基本原理、适用范围(C)；了解二次离子质谱的基本原理、适用范围(C)	1

模块 3：热平衡时半导体中载流子的统计分布(Statistical Distribution of Carriers in Semiconductors at Thermal Equilibrium Status)(参考学时:6 学时)

知识点	主要内容	能力目标	参考学时
1. 能态密度(Density of States)	考虑自旋后 **k** 空间的状态密度;球形等能面的能态密度;椭球形等能面的能态密度	理解能态密度的基本概念(A),掌握状态密度的计算方法(B);理解球形等能面的基本概念(A),掌握球形等能面的能态密度计算方法(B);理解椭球形等能面的基本概念(A),掌握椭球形等能面的能态密度计算方法(B)	1.1
2. 费米分布函数和玻耳兹曼分布函数(Fermi Distribution Function and Boltzmann Distribution Function)	费米能级的物理意义;费米分布函数的物理意义;玻耳兹曼分布函数的物理意义;费米分布函数与玻耳兹曼分布函数的相互转化	理解费米能级的基本概念(A);理解费米分布函数的物理意义(A),掌握温度、费米能级对费米分布函数的影响规律(B);理解玻耳兹曼分布函数的物理意义(A),掌握温度、费米能级对玻耳兹曼分布函数的影响规律(B);理解费米分布函数与玻耳兹曼分布函数的转化条件(A),掌握相互转化的物理意义(B),理解简并半导体和非简并半导体的含义以及简并条件(A)	1.1
3. 载流子浓度(Carrier Concentration)	导带中的电子浓度;价带中的空穴浓度;载流子浓度乘积及其物理意义	掌握导带中的电子浓度的推导过程(C);掌握价带中的空穴浓度的推导过程(C);理解载流子浓度乘积的物理意义(B)	0.5
4. 本征半导体中载流子的统计分布(Statistical Distribution of Carriers in Intrinsic Semiconductors)	本征半导体和本征激发;本征费米能级;本征载流子浓度	理解本征半导体、本征激发的基本概念(A);掌握本征费米能级位置的计算方法(C);掌握本征载流子浓度的计算方法(C),理解温度、禁带宽度对本征载流子浓度的影响规律(B)	0.5
5. 杂质半导体中载流子的统计分布(Statistical Distribution of Carriers in Impurity Semiconductors)	杂质能级上的电子和空穴浓度;电中性条件;分温区讨论杂质半导体的载流子浓度和费米能级	掌握杂质能级上的电子和空穴浓度的计算方法(B);理解电中性条件的含义(A);掌握不同温度区间杂质半导体的载流子浓度和费米能级位置的计算方法(C)和物理意义(B)	2.3
6. 简并半导体中载流子的统计分布(Statistical Distribution of Carriers in Degenerate Semiconductors)	简并条件;简并半导体中的载流子浓度	理解费米分布函数和玻耳兹曼分布函数的变化规律和适用范围(B);掌握简并半导体中的载流子浓度的计算方法(C)	0.5

模块 4：半导体的导电性（Conductivity of Semiconductors）（参考学时：4 学时）

知识点	主要内容	能力目标	参考学时
1. 载流子的漂移运动（Drift of Carriers）	欧姆定律的微分形式；定向运动和平均漂移速度的概念；载流子迁移率；半导体电导率与迁移率的关系	理解均匀导体与不均匀导体中欧姆定律的形式差异（A）；理解载流子的定向运动和平均漂移速度的概念（A）；掌握迁移率与平均漂移速度的关系（A）；理解迁移率的统计意义（B）；掌握半导体中电导率与迁移率的关系（A）；理解电导率的统计意义（B）	0.6
2. 载流子的散射（Scattering of Carriers）	半导体中载流子运动的散射机制；库仑散射、晶格散射、表面散射、合金散射等；散射过程的平均弛豫时间与平均自由程的概念	理解载流子热运动与定向运动的关联（A）；理解散射概率的统计意义（B）；理解库仑散射（A）、晶格散射（B）、表面散射（B）、合金散射（B）的微观机制，了解散射概率形式（C）；掌握平均自由时间的概念（A），掌握散射概率与平均自由时间的关系（A）、理解平均自由程的概念以及与平均自由时间的关系（B）	0.8
3. 半导体中的迁移率（Mobility in Semiconductors）	迁移率的平均自由时间表达；马西森定则；迁移率对温度的依赖关系；掺杂半导体中的载流子迁移率；热载流子与迁移率强场退化	理解迁移率与有效质量、平均自由时间的关系（B），理解有效电导质量的概念（B）；理解半导体中多重散射机制的统计叠加（A），理解从散射概率的叠加到自由事件的叠加（A）；推导多种散射机制下的马西森定则（A），掌握迁移率在不同温度区间的变化（B）；理解多数载流子与少数载流子迁移率（B）、掌握载流子迁移率与掺杂浓度的关系（B）；理解欧姆定律的强场偏离（A），掌握热载流子的载流子温度的概念（A），了解强场下的饱和漂移速度的推导（B）	1.1
4. 半导体中的电阻率（Electrical Resistivity in Semiconductors）	电阻率与杂质浓度的关系；电阻率与温度的关系；四探针法测电阻率	掌握掺杂半导体中电阻率与杂质浓度的关系（B）；掌握本征半导体与非本征半导体中电阻率与温度的关系（B）；理解方块电阻的概念与电阻率的关系（A）；掌握四探针法的基本原理（B）	0.6
5. 霍尔效应（Hall Effect）	不同电荷极性的霍尔效应；载流子在电磁场中的运动；两种电荷极性同时存在的霍尔效应；霍尔效应测量方法与实际应用	理解霍尔效应现象（A），掌握霍尔系数、霍尔电压、霍尔角等概念（A）；了解霍尔效应的电磁场分析（C）；了解同时考虑两种载流子时的霍尔效应（B）；掌握霍尔效应测量的实验方法（A）、了解霍尔器件的基本工作原理和特性（B）	0.5

续表

知识点	主要内容	能力目标	参考学时
6. 耿氏效应(Gunn Effect)	多能谷散射;负微分电导现象;负微分电导引起的耿氏振荡	理解多能谷散射的概念和机制(B);理解微分电导的概念和物理意义(A)、了解多能谷散射导致负微分电导的过程(B);了解 GaAs 器件中的耿氏振荡现象(B)	0.4

模块 5:非平衡载流子(Non-equilibrium Carriers)(参考学时:8 学时)

知识点	主要内容	能力目标	参考学时
1. 非平衡载流子的注入与准费米能级(Injection of Non-equilibrium Carriers and Quasi-Fermi Levels)	非平衡态判据,非平衡态和非平衡载流子(过剩载流子)的定义;非平衡多子、非平衡少子;非平衡载流子注入方式与小注入;非平衡态下载流子浓度与准费米能级	理解非平衡态、非平衡多子、非平衡少子等相关概念(B);理解小注入的概念和非平衡少子起决定作用的原因(B);熟练掌握非平衡态载流子浓度表达式,理解准费米能级含义与引入的意义(B)	1
2. 非平衡载流子的复合与寿命(Recombination and Lifetime of Non-equilibrium Carriers)	非平衡载流子光注入(复合)实验原理与复合概念的引入;复合率与非平衡载流子的寿命;直接复合概念与机理;间接复合与 SRH 理论;俘获截面的概念;表面复合与表面复合速度,表面复合的作用	理解非平衡载流子光注入(复合)实验原理(B);理解复合概念以及半导体内部作用的意义(C);理解非平衡载流子寿命的物理意义(C);推导寿命与复合率之间的关系(B);理解直接复合机理,掌握直接净复合率和直接复合非平衡载流子寿命表达式(B);理解间接复合机理和复合中心(能级)的概念,熟练掌握 SRH 理论四种微观过程和复合稳态的定义,推导电子俘获率、电子产生率、空穴俘获率、空穴产生率计算表达式,建立间接复合普遍理论公式(C);理解非平衡小注入下非平衡载流子寿命的决定因素,以及强 N 型区、N 型高阻区、强 P 型区、P 型高阻区时寿命简化表达式与物理意义(C);理解有效复合中心的含义与意义(B);了解 Au 在 Si 中引入深能级实例(B);了解俘获截面概念(C);理解表面复合速度,理解表面复合对寿命的影响和寿命是结构敏感参数的含义(C)	4.5

续表

知识点	主要内容	能力目标	参考学时
3. 载流子的输运与电流 (Carrier Transport and Current)	载流子的扩散运动(扩散流密度、扩散第一定律、稳态扩散方程、扩散长度、扩散电流密度、探针注入实例);载流子的漂移运动;爱因斯坦关系式与总电流密度方程	熟练掌握一维情况下载流子扩散定律(斐克扩散定律)、稳态扩散方程建立、扩散长度、扩散电流密度(C);掌握样品尺寸对稳态扩散分布和扩散流密度的影响及相应的机理(C);三维情况下的斐克扩散定律、稳态扩散方程、扩散流密度和扩散电流密度(B);掌握爱因斯坦关系式并进行推导(C);掌握半导体中总电流(密度)的构成以及表达式(B)	1.5
4. 连续性方程 (Continuity Equation)	连续性方程的建立与各项物理意义(扩散积累、漂移积累、复合率与其他因素产生率);连续性方程具体运用实例	掌握载流子扩散积累和漂移积累的物理含义和数学表达式,建立半导体中载流子的连续性方程(C);理解连续性方程和具体边界 / 初始条件下的典型应用实例和数学求解过程,理解牵引长度等相关概念(C)	1

模块 6 :PN 结(PN Junction)(参考学时:6 学时)

知识点	主要内容	能力目标	参考学时
1. 平衡 PN 结特性 (Equilibrium PN Junction Characteristics)	PN 结的形成方式和杂质分布;空间电荷区;平衡 PN 结能带图;PN 结接触电势差;PN 结的载流子分布	理解 PN 结的形成方式和杂质分布特点(A);理解空间电荷区的形成原因和电流特点(B);理解平衡 PN 结能带图的特点,证明费米能级的不变性(B);理解 PN 结接触电势差的形成原因(A),推导接触电势差的表达式(B);理解 PN 结的载流子分布特点(B),理解耗尽区的概念(B)	1
2. PN 结电流 – 电压特性 (PN Junction Current–voltage Characteristics)	PN 结中的电场分布;PN 结中的电势分布;势垒宽度;线性缓变结的电场、电势和势垒宽度;非平衡 PN 结的能带图;理想 PN 结的 *J–V* 关系;非理想 PN 结的 *J–V* 关系	推导突变结的电场分布(C),理解电场分布的特点(B);推导突变结的电势分布(C),理解电势分布的特点(B);推导突变结势垒宽度的计算公式(C);推导线性缓变结的电场、电势分布(B),推导其势垒宽度(B);理解非平衡 PN 结的能带图的特点(B),绘制对应的能带图(C),推导对应的少子分布(C);理解理想 PN 结对应的假设(B),理解 *J–V* 关系推导的思路(B),推导 *J–V* 关系式(C);说明理想 PN 结的 *J–V* 关系特性(C);说明影响理想 *J–V* 关系的主要因素(B),推导势垒区产生和复合电流、大注入因素对 *J–V* 关系的定量影响(C)	3

续表

知识点	主要内容	能力目标	参考学时
3. PN 结电容(PN Junction Capacitance)	PN 结势垒电容;PN 结扩散电容	理解突变结和线性缓变结势垒电容的成因和特点(B),推导势垒电容的表达式(C);理解突变结扩散电容的成因和特点(B),推导扩散电容的表达式(C)	0.5
4. PN 结的击穿(Breakdown of PN Junction)	PN 结雪崩击穿;PN 结齐纳击穿	理解雪崩击穿的成因和特点(B),推导雪崩击穿电压表达式(C);理解齐纳击穿的成因和特点(B)	0.5
5. PN 结隧道效应(PN Junction Tunneling Effect)	简并 PN 结的能带图;隧道二极管的工作原理	理解简并 PN 结的能带图特点(B);理解隧道二极管的工作原理(B)	0.4
6. 异质结(Heterojunction)	异质结的分类;不考虑界面态时的能带图;考虑界面态时的能带图	理解异质结的分类(A);不考虑界面态情况下,理解突变反型和同型异质结能带图的特点(B),绘制异质结的能带图(C);考虑界面态情况下,理解巴丁极限概念(B),理解能带图的特点(B)	0.6

模块 7:金属 - 半导体接触(Metal-semiconductor Contact)(参考学时:5 学时)

知识点	主要内容	能力目标	参考学时
1. 金属 - 半导体接触及其能带图(Metal-semiconductor Contacts and Their Band Diagrams)	金属的功函数、半导体的功函数和电子亲和能;表面势、肖特基势垒、阻挡层与反阻挡层;费米钉扎、受主表面态、施主表面态	理解功函数和电子亲和能的物理含义(A);理解金属和半导体接触后如何产生势垒和表面能带弯曲,掌握阻挡层与反阻挡层的形成条件及其能带图(A);理解表面态对费米能级钉扎的原理,清楚受主表面态、施主表面态在能带中的分布及作用机理(B)	1.7
2. 金属 - 半导体整流接触(Metal-semiconductor Rectifying Contact)	耗尽层宽度、势垒高度、多子电流受外加电压影响的规律;热电子发射理论、少子注入、SBD 和 PN 结二极管的差别;镜像力和隧道效应及其对 *I–V* 特性的影响;电势分布、势垒层的电容效应	理解外加电压对耗尽层宽度、势垒高度、多子电流的作用机理(A);推导基于热电子发射理论的 *I–V* 特性(B)(C);理解镜像力和隧道效应及其通过降低势垒对 *I–V* 特性的影响(B);理解金属半导体接触电场、电势分布的求解过程(A),计算半导体势垒层的电容(B)	2.8
3. 金属 - 半导体欧姆接触(Metal-semiconductor Ohmic Contact)	欧姆接触及其实现方式	理解欧姆接触的特点、在实际器件中的实现方式及其能带图(A)	0.5

模块 8：半导体表面与 MIS 结构（Semiconductor Surface and MIS Structure）（参考学时：8 学时）

知识点	主要内容	能力目标	参考学时
1. 表面态（Surface State）	Si/SiO_2 系统中的电荷和电子态	理解 Si/SiO_2 系统中的四类电荷和电子态的特点（B）	0.7
2. 表面电场效应（Surface Electric Field Effect）	理想 MIS 结构、表面电场效应	理解理想 MIS 结构、等效电路模型（A）；理解多子积累、平带、耗尽及临界反型、反型及临界强反型状态的能带和电荷分布的特点（B），理解反型层沟道的成因和特点（C）	2.3
3. 理想 MIS 的 *C–V* 特性（*C–V* Characteristics of Ideal MIS）	半导体表面电场、电势和电容；MIS 的 *C–V* 特性	推导半导体表面的电场分布、电荷分布和电容分布（C）；推导 MIS 的电容分布（C），推导费米势和开启电压的表达式，理解低频、高频和深耗尽下的 *C–V* 的特点（B）	3
4. 实际 MIS 的 *C–V* 特性（*C–V* Characteristics of Actual MIS）	功函数差的影响；绝缘层中电荷的影响	理解功函数差的特点（B），理解平带电压的意义（B），推导功函数差引起的平带电压和阈值电压表达式（B）；理解绝缘层中电荷的特点（B），推导绝缘层中面电荷和体电荷引起的平带电压和开启电压表达式（B），理解 Si/SiO_2 系统中的四种电荷引起的平带电压（B），理解 *B–T* 实验（B）	1.1
5. 表面电导及表面迁移率（Surface Conductivity and Surface Mobility）	表面电导；表面迁移率	理解表面电导特点（A）；理解表面迁移率（A）	0.5
6. MOS 电容绝缘层中的载流子输运（Carrier Transport in Insulator of MOS Capacitor）	绝缘层中的载流子输运：在强电场和高温下，绝缘层中会出现一定的载流子输运	理解绝缘层中载流子的五种输运：直接隧穿、*F–N* 隧穿、热电子发射、*F–P* 发射和空间电荷限制电流（A）	0.4

五、半导体物理课程英文摘要

1. Introduction

This course is a core professional course in microelectronics science and engineering, and is a prerequisite course for subsequent professional courses such as physics of semiconductor devices, integrated circuit manufacturing processes, and digital/analog integrated circuit design. This course mainly introduces the concept system, analysis methods, and basic principles required

for integrated circuit design and manufacturing applications in the field of microelectronics science and engineering. The specific content includes: semiconductor band theory, semiconductor carrier statistics, semiconductor carrier transport, non-equilibrium carriers, PN junction, heterojunction, metal-semiconductor contact, semiconductor surface and MIS structure.

2. Goals

Knowledge level: Understand the basic concepts, carrier transportation rules and characteristics; understand the working principles of PN junction, metal-semiconductor contact and MIS structure.

Ability level: Calculate and analyze the basic electrical properties of semiconductors, derive the working principles of PN junction, metal-semiconductor contact, and MIS structure from a mathematical perspective and calculate their related electrical parameters.

Quality level: Comprehensive ability improvement in listening, speaking, reading, writing and critical thinking, strengthening scientific spirit and firm professional aspirations.

3. Covered Topics

Modules	List of Topics	Suggested Hours
1. Electronic States of Semiconductors	Lattice of Semiconductors(1), Energy Bands of Semiconductors(3), Electrons in Semiconductors(1), Holes in Semiconductors(0.5), Anisotropy of Semiconductors(1), Typical Band Structures(0.5)	7
2. Impurities and Defects in Semiconductors	Impurities in Semiconductors(1.5), Defects in Semiconductors(1.5), Detection and Analysis Methods for Impurities and Defects(1)	4
3. Statistical Distribution of Carriers in Semiconductors at Thermal Equilibrium Status	Density of States(1.1), Fermi Distribution Function and Boltzmann Distribution Function(1.1), Carrier Concentration(0.5), Statistical Distribution of Carriers in Intrinsic Semiconductors(0.5), Statistical Distribution of Carriers in Impurity Semiconductors(2.3), Statistical Distribution of Carriers in Degenerate Semiconductors(0.5)	6
4. Conductivity of Semiconductors	Drift of Carriers(0.6), Scattering of Carriers(0.8), Mobility in Semiconductors(1.1), Electrical Resistivity in Semiconductors(0.6), Hall Effect(0.5), Gunn Effect(0.4)	4
5. Non-equilibrium Carriers	Injection of Non-equilibrium Carriers and Quasi-Fermi Levels(1), Recombination and Lifetime of Non-equilibrium Carriers(4.5), Carrier Transport and Current(1.5), Continuity Equation(1)	8
6. PN Junction	Equilibrium PN Junction Characteristics(1), PN Junction Current-voltage Characteristics(3), PN Junction Capacitance(0.5), Breakdown of PN Junction(0.5), PN Junction Tunneling Effect(0.4), Heterojunction(0.6)	6
7. Metal-semiconductor Contact	Metal-semiconductor Contacts and Their Band Diagrams(1.7), Metal-semiconductor Rectifying Contact(2.8), Metal-semiconductor Ohmic Contact(0.5)	5

续表

Modules	List of Topics	Suggested Hours
8. Semiconductor Surface and MIS Structure	Surface State(0.7), Surface Electric Field Effect(2.3), *C–V* Characteristics of Ideal MIS(3), *C–V* Characteristics of Actual MIS(1.1), Surface Conductivity and Surface Mobility(0.5), Carrier Transport in Insulator of MOS Capacitor(0.4)	8

半导体器件物理（Physics of Semiconductor Devices）

一、半导体器件物理课程定位

本课程是集成电路领域本科专业的核心基础课程之一，课程充分体现了集成电路领域具有很强的理论与实践结合的特点。通过学习，学生应该掌握常用半导体器件的基本结构、载流子输运过程以及基本工作原理，理解影响半导体器件性能的因素，掌握提升半导体器件性能的方法，并在此基础上，具备理解 FinFET、GAA、CFET、射频器件等新型器件工作机制以及常用半导体器件设计，从器件物理角度分析器件性能的能力。

二、半导体器件物理课程目标

本课程的目标是使学生掌握 PN 结二极管、双极晶体管（BJT）、结型场效应晶体管（JFET）、MOSFET、射频器件、功率器件、存储器件、光电探测以及后摩尔时代新结构器件结构、原理、基本特性与应用，认识器件宏观特性与微观结构参数之间的内在联系，培养学生进行现代微电子器件设计的基本技能，掌握设计的基本方法，为学习集成电路领域的专业课程奠定必要的理论和实践基础。具体包括：

（1）掌握半导体器件的基本结构、载流子输运过程、工作机制、伏安特性等基本物理知识。

（2）理解半导体器件伏安、击穿、频率 / 开关、功率等特性以及影响这些特性的因素。

（3）理解小尺寸器件以及新结构器件的结构特点和性能特点，了解器件的演化过程。

（4）理解射频器件、功率器件、光电探测器件以及存储器件的工作机制，了解异质结特点、用于 IC 模拟仿真中的半导体器件模型。

（5）掌握现代微电子器件设计的基本理论和方法。

三、半导体器件物理课程设计

本课程内容可分为上篇和下篇两部分：上篇主要阐述常用的 PN 结二极管、双极晶体管（BJT）、结型场效应晶体管（JFET）、MOSFET、FinFET、GAA、CFET 的基本结构、工作原理、基本性能等内容；下篇主要介绍射频器件、功率器件、光电探测器件以及存储器件等器件的结构、原理及应用。

模块 1（PN 结二极管）：① 介绍 PN 结的形成和杂质分布，基于平衡 PN 结物理过程分析介绍势垒区参数定量表征；② 对 PN 结二极管的直流特性、击穿特性、交流特性和瞬态特性进行物理过程分析和定量分析；③ 以对比方式分析异质 PN 结的高电流注入比特点；④ 介绍电路模拟仿真软件采用的 PN 结二极管模型和模型参数。

模块 2（双极晶体管）：① 介绍双极晶体管（BJT）基本结构和平面工艺 IC 中 BJT 的结构特点；② 在分析 BJT 中载流子输运过程的基础上，对 BJT 的直流放大特性、击穿特性、频率特性、功率特性和开关特性进行物理过程分析和定量分析；③ 以对比方式分析异质结双极晶体管（HBT）的高性能特点；④ 介绍双极集成电路中基本 BJT 的结构和版图；⑤ 介绍电路模拟仿真软件采用的 BJT 模型和模型参数。

模块 3（结型场效应晶体管）：① 介绍结型场效应晶体管的基本结构、工作原理以及相应的电学特性，包括 PN 结型场效应晶体管、金属 - 半导体结型场效应晶体管与调制掺杂场效应晶体管；② 介绍结型场效应晶体管的沟道长度调制效应、速度饱和效应等非理想效应。

模块 4（MOSFET 基本结构和特性）：① 介绍 MOS 的基本结构和特点，阐述 MOS 电容随外加栅压变化的规律及物理机理，介绍 MOS 电容的应用；② 介绍 MOSFET 的基本结构和工作原理，介绍输出特性曲线和转移特性曲线，阐述 MOSFET 特性随端电压变化的规律和物理机理；③ 介绍 MOSFET 阈值电压的计算公式，阐述阈值电压的影响因素及减少氧化层电荷密度和界面态密度的重要性，介绍调阈掺杂方法；④ 介绍 MOSFET 经典 I–V 方程——萨支唐方程以及修正的 I–V 方程——体电荷模型 I–V 方程，介绍亚阈电流模型及亚阈值摆幅的定义和计算公式；⑤ 阐述 MOSFET 频率特性的重要性及小信号分析原理，介绍 MOSFET 小信号参数的定义和公式以及小信号等效电路，介绍影响频率特性的因素及改进措施；⑥ 介绍 MOSFET 几种击穿机制，介绍改善击穿特性的轻掺杂漏结构；⑦ 介绍 CMOS 结构及工作原理，介绍 CMOS 开关速度和功耗之间的关系，阐述 CMOS 的闩锁效应及预防措施。

模块 5（小尺寸 MOSFET 的非理想效应）：① 阐述影响 MOSFET 直流特性的各种非理想效应，介绍短沟 MOSFET 漏极电流方程和截止频率的计算；② 阐述短沟效应、窄沟效应和 DIBL 效应概念，介绍短沟效应、窄沟效应和 DIBL 效应对 MOSFET 阈值电压的修正，解释阈值电压下降的机理；③ 阐述热载流子效应概念及其对 MOSFET 器件可靠性的影响，介绍最大衬底电流和最大栅电流模型及导致 MOSFET 退化的机理；④ 介绍小尺寸 MOSFET 其他一些特殊的非理想效应，阐述使用高 k 栅介质替代 SiO_2 的必要性和意义；⑤ 阐述 MOSFET 恒场等比缩小的意义，重点介绍恒场等比缩小规则和方法。

模块 6（新型器件）：① 介绍多栅晶体管的基本概念、工作原理、量子和圆角效应，并对比典型 FinFET 与 GAA 器件的基本结构、电学特性与漏电、寄生效应；② 介绍新型 CFET 器件与标准单元电路，以及新材料与新原理器件，包括各类肖特基势垒薄膜、隧穿和铁电负电容晶体管。

模块 7（射频器件）：① 介绍常见的射频半导体晶体管的基本结构和工作原理，包括 LDMOSFET、砷化镓基 HEMT 和氮化镓基 HEMT 器件；② 介绍常见的射频半导体二极管的基本结构和工作原理，包括肖特基势垒二极管、变容二极管、共振隧穿二极管和 IMPATT 二极管；③ 介绍氮化镓基 HEMT 的相关效应。

模块 8（功率器件）：① 介绍常见功率器件的基本结构、工作原理以及相应的电学特性，包括功率二极管、功率 BJT、功率 MOSFET、IGBT、LDMOS、LIGBT 等；② 介绍功率集成技术的概念，包括 BCD 工艺特点、隔离技术、高压互连技术等；③ 介绍宽禁带半导体功率器件的结构和特性，包括氮化镓功率器件和碳化硅功率器件。

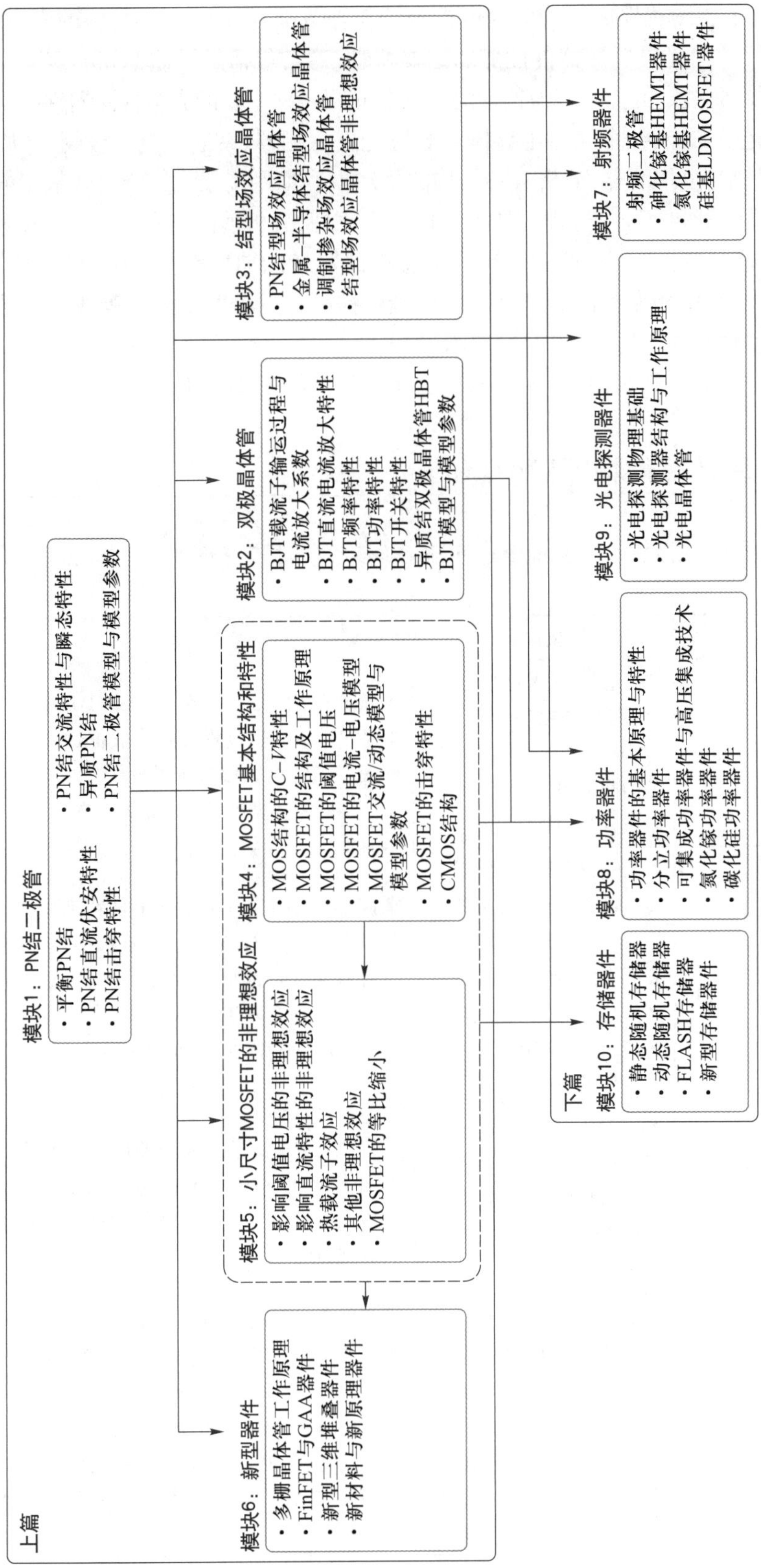

图 2–2　半导体器件物理课程知识模块关系图

模块 9(光电探测器件):① 介绍光电探测的物理基础,包括半导体材料的光吸收效应、光电导效应,介绍评估光电探测器件性能的主要特性参数,包括量子效率和响应度、响应速度、噪声特性以及由此决定的探测率与比探测率;② 介绍几种主要的光电探测器件结构与工作原理,包括 PIN 光电二极管、金属 - 半导体 - 金属光电探测器、雪崩光电二极管、异质结光电二极管和硅基集成光电探测器,分析各种结构的优缺点和适用场景;③ 介绍硅基光电双极型晶体管、单极性晶体管和异质结光电晶体管结构工作原理,分析器性能参数和适用场景。

模块 10(存储器件):① 静态存储器、动态存储器、FLASH 存储器的器件结构、工作原理及性能特点;② 介绍相变存储器、磁随机存储器、铁电存储器及忆阻器等新型半导体存储器的工作原理、器件结构、性能特点及发展前景。

本课程包含 10 个知识模块,主要模块之间的关系如图 2–2 所示。

四、半导体器件物理知识点

模块 1 :PN 结二极管(PN Junction Diodes)(参考学时:7 学时)

知识点	主要内容	能力目标	参考学时
1. 平衡 PN 结 (PN Junctions at Equilibrium)	PN 结的形成和杂质分布;平衡 PN 结物理过程和特点表征;突变结和缓变结的内建电势、势垒区电场、电位分布和势垒区宽度	了解 PN 结的形成和杂质分布(B);掌握平衡 PN 结物理过程和特点表征(A);掌握突变结势垒区参数定量分析方法(A);了解缓变结势垒区参数定量分析方法(B)	1
2. PN 结直流伏安特性 (DC Current–voltage Characteristics of PN Junctions)	外加偏压下 PN 结导电性物理过程分析和定量推导;理想 PN 结直流伏安特性特点;PN 结势垒区产生复合电流、大注入效应、串联电阻对直流伏安特性的影响	掌握外加偏压下 PN 结导电性物理过程分析和定量推导方法(A);掌握理想 PN 结直流伏安特性特点(A);了解 PN 结势垒区产生复合电流、大注入效应、串联电阻对直流伏安特性的影响(B)	2
3. PN 结击穿特性 (Breakdown Characteristics of PN Junctions)	PN 结击穿的现象及原因;雪崩击穿、隧道击穿和热击穿的物理机理;影响因素以及提高击穿电压的措施	了解 PN 结击穿的现象及原因(B);掌握雪崩击穿、隧道击穿和热击穿的物理机理(A);了解影响因素以及提高击穿电压的措施(B)	1
4. PN 结交流特性与瞬态特性 (Small–signal Characteristics and Transient Characteristics of PN Junctions)	PN 结交流小信号导纳定量分析方法;PN 结小信号电导、PN 结扩散电容和 PN 结势垒电容的物理过程和定量表征;PN 结的瞬态开关特性以及影响 PN 结开关特性的主要元素	了解 PN 结交流小信号导纳定量分析方法(B);掌握 PN 结小信号电导、PN 结扩散电容和 PN 结的势垒电容的分析方法和定量结论(A);了解两种电容的特性比较(B);掌握 PN 结的瞬态开关特性(A);了解影响 PN 结开关特性的主要元素(B)	1.5

续表

知识点	主要内容	能力目标	参考学时
5. 异质 PN 结（Heterojunctions）	平衡 N-Si/P-SiGe 异质结耗尽层分析；N-Si/P-SiGe 异质结能带特点；N-Si/P-SiGe 异质 PN 结 *I–V* 特性的特点	了解平衡 N-Si/P-SiGe 异质结耗尽层参数分析方法（B）；了解 N-Si/P-SiGe 异质结能带特点（B）；掌握 N-Si/P-SiGe 异质 PN 结 *I–V* 特性的特点（A）	0.5
6. PN 结二极管模型与模型参数（Models and Model Parameters for PN Junction Diodes）	器件模型和模型参数的概念；PN 结二极管大信号模型、小信号交流模型和温度模型	了解器件模型和模型参数的概念（B）；了解 PN 结二极管大信号模型、小信号交流模型和温度模型（B）	1

说明：知识点的能力目标分为 A、B、C 三级，其中 A 表示基础和核心能力（必修），B 表示高级和综合能力（限选），C 表示扩展和前沿能力（选修）。

模块 2：双极晶体管（Bipolar Junction Transistors）（参考学时：9 学时）

知识点	主要内容	能力目标	参考学时
1. BJT 载流子输运过程与电流放大系数（Carriers Transport Process and Current Amplification Factor of BJTs）	BJT 器件结构；BJT 直流放大原理和载流子输运过程；共基极电流放大系数、共射极电流放大系数的数学表达式等	掌握 BJT 的器件结构（A），理解双极晶体管电流放大原理（B），掌握正向放大模式下载流子的输运过程（A），掌握共基极和共射极电流放大系数的概念（A）	1.5
2. BJT 直流电流放大特性（DC Current Amplification Characteristics of BJTs）	BJT 的四种工作模式以及四种模式下发射区、基区、集电区少子分布；理想 BJT 注入系数、基区输运系数、电流放大系数的数学表达式；缓变基区 BJT 基区内建电场对电流放大系数的影响；提高 BJT 电流放大系数的措施等；BJT 理想输出特性与实际特性的区别；发射结耗尽区复合电流、大注入效应、基区宽度调制效应、发射区重掺杂效应的概念及其对直流电流放大系数的影响	理解 BJT 四种工作模式的原理（B），掌握理想和缓变基区 BJT 注入系数、基区输运系数、共基极和共射极电流放大系数的定量分析过程和结论（A），理解基区自建电场对电流放大系数的影响（B），掌握提高 BJT 电流放大系数的措施（A）；掌握 β_0 与工作点（I_C，V_{BE}）的关系（A）；理解影响 β_0 的非理想效应的物理原因（B）及定量描述（A）	2

续表

知识点	主要内容	能力目标	参考学时
3. BJT 频率特性（Frequency Characteristics of BJTs）	BJT 交流小信号增益的数学表达式和频率参数；共基极 α 截止频率 f_α、共射极 β 截止频率 f_β、特征频率 f_T 的数学表达式与 BJT 四个时常数的关系	理解 BJT 交流小信号输运的物理过程（B），掌握共基极 α 频率特性 f_α、特征频率 f_T 的物理含义和计算方法（A）	1.5
4. BJT 功率特性（Power Characteristics of BJTs）	基区串联电阻的概念；发射极电流集边效应以及减小电流集边效应的方法（BJT 交叉梳状版图设计）；BJT 击穿电压和基区穿通的概念；BJT 二次击穿和安全工作区的概念	掌握基区串联电阻的物理含义和影响（A）；掌握电流集边效应的影响和抑制方法（A）；理解基区穿通、二次击穿、安全工作区的概念（B）；掌握击穿电压的计算方法（A）	1
5. BJT 开关特性（On/Off Characteristics of BJTs）	BJT 开关电路、导通和关断以及开关参数的概念；关断到导通、导通到关断的物理过程；开关时间的含义以及提高 BJT 开关速度的措施	理解 BJT 开关的物理过程（A），了解 BJT 主要开关参数（B），掌握提高开关速度的主要措施（A）	1
6. 异质结双极晶体管 HBT（Heterojuction Bipolar Transistors）	SiGe 基区 HBT 的器件结构和性能特点	掌握 SiGe HBT 的器件结构（B）和性能特点（A）	1
7. BJT 模型与模型参数（BJT Models and Model Parameters）	BJT 模型，包括直流模型、交流小信号模型、瞬态模型、噪声模型和温度模型等	掌握 BJT 直流模型、瞬态模型、交流小信号模型等效电路以及主要模型参数的含义（A），了解 BJT 温度模型（C）	1

模块 3：结型场效应晶体管（Junction Field-effect Transistors，Junction FET）（参考学时：4 学时）

知识点	主要内容	能力目标	参考学时
1. PN 结型场效应晶体管（PN Junction FETs）	器件基本原理与结构；器件 I–V 特性	理解器件基本原理与结构（A）；熟练掌握器件 I–V 特性（A）	1.5
2. 金属 – 半导体结型场效应晶体管（Metal-semiconductor FETs）	器件基本原理与结构；器件 I–V 特性	理解器件基本原理与结构（A）；熟练掌握器件 I–V 特性（A）	1

续表

知识点	主要内容	能力目标	参考学时
3. 调制掺杂场效应晶体管 (Modulation-doped FETs)	器件基本原理与结构	理解器件基本原理与结构(A)	0.5
4. 结型场效应晶体管非理想效应 (Non-ideal Effects of Junction FETs)	沟道长度调制效应;速度饱和效应	理解器件非理想效应(A)	1

模块 4 :MOSFET 基本结构和特性(Basic Structure and Characteristics of MOSFETs)(参考学时:10 学时)

知识点	主要内容	能力目标	参考学时
1. MOS 结构的 C–V 特性 (C–V Characteristics of MOS Structure)	理想 MOS 电容的能带;费米势的定义与计算;MOS 表面三种状态的介绍;C–V 曲线测量技术;平带电压定义、影响因素及计算;影响 C–V 特性的因素;MOS 电容应用	了解 MOS 的基本结构和能带(A);掌握 MOS 电容随外加栅压变化的规律及物理机理(A);了解功函数差和氧化层电荷对 C–V 特性的影响机制(A);掌握费米势和平带电压两个重要的物理参数(A);了解 MOS 电容 C–V 曲线测量技术及应用(C)	1.5
2. MOSFET 的结构及工作原理 (Structure and Operating Principle of MOSFETs)	MOSFET 的基本结构和类型;MOSFET 的工作原理;转移和输出特性曲线介绍;V_{DS} 和 V_{GS} 对沟道电荷及耗尽层电荷的影响,了解 MOSFET 不同的工作区间(定性)	理解 MOSFET 的基本结构和工作原理(A);理解 MOSFET 随栅压和漏源电压变化的物理机理(A),从而理解输出特性曲线和转移曲线(B)	1.5
3. MOSFET 的阈值电压 (Threshold Voltage of MOSFETs)	阈值电压的定义;阈值电压计算公式的推导;影响阈值电压的因素讨论;调制阈值电压的方法;阈值电压与温度的关系;阈值电压的测量方法	推导出 MOSFET 阈值电压公式(A);了解影响阈值电压的因素(A),重点理解为什么要减少氧化层电荷密度和界面态密度(B);了解调阈掺杂方法(C);了解温度对阈值电压的影响(C);掌握阈值电压的测量方法(C)	1
4. MOSFET 的电流 - 电压模型 (Current-voltage Models of MOSFETs)	萨支唐方程推导;萨支唐方程分段模型讨论;体电荷模型推导;亚阈电流模型半定量推导以及亚阈值摆幅的定义和公式推导;连续模型(EKV 模型)简介;漏极电流与温度的关系	推导出 MOSFET 一级近似模型——萨支唐方程(A);对萨支唐方程进行修正,推导出体电荷模型(B);推导出亚阈电流模型(B),理解亚阈值摆幅的定义、公式及影响因素(A);了解 EKV 模型以及漏极电流随温度的变化(C)	2

续表

知识点	主要内容	能力目标	参考学时
5. MOSFET 交流 / 动态模型与模型参数（AC/dynamic Models and Parameters of MOSFET）	交流小信号模型（包括小信号参数的定义与公式推导、本征电容定义及不同区域数值确定、交流小信号等效电路、跨导与跨导截止频率、特征频率、提高频率特性的措施及频率限制因素讨论）；开关模型（理解开关原理，分析不同负载时开关瞬态过程及机理，推导开关时间）	掌握小信号分析原理以及小信号参数和本征电容的定义和公式（A）；理解 MOSFET 小信号等效电路（A）；了解限制频率特性的因素及提高频率特性的措施（B）；了解 MOSFET 开关的瞬态过程和机理（A）；推导出不同负载下的开关时间（B）	2
6. MOSFET 的击穿特性（Breakdown Characteristics of MOSFETs）	栅介质击穿，栅调制击穿，沟道雪崩击穿，寄生 NPN 管击穿，漏源穿通击穿；轻掺杂漏结构	了解几种击穿机制的原理以及发生的条件和根本属性（A）；了解轻掺杂漏结构及其改善击穿特性的原理（C）	1
7. CMOS 结构（CMOS Structures）	CMOS 结构及工作原理；CMOS 设计考虑；CMOS 开关瞬态分析及开关频率；CMOS 的闩锁效应；CMOS 参数提取技术	了解 CMOS 结构的工作原理和设计考虑（A）；理解开关瞬态过程及开关频率（B）；理解 CMOS 的闩锁效应及预防措施（A）；掌握 CMOS 参数提取技术（C）	1

模块 5：小尺寸 MOSFET 的非理想效应（Nonideal Effects in Small-sized MOSFETs）（参考学时：6 学时）

知识点	主要内容	能力目标	参考学时
1. 影响阈值电压的非理想效应（Nonideal Effects of Affecting Threshold Voltage）	漏源电荷分享模型（短沟道效应）；窄沟道效应；漏致势垒降低（DIBL）效应	分别推导出短沟道效应和 DIBL 效应下 MOSFET 阈值电压修正公式（A）；理解阈值电压下降的机理（B）；了解窄沟道效应对阈值电压的影响	1.5
2. 影响直流特性的非理想效应（Nonideal Effects of Affecting DC Characteristics）	沟长调制效应（CLM）；迁移率调制效应；速度饱和效应；弹道输运效应；次表面穿通效应；短沟 MOSFET 漏极电流模型；短沟 MOSFET 的频率特性	理解并掌握各种非理想效应影响直流特性的原理和特点（A）；推导出 CLM、迁移率调制和速度饱和效应修正的公式（B）；推导出短沟 MOSFET 漏极电流方程以及截止频率公式（C）	1.5

续表

知识点	主要内容	能力目标	参考学时
3. 热载流子效应(Hot Carrier Effects)	速度饱和区电场;衬底电流模型;栅电流模型;MOSFET 的退化机制	求出饱和区电场(B);理解最大衬底电流和最大栅电流应力下 MOSFET 的退化机理及特点(B);了解衬底电流和栅电流公式推导思路及其与端电压的关系(C)	1
4. 其他非理想效应(Other Nonideal Effects)	多晶硅耗尽效应;栅极漏电效应(高 k 金属栅的使用);栅致漏极泄漏(GIDL)效应;反短沟道效应;反型沟道量子效应	理解各种非理想效应的机理及特点(B),特别要弄清楚为什么要使用高 k 栅介质替代 SiO_2、用金属栅代替多晶硅栅(C)	1
5. MOSFET 的等比缩小(Scaling Down of MOS-FET)	恒场等比缩小;其他等比缩小	理解恒场等比缩小的意义(A),掌握等比缩小的规则和方法(B);了解其他等比缩小规则(C)	1

模块 6:新型器件(Novel Devices)(参考学时:6 学时)

知识点	主要内容	能力目标	参考学时
1. 多栅晶体管工作原理(The Operation Principle of Multi-gate Transistors)	从平面到立体多栅器件发展;双栅与围栅 MOS 器件的电流-电压方程;非理想多栅器件中的短沟道效应与量子效应	理解沟道结构演变和静电势完整性的关系(A);掌握双栅与围栅器件基本电流-电压方程(A);理解多栅器件中的短沟道效应与量子效应(B)	2
2. FinFET 与 GAA 器件(FinFET and GAA Devices)	FinFET 与 GAA 器件的基本结构与工作特性;不同漏电类型与电学特性影响;寄生电阻与寄生电容	掌握 FinFET 与 GAA 器件的结构特点与工作特性(A);理解两类器件漏电产生机制和寄生效应的异同(B)	1.5
3. 新型三维堆叠器件(Novel CFET Devices)	新型 CFET 器件基本结构与工作特性;高密度 CFET 单元电路的构建方法	理解 CFET 器件的基本概念(B);了解 CFET 提升单元电路集成密度的方法和原则(C)	1
4. 新材料与新原理器件(Emerging Devices)	肖特基势垒薄膜晶体管工作原理;碳基、二维、氧化物沟道材料特性与器件电学特性;隧穿晶体管与铁电负电容晶体管的结构与原理	理解肖特基势垒薄膜晶体管的工作原理(B);了解碳基、二维、氧化物不同半导体材料特性对器件特性的作用原理(C);了解隧穿晶体管和铁电负电容晶体管的工作机理(C)	1.5

模块 7：射频器件（Radio Frequency Devices）[参考学时：6 学时（选讲）]

知识点	主要内容	能力目标	参考学时
1. 射频二极管（RF Diodes）	肖特基势垒二极管、共振隧穿二极管、IMPATT 二极管的结构和工作原理	掌握平面肖特基势垒二极管的典型结构和特性（A）；了解典型负阻二极管的结构、类型和特性（B）	2
2. 砷化镓基 HEMT 器件（HEMTs Based on GaAs）	AlGaAs/GaAs 异质结与 2DEG；砷化镓与磷化铟基 HEMT 结构和工作原理	掌握 AlGaAs/GaAs 异质结能带图（A）；理解 2DEG 的形成特点（A）；掌握砷化镓与磷化铟 HEMT 的典型结构和工作原理（A）	1
3. 氮化镓基 HEMT 器件（HEMTs Based on GaN）	氮化镓基 HEMT 的典型结构和特点；射频功率氮化镓基 HEMT 器件结构设计；AlGaN/GaN HEMT 的相关效应	掌握 AlGaN/GaN HEMT 的典型结构和器件参数（A）；理解射频 AlGaN/GaN HEMT 频率特性的影响因素（A）；了解氮化镓基 HEMT 的电流崩塌和逆压电效应（B）	2
4. 硅基 LDMOSFET 器件（Laterally Diffused MOSFETs）	LDMOS 的结构特点；LDMOS 的工作原理	掌握 LDMOS 与常规 MOSFET 的结构区别（A）；掌握 LDMOS 的工作原理（A）	1

模块 8：功率器件（Power Devices）[参考学时：6 学时（选讲）]

知识点	主要内容	能力目标	参考学时
1. 功率器件的基本原理与特性（Basic Principles and Characteristics of Power Devices）	功率器件的概念；理想的功率器件的特性；功率器件的耐压机理；结终端技术	掌握功率器件的基本特性和功耗组成，理解何谓理想的功率器件（A）；理解功率器件雪崩击穿的机理（A）；掌握曲率效应对击穿的影响（A）；了解 FP、FLR、JTE 等常用结终端技术及其对结击穿特性的改善机理（B）	1
2. 分立功率器件（Discrete Power Devices）	分立功率器件的类型、结构和工作原理；分立功率器件的静态和动态特性；分立功率器件结构的优化方法	掌握 PIN 二极管和 SBD 的工作原理和电学特性（A）；掌握功率 BJT 的反向阻断特性和电导调制作用（A）；掌握功率 MOSFET 和晶闸管的工作原理和电学特性（A）；理解超结功率 MOSFET 的优势（B）；掌握 IGBT 中 MOS 控制 PNP 的工作原理（A）；了解 IGBT 寄生晶闸管效应的原理及改进措施（B）	1.5
3. 可集成功率器件与高压集成技术（Integrated Power Devices and High Voltage Integrated Technologies）	LDMOS、LIGBT 的器件结构和工作原理；RESURF 的技术原理；BCD 工艺细节	掌握 LDMOS、LIGBT 的器件结构及工作原理（A）；了解 RESURF 的技术原理（B）；理解 BCD 工艺的技术特点（A）；掌握 SI、JI、DI 等隔离技术的特点（A）	1.5

续表

知识点	主要内容	能力目标	参考学时
4. 氮化镓功率器件(Power Devices Based on GaN)	氮化镓耗尽型 MIS–HEMT 的结构与特性参数;氮化镓增强型 pGaN–HEMT 的结构与特性参数	掌握氮化镓耗尽型 MIS–HEMT 的结构特点与场板结构设计方法(A);了解 cascode 结构实现增强型的基本原理(B);理解增强型 pGaN–HEMT 的阈值电压影响因素(A);了解 pGaN–HEMT 不同栅结构与栅正向耐压特性(B)	1
5. 碳化硅功率器件(SiC Power Devices)	SiC 功率器件典型类型及其结构;可集成 SiC 功率器件结构	了解 SiC 功率二极管和功率 MOSFET 的器件结构(A);了解 SiC 功率器件的应用优势(B);了解 SiC LDMOS 的器件结构(C)	1

模块 9:光电探测器件(Photodetectors)[参考学时:4 学时(选讲)]

知识点	主要内容	能力目标	参考学时
1. 光电探测物理基础(Physical Basis of Photodetections)	半导体材料的光吸收效应;光电导效应;光伏效应;量子效率和响应度;响应速度;噪声特性;探测率与比探测率	理解半导体材料的光电效应(A);掌握光电导效应、光伏效应(A);掌握量子效率、响应度、速度、噪声等特性参数及其测量方法(A);理解探测率与比探测率的概念及应用(B)	1.5
2. 光电探测器结构与工作原理(Structures and Operating Principles of Photodetectors)	PIN 光电二极管;MSM 光电探测器;APD;异质结光电二极管;硅基集成光电探测器	理解 PIN、MSM、APD、异质结和硅基集成光电探测器的结构与工作原理(A);比较各种结构的优缺点(B)	1.5
3. 光电晶体管(Phototransistor)	双极光电晶体管;单极光电晶体管;异质结光电晶体管	掌握双极、单极以及异质结光电晶体管基本结构、工作原理(A);理解光电晶体管性能提升机制(B);了解光电晶体管的应用场景(B)	1

模块 10:存储器件(Semiconductor Memory Devices)[参考学时:6 学时(选讲)]

知识点	主要内容	能力目标	参考学时
1. 静态随机存储器(Static Random Access Memorys, SRAMs)	SRAM 存储单元结构;读写工作原理;性能特点	掌握 SRAM 基本存储电路(A);理解 SRAM 读写工作原理(A);了解 SRAM 性能特点(B)	0.5
2. 动态随机存储器(Dynamic Random Access Memorys, DRAMs)	DRAM 存储单元结构;读写工作原理;性能特点	掌握 DRAM 基本单元结构(A);理解 DRAM 读、写及刷新操作(A);了解 DRAM 性能特点(B)	0.5

续表

知识点	主要内容	能力目标	参考学时
3. FLASH 存储器（FLASH Memorys）	热电子注入、F-N 隧道效应；EPROM、EEPROM、浮栅型 FLASH 闪存单元结构及读擦写工作原理；电荷俘获型 FLASH 闪存单元结构及工作原理；微缩进程中的闪存可靠性问题、高 k 介质闪存；NOR 及 NAND-FLASH 架构各自性能特点及应用场景；三维闪存结构与集成；闪存的多值存储技术	掌握浮栅型、电荷俘获型闪存的基本单元结构及读擦写原理（A）；理解闪存的可靠性问题及其器件物理（A）；了解 NOR 及 NAND 闪存中的存储单元连接方式及各自性能特点（B）；了解三维闪存结构及闪存多值存储技术（B）	1.5
4. 新型存储器件（Emerging Semiconductor Memorys）	相变存储器、磁随机存储器、铁电存储器及忆阻器等新型半导体存储器的工作原理、器件结构、性能特点及发展前景	掌握相变存储器物理机制、器件结构及其读擦写操作方法（A）；了解相变存储器性能特点及发展前景（B）；掌握磁隧道结结构及工作原理（A）；理解 Toggle MRAM、STT-MRAM 及 SOT-MRAM 器件结构及读擦写实现方法（A）；了解三种 MRAM 的性能特点（B）；理解不同铁电存储器器件结构及工作原理（A）；理解忆阻器器件结构（A）；理解忆阻器的阻变机理（A）；了解忆阻器新架构（B）	3.5

五、半导体器件物理课程英文摘要

1. Introduction

This course is one of the core foundational courses for undergraduate majors in the field of integrated circuits(IC). The strong combination of theory and practice in the field of IC is fully reflected. Through learning, students should master the basic structure, carrier transporting process, working principles of frequently-used semiconductor devices, understand the factors that affect the performance of semiconductor devices, and master methods to improve the characteristics of semiconductor devices. On this basis, students should have the ability to understand the working mechanisms of new devices such as FinFET, GAA, CFET, RF devices, frequently-used semiconductor devices, and analyzing device performance from a physical perspective.

2. Goals

The purpose of this course is to enable students to master the structures, principles, basic characteristics, applications of bipolar transistors(BJTs), junction field-effect transistors(JFETs),

metal-oxide-semiconductor field-effect transistors(MOSFETs), RF devices, power devices, storage devices, photodetectors, and new structure devices in the post Moore's era. Students will also understand the inherent relationship between macro characteristics and micro structural parameters of devices, master basic skills in modern microelectronic device design, master basic design methods and lay the necessary theoretical and practical foundation for studying professional courses in the field of IC.

(1) To master the basic structure, carrier transport process, working mechanism, and *I–V* characteristics of semiconductor devices.

(2) To understand the characteristics of semiconductor devices such as *I–V*, breakdown, frequency/switching, power, and the factors that affect these characteristics.

(3) To understand the structural and performance characteristics of small-sized devices and new structured devices, and the evolution process of devices.

(4) To understand the working mechanisms of RF devices, power devices, photodetectors, and storage devices, as well as the characteristics of heterojunctions and semiconductor device models.

(5) To master the basic theories and methods of modern microelectronic device design.

3. Covered Topics

Modules	List of Topics	Suggested Hours
1. PN Junction Diodes	PN Junctions at Equilibrium(1), DC Current-voltage Characteristics of PN Junctions(2), Breakdown Characteristics of PN Junctions(1), Small-signal Characteristics and Transient Characteristics of PN Junctions(1.5), Heterojunctions(0.5), Models and Model Parameters for PN Diodes(1)	7
2. Bipolar Junction Transistors	Carriers Transport Process and Current Amplification Factor of BJTs(1.5), DC Current Amplification Characteristics of BJTs(2), Frequency Characteristics of BJTs(1.5), Power Characteristics of BJTs(1), On/Off Characteristics of BJTs(1), Heterojuction Bipolar Transistors(1), BJT Models and Model Parameters(1)	9
3. Junction Field-effect Transistors, Junction FETs	PN Junction FETs(1.5), Metal-Semiconductor FETs(1), Modulation-doped FETs(0.5), Non-ideal Effects of Junction FETs(1)	4
4. Basic Structure and Characteristics of MOSFETs	*C–V* Characteristics of MOS Structure(1.5), Structure and Operating Principle of MOSFETs(1.5), Threshold Voltage of MOSFETs(1), Current-voltage Models of MOSFETs(2), AC/dynamic Models and Parameters of MOSFET(2), Breakdown Characteristics of MOSFETs(1), CMOS Structures(1)	10
5. Nonideal Effects in Small-sized MOSFETs	Nonideal Effects of Affecting Threshold Voltage(1.5), Nonideal Effects of Affecting DC Characteristics(1.5), Hot Carrier Effects(1), Other Nonideal Effects(1), Scaling Down of MOSFET(1)	6

续表

Modules	List of Topics	Suggested Hours
6. Novel Devices	The Operation Principle of Multi-gate Transistors(2), FinFET and GAA Devices(1.5), Novel CFET Devices(1), Emerging Devices(1.5)	6
7. Radio Frequency Devices	RF Diodes(2), HEMTs Based on GaAs(1), HEMTs Based on GaN(2), Laterally Diffused MOSFETs(1)	6
8. Power Devices	Basic Principles and Characteristics of Power Devices(1), Discrete Power Devices(1.5), Integrated Power Devices and High Voltage Integrated Technologies(1.5), Power Devices Based on GaN(1), SiC Power Devices(1)	6
9. Photodetectors	Physical Basis of Photodetections(1.5), Structures and Operating Principles of Photodetectors(1.5), Phototransistor(1)	4
10. Semiconductor Memory Devices	Static Random Access Memorys, SRAMs(0.5), Dynamic Random Access Memorys, DRAMs(0.5), FLASH Memorys(1.5), Emerging Semiconductor Memorys(3.5)	6

模拟集成电路设计（Analog Integrated Circuit Design）

一、模拟集成电路设计课程定位

本课程是微电子类专业的核心课程之一，也是微电子类专业的基础课程。模拟集成电路设计既是一门理论性很强的课程，又是一门实践性很强的课程。通过课程学习掌握模拟集成电路的电路结构、噪声、频率响应等问题的分析方法，具备针对实际问题选择合适的电路结构、设计高性能模拟集成电路的能力，提高运用 EDA 软件解决实际电路问题的能力。课程内容包括模拟集成电路器件、单级放大器、差分放大器、电路偏置技术、频率响应和稳定性、噪声、运算放大器设计、高性能运算放大器以及模拟集成电路进阶等内容。

二、模拟集成电路设计课程目标

本课程以培养学生模拟集成电路的分析、设计能力为主要目标，具体包括：

(1) 理解模拟集成电路设计的基本概念和原理，认识设计过程中的基本折中关系，以提高国家微电子产业水平为己任，提升专业热情。

(2) 理解模拟集成电路经典模块的工作原理，能够运用所学知识对简单模拟集成电路进行电路分析、仿真和设计。

(3) 掌握常用模拟集成电路设计仿真 EDA 软件的使用方法，运用其设计经典模拟集成电路并进行电路仿真。

(4) 通过讲授模拟集成电路创新方法，培养学生实践与创新能力，提高自主学习能力。

三、模拟集成电路设计课程的设计

设计总则：本课程采用不依赖于器件 I–V 特性的模拟集成电路设计方法论，融合最新电路设计技术，并注重理论与实践相结合。

模块 1（绪论）：介绍模拟集成电路的发展、应用领域、设计流程、先进工艺下的模拟集成电路设计等问题。

模块 2（模拟集成电路器件）：① 介绍基于典型模拟集成电路工艺的器件电路模型，实现半导体器件和模拟集成电路设计主体知识的衔接；② 介绍电路的 PVT 变化及失配。

模块 3（单级放大器）：① 介绍共源放大器，包括不同负载条件的分析以及带源极负反馈的共源放大器。② 介绍共漏放大器，包括不同负载条件的分析以及超级源极跟随器。③ 介

绍共栅放大器，包括不同负载条件的分析以及其阻抗变换特性分析。④ 介绍共源共栅放大器，包括套筒型共源共栅放大器以及折叠型共源共栅放大器。

模块 4（差分放大器）：① 介绍伪差分放大器的大信号及小信号特性。② 介绍全差分放大器的大信号及小信号特性。③ 介绍全差分放大器的失配与共模抑制比，并讨论失调电压。④ 对比全差分放大器与单端放大器。

模块 5（电路偏置技术）：① 介绍基本电流镜的结构及其失配。② 介绍有源电流镜作为负载的跨导放大器，包括基本特性分析、共模抑制比以及输入失调电压。③ 介绍共源共栅电流镜的结构以及低压共源共栅电流镜。④ 介绍电流源产生方法，包括恒定跨导电流源和与电阻值成反比的电流源。

模块 6（频率响应和稳定性）：① 介绍频率响应的基本概念，包括频率响应及波特图的定义。② 介绍频率响应的简化分析方法，包括密勒效应、主极点近似和零极点估计。③ 介绍单级放大器的频率响应，包括共源、共漏、共栅、共源共栅、差分放大器。④ 介绍反馈与稳定性，包括环路增益与反馈系数、负反馈对于电路的影响、负反馈系统的稳定性。⑤ 介绍密勒补偿，包括基本密勒补偿，加入调零电阻、加入电压缓冲器、加入电流缓冲器的密勒补偿。⑥ 介绍前馈架构，包括基本概念、前馈架构与密勒补偿的比较。⑦ 介绍多级放大器，包括嵌套密勒补偿和前馈零点消除。

模块 7（噪声）：① 介绍器件热噪声、闪烁噪声及其他常见噪声。② 介绍噪声带宽的基本概念及分析与应用。③ 介绍单级放大器及电流镜的噪声分析，包括共源、共漏、共栅、共源共栅放大器以及电流镜。④ 介绍差分放大器的噪声分析与优化。

模块 8（运算放大器设计）：① 介绍运算放大器的基本参数，包括直流参数、大信号参数以及交流小信号参数。② 介绍运算放大器的基本结构，包括单级放大器、两级放大器。③ 介绍运算放大器的直觉设计方法。

模块 9（高性能运算放大器）（选讲）：① 介绍运算放大器的阻抗提升技术，包括交叉耦合阻抗提升技术、增益自举技术。② 介绍带宽拓展技术，包括跨导提升技术、零极点优化技术。③ 介绍失调消除技术，包括动态失调消除技术、斩波技术和相关双采样技术。④ 介绍轨到轨放大器，包括轨到轨输入级和轨到轨输出级。

模块 10（模拟集成电路其他重要模块）（选讲）：① 介绍比较器，包括静态比较器和动态比较器。② 介绍电源，包括线性稳压电源和开关电源。③ 介绍振荡器，包括环形振荡器和 LC 振荡器。

本课程包含 10 个知识模块，主要模块之间的关系如图 2-3 所示。

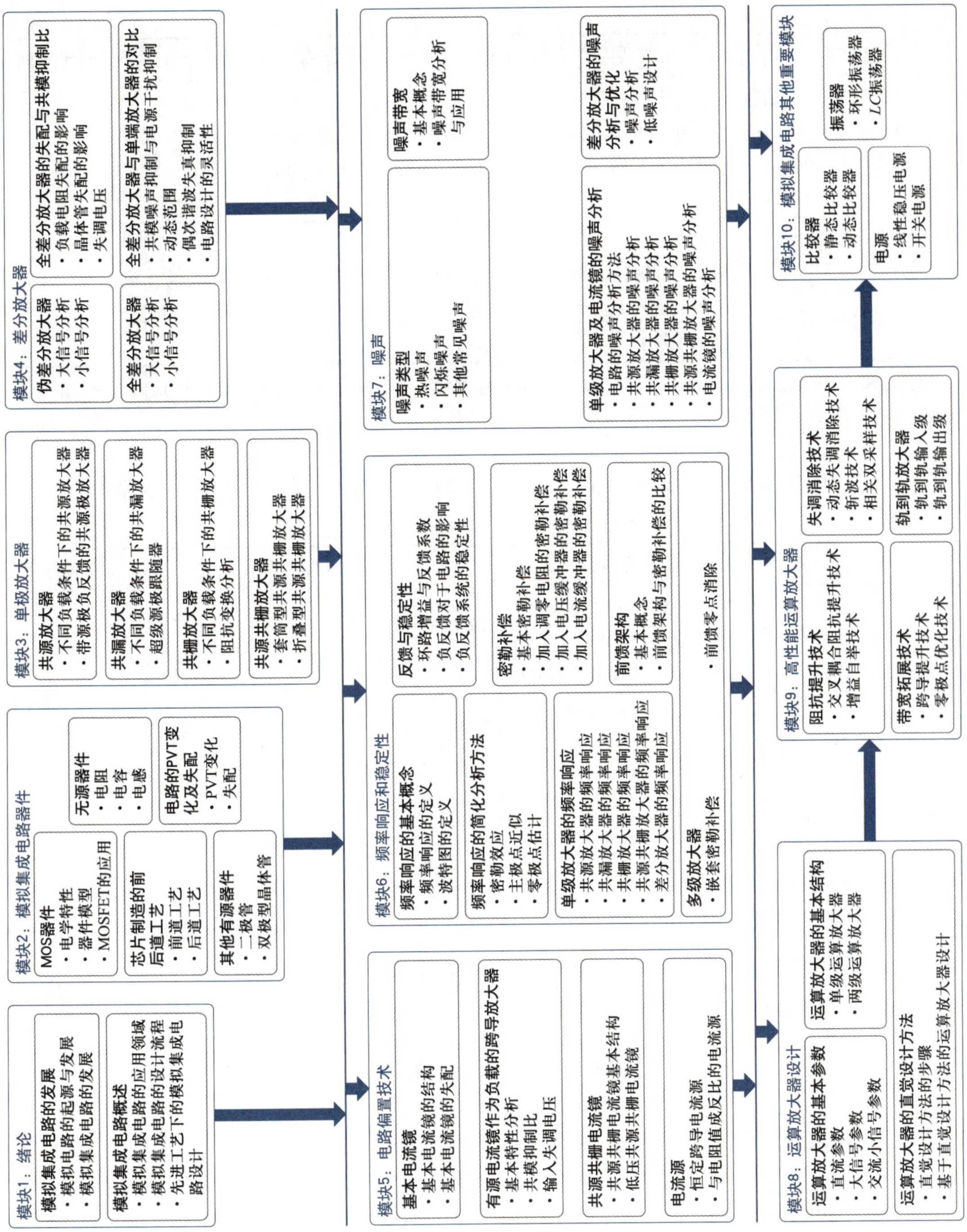

模块1：绪论

模拟集成电路的发展
- 模拟电路的起源与发展
- 模拟集成电路的发展

模拟集成电路概述
- 模拟集成电路的应用领域
- 模拟集成电路的设计流程
- 先进工艺下的模拟集成电路设计

模块2：模拟集成电路器件

MOS器件
- 电学特性
- 器件模型
- MOSFET的应用

芯片制造的前后道工艺
- 前道工艺
- 后道工艺

其他有源器件
- 二极管
- 双极型晶体管

无源器件
- 电阻
- 电容
- 电感

电路的PVT变化及失配
- PVT变化
- 失配

模块3：单级放大器

共源放大器
- 不同负载条件下的共源放大器
- 带源极负反馈的共源极放大器

共漏放大器
- 不同负载条件下的共漏放大器
- 超级源极跟随器

共栅放大器
- 不同负载条件下的共栅放大器
- 阻抗变换分析

共源共栅放大器
- 套筒型共源共栅放大器
- 折叠型共源共栅放大器

模块4：差分放大器

伪差分放大器
- 大信号分析
- 小信号分析

全差分放大器
- 大信号分析
- 小信号分析

全差分放大器的失配与共模抑制比
- 负载电阻失配的影响
- 晶体管失配的影响
- 失调电压

全差分放大器与单端放大器的对比
- 共模噪声抑制与电源干扰抑制
- 动态范围
- 偶次谐波失真抑制
- 电路设计的灵活性

模块5：电路偏置技术

基本电流镜
- 基本电流镜的结构
- 基本电流镜的失配

有源电流镜作为负载的跨导放大器
- 基本特性分析
- 共模抑制比
- 输入失调电压

共源共栅电流镜
- 共源共栅电流镜基本结构
- 低压共源共栅电流镜

电流源
- 恒定跨导电流源
- 与电阻值成反比的电流源

模块6：频率响应和稳定性

频率响应的基本概念
- 频率响应的定义
- 波特图的定义

频率响应的简化分析方法
- 密勒效应
- 主极点近似
- 零极点估计

单级放大器的频率响应
- 共源放大器的频率响应
- 共漏放大器的频率响应
- 共栅放大器的频率响应
- 共源共栅放大器的频率响应
- 差分放大器的频率响应

反馈与稳定性
- 环路增益与反馈系数
- 负反馈对于电路的影响
- 负反馈系统的稳定性

密勒补偿
- 基本密勒补偿
- 加入调零电阻的密勒补偿
- 加入电压缓冲器的密勒补偿
- 加入电流缓冲器的密勒补偿

前馈架构
- 基本概念
- 前馈架构与密勒补偿的比较

多级放大器
- 嵌套密勒补偿
- 前馈零点消除

模块7：噪声

噪声类型
- 热噪声
- 闪烁噪声
- 其他常见噪声

噪声带宽
- 基本概念
- 噪声带宽分析与应用

单级放大器及电流镜的噪声分析
- 电路的噪声分析方法
- 共源放大器的噪声分析
- 共漏放大器的噪声分析
- 共栅放大器的噪声分析
- 共源共栅放大器的噪声分析
- 电流镜的噪声分析

差分放大器的噪声分析与优化
- 噪声分析
- 低噪声设计

模块8：运算放大器设计

运算放大器的基本参数
- 直流参数
- 大信号参数
- 交流小信号参数

运算放大器的基本结构
- 单级运算放大器
- 两级运算放大器

运算放大器的直觉设计方法
- 直觉设计方法的步骤
- 基于直觉设计方法的运算放大器设计

模块9：高性能运算放大器

阻抗提升技术
- 交叉耦合阻抗提升技术
- 增益自举技术

失调消除技术
- 动态失调消除技术
- 斩波技术
- 相关双采样技术

带宽拓展技术
- 跨导提升技术
- 零极点优化技术

轨到轨放大器
- 轨到轨输入级
- 轨到轨输出级

模块10：模拟集成电路其他重要模块

比较器
- 静态比较器
- 动态比较器

电源
- 线性稳压电源
- 开关电源

振荡器
- 环形振荡器
- *LC*振荡器

图 2–3　模拟集成电路设计课程知识模块关系图

四、模拟集成电路设计课程知识点

模块 1：绪论(Introduction)(参考学时:2 学时)

知识点	主要内容	能力目标	参考学时
1. 模拟集成电路的发展(The Development of Analog Integrated Circuits)	模拟电路的起源与发展;模拟集成电路的发展	了解模拟集成电路的发展概况(A);理解模拟集成电路的基本概念(A)	1
2. 模拟集成电路概述(Overview of Analog Integrated Circuits)	模拟集成电路的应用领域;模拟集成电路的设计流程;先进工艺下的模拟集成电路设计	了解模拟集成电路的应用领域、设计流程(A)	1

说明:知识点的能力目标分为 A、B、C 三级,其中 A 表示基础和核心能力(必修),B 表示高级和综合能力(限选),C 表示扩展和前沿能力(选修)。

模块 2：模拟集成电路器件(Analog Integrated Circuit Devices)(参考学时:6 学时)

知识点	主要内容	能力目标	参考学时
1. MOS 器件(MOS Devices)	MOS 器件的电学特性、器件模型;MOSFET 的应用;上机实验内容:MOS 器件特性仿真实验	理解 MOS 器件的工作原理及电学特性(A);掌握 MOS 的器件模型并能够熟练运用(A)	2
2. 芯片制造的前后道工艺(The Frontend-of-the-line and Backend-of-the-line Process of Chip Manufacturing)	前道工艺、后道工艺	了解芯片制造的前道、后道工艺(A)	1
3. 其他有源器件(Other Active Devices)	典型模拟集成电路工艺中的二极管、双极型晶体管	了解二极管和双极型晶体管的器件特性及结构(A)	1
4. 无源器件(Passive Devices)	典型模拟集成电路工艺中的电阻、电容、电感	了解电阻、电容、电感的器件特性及结构(A)	1
5. 电路的 PVT 变化及失配(PVT Variation and Mismatch in Circuits)	PVT 变化、失配	理解电路 PVT 变化及失配的概念与影响(B)	1

模块 3：单级放大器(Single-stage Amplifier)(参考学时:5 学时)

知识点	主要内容	能力目标	参考学时
1. 共源放大器(Common Source Amplifier)	不同负载条件下的共源放大器、带源极负反馈的共源放大器	掌握共源放大器的分析、计算与应用方法(A)	2
2. 共漏放大器(Common Drain Amplifier)	不同负载条件下的共漏放大器、超级源极跟随器	掌握共漏放大器的分析、计算与应用方法(A)	1
3. 共栅放大器(Common Gate Amplifier)	不同负载条件下的共栅放大器、阻抗变换分析	掌握共栅放大器的分析、计算与应用方法(A)	1
4. 共源共栅放大器(Cascode Amplifier)	套筒型共源共栅放大器、折叠型共源共栅放大器	掌握共源共栅放大器的分析、计算与应用方法(A)	1

模块 4：差分放大器(Differential Amplifier)(参考学时:6 学时)

知识点	主要内容	能力目标	参考学时
1. 伪差分放大器(Pseudo Differential Amplifier)	大信号分析、小信号分析	理解伪差分放大器的大、小信号特性(A)	1
2. 全差分放大器(Fully Differential Amplifier)	大信号分析、小信号分析	掌握全差分放大器的大信号分析、小信号分析(A)	2
3. 全差分放大器的失配与共模抑制比(Mismatch and Common Mode Rejection Ratio of Fully Differential Amplifier)	负载电阻失配的影响、晶体管失配的影响、失调电压	理解全差分放大器的失配和共模抑制比的概念、分析与推导(A);掌握失调电压的分析与计算(B)	2
4. 全差分放大器与单端放大器的对比(Comparison between Fully Differential Amplifier and Single Ended Amplifier)	共模噪声抑制与电源干扰抑制、动态范围、偶次谐波失真抑制、电路设计的灵活性	了解全差分放大器与单端放大器的区别(B)	1

模块 5：电路偏置技术（Circuit Bias Technology）（参考学时：7 学时）

知识点	主要内容	能力目标	参考学时
1. 基本电流镜（Basic Current Mirror）	基本电流镜的结构、基本电流镜的失配	理解基本电流镜的结构和计算方法（A）	1
2. 有源电流镜作为负载的跨导放大器（Transconductance Amplifier with Active Current Mirror Load）	基本特性分析、共模抑制比、输入失调电压	掌握有源电流镜作为负载的跨导放大器的电路特性（A）	2
3. 共源共栅电流镜（Cascode Current Mirror）	共源共栅电流镜的基本结构、低压共源共栅电流镜；上机实验内容：电流镜设计实验	灵活掌握共源共栅电流镜的分析、计算方法（A）	3
4. 电流源（Current Source）	恒定跨导电流源、与电阻值成反比的电流源	了解各类电流源的结构和设计思路（B）	1

模块 6：频率响应和稳定性（Frequency Response and Stability）（参考学时：10 学时）

知识点	主要内容	能力目标	参考学时
1. 频率响应的基本概念（The Basic Concept of Frequency Response）	频率响应的定义、波特图的定义	理解频率响应的原理（A）；掌握波特图的分析、绘制方法（A）	1
2. 频率响应的简化分析方法（Simplified Analysis Method for Frequency Response）	密勒效应、主极点近似、零极点估计	理解并熟练运用频率响应的各种简化分析方法（A）	2
3. 单级放大器的频率响应（Frequency Response of Single-stage Amplifier）	共源放大器、共漏放大器、共栅放大器、共源共栅放大器、差分放大器的频率响应	理解各种单级放大器频率响应的原理（A）；掌握单级放大器频率响应的分析方法（A）	1
4. 反馈与稳定性（Feedback and Stability）	环路增益与反馈系数、负反馈对于电路的影响、负反馈系统的稳定性	掌握环路增益与反馈系数的分析、计算方法（A）；了解负反馈的影响（A）；理解负反馈系统的稳定性（A）	2
5. 密勒补偿（Miller Compensation）	基本密勒补偿、加入调零电阻的密勒补偿、加入电压缓冲器的密勒补偿、加入电流缓冲器的密勒补偿	掌握多种密勒补偿的分析方法（A）；了解不同密勒补偿方法的异同（A）	2

续表

知识点	主要内容	能力目标	参考学时
6. 前馈架构(Feedforward Architecture)	前馈架构的基本概念;前馈架构与密勒补偿的比较	理解前馈架构的补偿原理与分析方法(B);了解前馈补偿与密勒补偿的异同(B)	1
7. 多级放大器(Multi-stage Amplifier)	嵌套密勒补偿;前馈零点消除	了解多级放大器的常见结构、补偿方案与分析方法(C)	1

模块 7:噪声(Noise)(参考学时:5 学时)

知识点	主要内容	能力目标	参考学时
1. 噪声类型(Noise Type)	热噪声、闪烁噪声以及其他常见噪声	了解常见噪声产生原理、计算方法(A)	1
2. 噪声带宽(Noise Bandwidth)	基本概念;噪声带宽分析与应用	掌握噪声带宽的概念及计算(B)	1
3. 单级放大器及电流镜的噪声分析(Noise Analysis of Single-stage Amplifier and Current Mirror)	电路的噪声分析方法;共源、共漏、共栅、共源共栅放大器的噪声分析;电流镜的噪声分析	掌握各种单级放大器的噪声分析、计算方法(A);理解电流镜的噪声分析方法(A)	2
4. 差分放大器的噪声分析与优化(Noise Analysis and Optimization of Differential Amplifiers)	差分放大器的噪声分析;低噪声差分放大器的设计	掌握差分放大器的噪声分析、计算方法(A);了解低噪声差分放大器的设计(C)	1

模块 8:运算放大器设计(Operational Amplifier Design)(参考学时:7 学时)

知识点	主要内容	能力目标	参考学时
1. 运算放大器的基本参数(Basic Parameters of Operational Amplifiers)	运算放大器的直流参数、大信号参数以及交流小信号参数	了解运算放大器各类基本参数(A)	1
2. 运算放大器的基本结构(Basic Structure of Operational Amplifiers)	单级运算放大器的基本结构;两级运算放大器的基本结构	掌握单级、两级运算放大器的各类基本结构(B)	2
3. 运算放大器的直觉设计方法(Intuitive Design Methodology for Operational Amplifiers)	直觉设计方法的步骤;基于直觉设计方法的运算放大器设计;上机实验内容:运算放大器设计实验	灵活运用运算放大器的直觉设计方法(B)	4

模块 9：高性能运算放大器（High Performance Operational Amplifier）[参考学时：10 学时（选学）]

知识点	主要内容	能力目标	参考学时
1. 阻抗提升技术（Impedance Boosting Technology）	交叉耦合阻抗提升技术；增益自举技术	掌握阻抗提升技术的分析与设计方法（C）	2
2. 带宽拓展技术（Bandwidth Expansion Technology）	跨导提升技术；零极点优化技术	理解带宽拓展技术的原理及设计思路（C）	2
3. 失调消除技术（Offset Elimination Technology）	动态失调消除技术；斩波技术；相关双采样技术	掌握失调消除技术的设计思路与基本原理（C）	3
4. 轨到轨放大器（Rail-to-rail Amplifier）	轨到轨输入级；轨到轨输出级	理解常见的轨到轨放大器的工作原理（C）	3

模块 10：模拟集成电路其他重要模块（Other Building Blocks of Analog Integrated Circuit）[参考学时：6 学时（选学）]

知识点	主要内容	能力目标	参考学时
1. 比较器（Comparator）	静态比较器；动态比较器	了解静态比较器和动态比较器的原理及设计思路（C）	2
2. 电源（Power）	线性稳压电源；开关电源	了解线性稳压电源、开关电源的工作原理（C）	2
3. 振荡器（Oscillator）	环形振荡器；*LC* 振荡器	了解环形振荡器、*LC* 振荡器的原理及基本架构（C）	2

五、模拟集成电路设计课程英文摘要

1. Introduction

Analog integrated circuit design is both a highly theoretical and practical course. Through course learning, students can master the analysis methods of circuit structure, noise, frequency response and other issues in analog integrated circuits; possess the ability to choose appropriate circuit structures and design high-performance analog integrated circuits for practical problems; improve the ability to use EDA software to solve practical circuit problems. The course content includes devices, single-stage amplifiers, differential amplifiers, circuit bias technology, frequency response and stability, noise, operational amplifier design, high-performance operational amplifiers, and advanced analog integrated circuits topics.

2. Goals

The main objective of this course is to cultivate students' ability to analyze and design analog integrated circuits, including:

(1) Understand the basic concepts and principles of analog integrated circuit design, understand the basic trade-offs in the design process, and take it as their responsibility to improve the level of the national microelectronics industry and enhance professional enthusiasm.

(2) Understand the working principles of classic modules in analog integrated circuits, and be able to apply the knowledge learned to perform circuit analysis, simulation, and design on simple analog integrated circuits.

(3) Master the usage of commonly used EDA software for analog integrated circuit design simulation, apply it to design classic analog integrated circuits and conduct circuit simulation.

(4) By teaching innovative methods for analog integrated circuits, we aim to cultivate students' practical and innovative abilities, and enhance their self-learning abilities.

3. Covered Topics

Modules	List of Topics	Suggested Hours
1. Introduction	The Development of Analog Integrated Circuits(1), Overview of Analog Integrated Circuits(1)	2
2. Analog Integrated Circuit Devices	MOS Devices(2), The Frontend-of-the-line and Backend-of-the-line Process of Chip Manufacturing(1), Other Active Devices(1), Passive Devices(1), PVT Variation and Mismatch in Circuits(1)	6
3. Single-stage Amplifier	Common Source Amplifier(2), Common Drain Amplifier(1), Common Gate Amplifier(1), Cascode Amplifier(1)	5
4. Differential Amplifier	Pseudo Differential Amplifier(1), Fully Differential Amplifier(2), Mismatch and Common Mode Rejection Ratio of Fully Differential Amplifier(2), Comparison between Fully Differential Amplifier and Single Ended Amplifier(1)	6
5. Circuit Bias Technology	Basic Current Mirror(1), Transconductance Amplifier with Active Current Mirror Load(2), Cascode Current Mirror(3), Current Source(1)	7
6. Frequency Response and Stability	The Basic Concept of Frequency Response(1), Simplified Analysis Method for Frequency Response(2), Frequency Response of Single-stage Amplifier(1), Feedback and Stability(2), Miller Compensation(2), Feedforward Architecture(1), Multi-stage Amplifier(1)	10
7. Noise	Noise Type(1), Noise Bandwidth(1), Noise Analysis of Single-stage Amplifier and Current Mirror(2), Noise Analysis and Optimization of Differential Amplifiers(1)	5

续表

Modules	List of Topics	Suggested Hours
8. Operational Amplifier Design	Basic Parameters of Operational Amplifiers(1), Basic Structure of Operational Amplifiers(2), Intuitive Design Methodology for Operational Amplifiers(4)	7
9. High Performance Operational Amplifier	Impedance Boosting Technology(2), Bandwidth Expansion Technology(2), Offset Elimination Technology(3), Rail–to–rail Amplifier(3)	10
10. Other Building Blocks of Integrated Circuit	Comparator(2), Power(2), Oscillator(2)	6

数字集成电路设计(Digital Integrated Circuit Design)

一、数字集成电路设计课程定位

数字集成电路设计是集成电路设计与工程、电子科学与技术等学科以及集成电路设计方法学、微电子学与固体电子学等相关专业的核心基础课程。本课程基于当今集成电路领域主流的 CMOS 器件原理与工艺技术,围绕"逻辑—电路—版图"三个相互关联又相对独立的设计维度,自下而上地对晶体管、逻辑门、宏模块和数字芯片系统各个层次的知识点展开介绍。除了基本的实现方法外,课程还重点关注电路如何满足速度、功耗和面积等核心参数,尤其是如何在不同方案间如何进行性能取舍和比较论证,并结合具体实例开展电路仿真实践,培养学生全面了解和掌握数字集成电路的基础知识和专业技能。

二、数字集成电路设计课程目标

通过本课程的学习,希望学生:

(1) 了解数字集成电路的应用需求、历史沿革、最新发展和未来趋势;

(2) 掌握静态互补逻辑门、传输门逻辑和主从结构 D 触发器等重要的组合逻辑和时序逻辑单元电路,能熟练进行逻辑、电路和版图设计,并进行速度、功耗和面积的性能优化,掌握晶体管级电路仿真与全定制版图设计等实践技能;

(3) 掌握加法器、乘法器等运算模块以及静态存储器、动态存储器等存储模块的工作原理,了解各种实现方案之间的优劣对比;

(4) 掌握同步电路的静态时序分析方法,了解时钟非理想性与互连寄生对电路时序的影响;

(5) 了解数字集成电路自上而下的自动化设计方法,了解基于标准单元的半定制设计流程和逻辑综合以及自动化版图设计等关键步骤。

三、数字集成电路设计课程设计

为系统介绍数字集成电路设计的基础知识、理论体系、主要方法和专业技能,达到课程教学的目标,本课程包括 13 个主要模块,主要分为单元设计、系统设计和设计方法学三个主要部分,除模块 1 作为概述和模块 13 作为未来展望外,单元设计部分包含模块 2—5,介绍基于晶体管的全定制数字逻辑单元,主要是 CMOS 组合逻辑与时序逻辑单元的电路与版图的设计实现;系统设计部分包含模块 6—9,基于单元搭建运算、存储等系统专用模块,并结合静态时序分析等系统知识介绍数字集成电路的芯片构成;设计方法学部分包含模块 10—12,重点介绍基于标准单元以及基于 FPGA 的大规模数字集成电路自动化设计方法,简要介绍硬件描述语言以及半定制设计方法。课程所有模块如下:(1) 数字集成电路概述;(2) CMOS 反相器;(3) CMOS 组合逻辑门;(4) 时序逻辑门;(5) 其他逻辑类型;(6) 系统时序;(7) 运算模块;(8) 存储阵列;(9) 芯片专用模块;(10) 硬件描述语言;(11) 半定制设计方法;(12) 可编程逻辑与集成电路经济学;(13) 集成电路的未来展望。13 个模块之间的关系如图 2-4 所示。

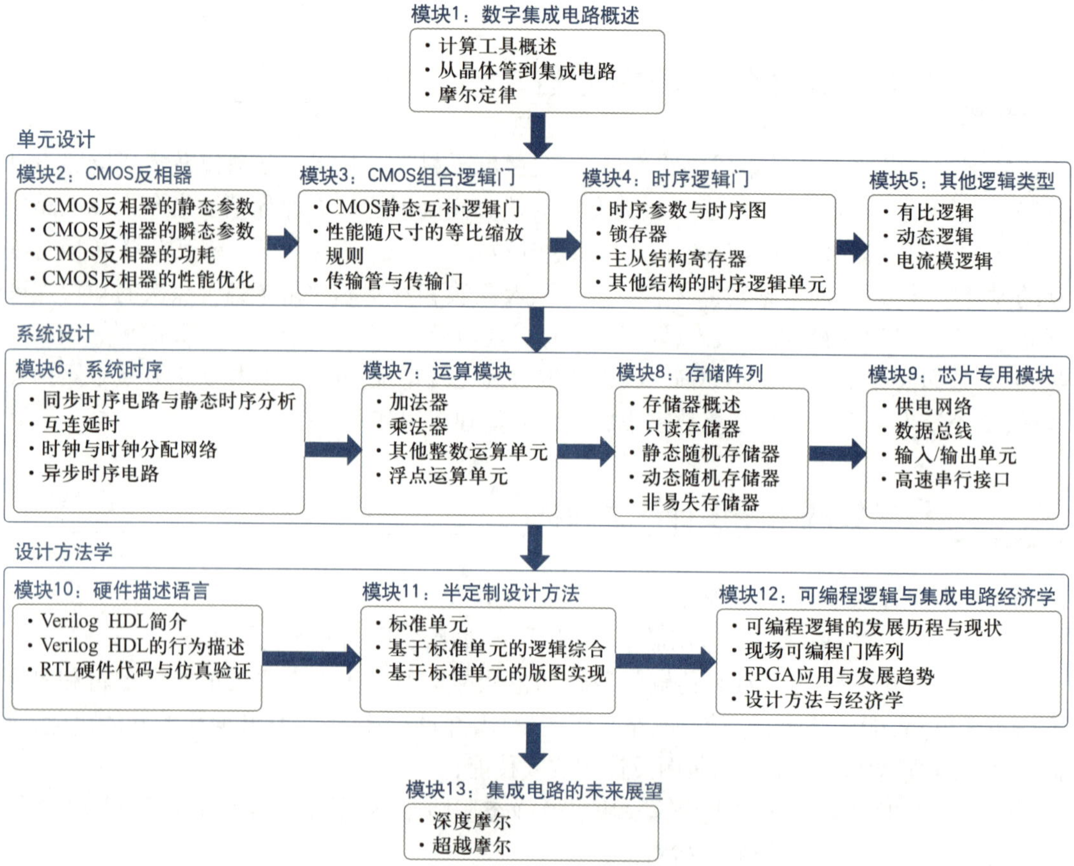

模块1：数字集成电路概述
- 计算工具概述
- 从晶体管到集成电路
- 摩尔定律

单元设计

模块2：CMOS反相器
- CMOS反相器的静态参数
- CMOS反相器的瞬态参数
- CMOS反相器的功耗
- CMOS反相器的性能优化

模块3：CMOS组合逻辑门
- CMOS静态互补逻辑门
- 性能随尺寸的等比缩放规则
- 传输管与传输门

模块4：时序逻辑门
- 时序参数与时序图
- 锁存器
- 主从结构寄存器
- 其他结构的时序逻辑单元

模块5：其他逻辑类型
- 有比逻辑
- 动态逻辑
- 电流模逻辑

系统设计

模块6：系统时序
- 同步时序电路与静态时序分析
- 互连延时
- 时钟与时钟分配网络
- 异步时序电路

模块7：运算模块
- 加法器
- 乘法器
- 其他整数运算单元
- 浮点运算单元

模块8：存储阵列
- 存储器概述
- 只读存储器
- 静态随机存储器
- 动态随机存储器
- 非易失存储器

模块9：芯片专用模块
- 供电网络
- 数据总线
- 输入/输出单元
- 高速串行接口

设计方法学

模块10：硬件描述语言
- Verilog HDL简介
- Verilog HDL的行为描述
- RTL硬件代码与仿真验证

模块11：半定制设计方法
- 标准单元
- 基于标准单元的逻辑综合
- 基于标准单元的版图实现

模块12：可编程逻辑与集成电路经济学
- 可编程逻辑的发展历程与现状
- 现场可编程门阵列
- FPGA应用与发展趋势
- 设计方法与经济学

模块13：集成电路的未来展望
- 深度摩尔
- 超越摩尔

图 2-4　数字集成电路设计课程知识模块关系图

四、数字集成电路设计课程知识点

模块 1：数字集成电路概述（Introduction of Digital Integrated Circuits）（参考学时：2 学时）

知识点	主要内容	能力目标	参考学时
1. 计算工具概述（Introduction of Computing Tools）	计算的需求；机械计算机；二进制；电动计算机	了解计算对准确性、速度、成本、功耗、小型化的要求（C）；了解二进制的原理（B）	0.5
2. 从晶体管到集成电路（From Transistors to Integrated Circuits）	晶体管的发明；集成电路的发明	了解晶体管与集成电路的发明（B）；掌握集成电路的器件模型（A）	1

续表

知识点	主要内容	能力目标	参考学时
3. 摩尔定律（Moore's Law）	摩尔定律的提出；摩尔定律的含义；摩尔定律的实证	掌握摩尔定律的概念与意义（A）	0.5

说明：知识点的能力目标分为 A、B、C 三级，其中 A 表示基础和核心能力（必修），B 表示高级和综合能力（限选），C 表示扩展和前沿能力（选修）。

模块 2：CMOS 反相器（CMOS Inverter）（参考学时：6 学时）

知识点	主要内容	能力目标	参考学时
1. CMOS 反相器的静态参数（Static Parameters of CMOS Inverter）	可再生性与输出标称电平；输入识别电平与噪声容限；CMOS 反相器的静态转移特性；静态参数的计算与设计	了解可再生性的含义（B）；掌握 CMOS 反相器静态转移特性及工作区域（A）；了解噪声容限的概念（A）；掌握 CMOS 反相器的静态参数的定义以及计算方法（A）	2
2. CMOS 反相器的瞬态参数（Transient Parameters of CMOS Inverter）	瞬态参数定义；外部电容与本征电容；瞬态参数的计算与电路优化	掌握瞬态参数的定义以及 CMOS 反相器瞬态参数的计算方法（A）；掌握外部电容与本征电容的概念（A）	1
3. CMOS 反相器的功耗（Power Consumption of CMOS Inverter）	功耗参数定义与分类；充放电功耗；短路电流功耗；静态功耗与亚阈值漏电功耗	掌握 CMOS 电路功耗的来源（A）；掌握充放电功耗的计算方法（A）；了解亚阈值漏电功耗的原理（B）	1
4. CMOS 反相器的性能优化（Performance Optimization of CMOS Inverter）	单位反相器的定义；空载与带载的延时与功耗；P/NMOS 比例的综合优化；反相器链的综合优化	掌握典型 CMOS 级联电路的延时与功耗的计算（A）；掌握驱动大负载的等比放大等一般方法（A）；了解 P/NMOS 尺寸比例的优化（B）	2

模块 3：CMOS 组合逻辑门（CMOS Combinational Logic Gates）（参考学时：6 学时）

知识点	主要内容	能力目标	参考学时
1. CMOS 静态互补逻辑门（CMOS Static Complementary Logic Gates）	互补的概念；单级静态互补门的逻辑与电路设计；单级静态互补门的优化；级联静态互补门的逻辑与电路设计；级联静态互补门的优化；静态互补门的版图设计	了解互补的概念与意义（A）；掌握从逻辑到电路、从电路到版图的正向设计方法（A）；掌握从版图到电路、从电路到逻辑的反向识别方法（A）；掌握单级与级联门的电路与版图优化方法（A）	3
2. 性能随尺寸的等比缩放规则（Performance with Technology Scaling）	恒定电场缩放及其局限性；恒定电压缩放及其局限性	了解 CMOS 逻辑门性能随尺寸的等比缩放规则（B）；了解恒定电场缩放规则及其局限性（B）；了解恒定电压缩放规则及其局限性（B）	1

续表

知识点	主要内容	能力目标	参考学时
3. 传输管与传输门（Pass Transistors and Transmission Gates）	传输管逻辑的工作原理；传输管逻辑的缺陷；前馈解决方案：传输门逻辑；反馈解决方案：电平恢复管	掌握传输管逻辑电路的基本原理及其不足（A）；掌握传输门逻辑的实现方法（A）；了解电平恢复管的实现方法与尺寸计算（B）	2

模块 4：时序逻辑门（Sequential Logic Gates）（参考学时：4~5 学时）

知识点	主要内容	能力目标	参考学时
1. 时序参数与时序图（Timing Parameters and Timing Diagrams）	时序逻辑门的分类；锁存器的时序参数与时序图；寄存器的时序参数与时序图	掌握时序逻辑门的功能（A）；掌握锁存器的时序参数与时序图表示方法（A）；掌握寄存器的时序参数与时序图表示方法（A）	1
2. 锁存器（Latches）	静态与动态存储机制；状态改写机制；基本锁存器及其变种电路	了解静态与动态存储机制以及环路断开与强制写入的状态改写机制（A）；了解基本锁存器及其变种电路（A）	1
3. 主从结构寄存器（Master-slave Registers）	主从结构的原理；双相非交叠与准静态寄存器；复位与置位；C^2MOS 结构的锁存器与寄存器；TSPC 结构的锁存器与寄存器	掌握主从结构寄存器的工作原理（A）；了解时钟交叠问题（A）；掌握双相非交叠时钟原理（A）；掌握同步与异步复位 / 置位概念（A）；了解 C^2MOS 结构与 TSPC 结构的锁存器与寄存器（B）	2
4. 其他结构的时序逻辑单元（Sequential Logic Cells of Other Structures）	交叉耦合结构寄存器；脉冲结构寄存器	了解交叉耦合结构寄存器、脉冲结构寄存器等其他寄存器电路（C）	1*

说明：标记 * 部分为可选内容。

模块 5：其他逻辑类型（Other Types of Logic Cell）（参考学时：2.5~3 学时）

知识点	主要内容	能力目标	参考学时
1. 有比逻辑（Ratioed Logic）	CMOS 逻辑门的局限性；有比逻辑及上拉负载种类；有比逻辑的缺陷；双端有比逻辑门	了解 CMOS 逻辑门的局限性（B）；了解有比逻辑的不同上拉负载实现方式（B）；掌握上拉电阻负载的参数取值设计（B）；了解双端有比逻辑门的工作原理（B）	1
2. 动态逻辑（Dynamic Logic）	动态逻辑的工作原理；动态逻辑的缺陷及优化；动态逻辑的级联	了解动态逻辑的工作原理（B）；了解动态逻辑的缺陷及优化方法（B）；了解动态逻辑的多米诺与 N/P 级联方法（B）	1.5
3. 电流模逻辑（MCML Logic）	MCML 逻辑的工作原理与应用场景	了解 MCML 逻辑的工作原理与应用场景	0.5*

模块 6：系统时序（System Timing Issues）（参考学时：4~6 学时）

知识点	主要内容	能力目标	参考学时
1. 同步时序电路与静态时序分析（Synchronous Circuit and Static Timing Analysis）	同步的定义；基于寄存器的同步时序电路；建立时间约束与关键路径；保持时间约束；建立时间约束与保持时间约束的对比	掌握同步时序电路的概念（A）；掌握基于寄存器与组合逻辑的时序分析模型（A）；掌握关键路径的概念（A）；掌握建立时间约束与保持时间约束的静态时序分析方法（A）	2
2. 互连延时（Interconnect Delay）	互连的寄生电容；互连的寄生电阻；分布式与集总式 *RC* 延时模型；互连延时优化	了解互连寄生延时对时序的影响（B）；了解影响寄生电容与寄生电阻的因素（B）；了解集总式与分布式 *RC* 延时模型的计算方法；了解插入缓冲器的延时优化方法（B）	1
3. 时钟与时钟分配网络（Clock and Clock Distribution Network）	数字时钟的产生与锁相环；时钟的非理想性；时钟分配网络与时钟树；系统级时钟分配方法	了解数字时钟的需求以及基于锁相环的时钟产生电路（B）；掌握时钟的抖动与偏差等非理想性对时序的影响（A）；了解时钟树等时钟分配方法（B）	1
4. 异步时序电路（Asynchronous Circuit）	异步时序及其关注点；亚稳态与同步器；跨时钟域的异步逻辑设计案例	了解异步时序的概念（B）；了解亚稳态与同步器（B）；了解克服不确定态的跨时钟域异步逻辑电路设计实例（B）	2*

模块 7：运算模块（Arithmetic Blocks）（参考学时：4~6 学时）

知识点	主要内容	能力目标	参考学时
1. 加法器（Adders）	行波进位加法器；加法器的优化策略；平方根延时：进位旁路与进位选择加法器；对数延时：超前进位与树形加法器；多输入加法与进位保留加法器	掌握基于进位删除、产生与传播的加法器优化策略（A）；掌握线性延时、平方根延时与对数延时的各种典型加法器结构与进位链分析方法（A）；了解多输入的进位保留加法器（B）	2.5
2. 乘法器（Multipliers）	阵列乘法器；树形乘法器；高基乘法器；乘加单元的优化	掌握阵列乘法器的结构（A）；了解树形乘法器、高基乘法器等结构以及乘加单元的优化方法（B）	1.5
3. 其他整数运算单元（Other Integer Arithmetic Blocks）	减法器与比较器；移位器	了解减法器、比较器、移位器等运算单元（C）	1*
4. 浮点运算单元（Floating-point Arithmetic Blocks）	浮点数格式标准；浮点加法运算；浮点乘法与乘加运算；浮点运算的取整策略与误差控制	了解浮点数的格式标准（C）；了解浮点数的加法、乘法与乘加运算的基本方法（C）	1*

模块 8：存储阵列（Memory Arrays）（参考学时：4 学时）

知识点	主要内容	能力目标	参考学时
1. 存储器概述（Memory Overview）	存储器的发展；存储器的分类；存储器基本架构	了解存储器的发展、分类与基本架构（B）	0.5
2. 只读存储器（Read Only Memories）	存储器的二维阵列结构；NOR 结构 ROM 电路与版图；NAND 结构 ROM 电路与版图	掌握 ROM 的基本概念与电路（B）	0.5
3. 静态随机存储器（Static Random Access Memories）	静态随机存储器单元及工作原理；静态随机存储器阵列及读写操作	掌握 6 管 SRAM 单元的电路结构（A）；了解 SRAM 读写操作及保证读写的尺寸参数设计（B）	1
4. 动态随机存储器（Dynamic Random Access Memories）	动态随机存储器单元及工作原理；动态随机存储器阵列及读写操作	掌握 1T1C DRAM 单元的电路结构（A）；了解敏感放大器等 DRAM 外围电阻（B）	1
5. 非易失存储器（Non-volatile Memory）	非易失存储器的原理与发展；EEPROM 单元及读写操作；flash 存储器；新型非易失存储器	了解非易失存储器的原理与发展（B）；了解 EEPROM 单元（B）；了解 NOR 与 NAND flash 结构以及优缺点（B）；了解其他新型非易失存储器的原理（C）	1

模块 9：芯片专用模块（Special-purpose Subsystem）（参考学时：1.5~2 学时）

知识点	主要内容	能力目标	参考学时
1. 供电网络（Power Supply Network）	电迁移与可靠性；*IR* 压降与电源分配网络；封装寄生电感与片上退耦	了解供电网络所关注的电迁移、*IR* 压降、封装寄生电感等问题（B）；了解电源分配网络设计的一般方法（B）	0.5
2. 数据总线（Data-path）	数据驱动与中继器；串扰与数据相关延时；屏蔽与隔离	了解总线数据驱动的一般方法（B）；了解串扰相关问题及处理串扰问题的一般方法（B）	0.5
3. 输入 / 输出单元（Input/Output Cells）	输入 / 输出单元的种类与功能；输出驱动及跨电压域电路设计；ESD 保护；输入 / 输出单元与芯核的集成	了解输入 / 输出单元的种类与功能（B）；了解 ESD 保护的基本原理与方法（B）	0.5
4. 高速串行接口（High-speed Serial Interfaces）	高速串行接口应用与标准；串行编码；低摆幅信号发射电路；低摆幅信号接收电路与时钟数据恢复	了解高速串行接口的应用背景与主要标准（C）；了解高速串行接口的编码（C）；了解高速串行接口的物理层收发电路工作原理（C）	0.5*

模块 10:硬件描述语言(Hardware Description Language)(参考学时:3 学时)

知识点	主要内容	能力目标	参考学时
1. Verilog HDL 简介(Introduction of Verilog HDL)	硬件描述语言与 Verilog HDL 的发展历程;Verilog HDL 的设计概述;Verilog HDL 的数据与变量类型;Verilog HDL 的模块定义	了解以 Verilog 为代表的硬件描述语言的概念与设计概述(A);掌握 Verilog 的基本语法(A)	1
2. Verilog HDL 的行为描述(Behavior Description of Verilog HDL)	运算与赋值语句;块结构与程序语句;模块调用与层次化设计	掌握 Verilog 的运算、赋值、块结构与模块调用的设计方法(A)	1
3. RTL 硬件代码与仿真验证(RTL Coding,Simulation and Verification)	RTL 代码与可综合性;仿真验证与控制	掌握对可硬件实现模块的 RTL 可综合代码的设计风格(A);掌握对仿真验证平台等行为级代码的设计风格(A)	1

模块 11:半定制设计方法(Semi-custom Design Methodology)(参考学时:2 学时)

知识点	主要内容	能力目标	参考学时
1. 标准单元(Standard Cells)	标准单元的种类;标准单元的性能表征;标准单元的版图;标准单元的 IP 封装	了解标准单元的基本概念(B);了解标准单元的功能种类、性能表征方法、版图风格以及定制 IP 单元的封装方法(B)	1
2. 基于标准单元的逻辑综合(Logic Synthesis Based on Standard Cells)	代码解析;单元映射与帕累托边界;基于约束的综合优化	掌握半定制设计的前端流程,即基于标准单元的 RTL 代码逻辑综合(B);了解逻辑综合中代码解析、单元映射与基于约束的优化原理(B)	0.5
3. 基于标准单元的版图实现(Layout Implementation Based on Standard Cells)	版图规划;标准单元布局;单元间布线	了解半定制设计的后端流程,即自动化版图设计,包括版图规划、标准单元布局与单元间布线(B)	0.5

模块 12:可编程逻辑与集成电路经济学(Programmable Logics and IC Economics)(参考学时:1~2 学时)

知识点	主要内容	能力目标	参考学时
1. 可编程逻辑的发展历程与现状(The Development of Programmable Logics)	可编程逻辑的发展历程与现状	了解可编程逻辑的发展历程与现状(B)	0.5

续表

知识点	主要内容	能力目标	参考学时
2. 现场可编程门阵列（Field Programmable Gate Array）	FPGA 可编程逻辑单元；FPGA 可编程 I/O 模块；FPGA 配置模块；FPGA 的接口	了解 FPGA 的原理，包括逻辑、连线与 I/O 的编程与配置方法（B）	0.5
3. FPGA 应用与发展趋势（FPGA Applications and Development Trends）	片上系统 FPGA；软件定义无线电	了解 FPGA 的各种应用与发展趋势（C）	0.5*
4. 设计方法与经济学（Design Methodology and Economics）	芯片设计方法与性能比较；芯片成本与营收模型	从经济学的角度比较基于标准单元与 FPGA 设计方法的优缺点（C）；了解基于固定成本与可变成本的成本模型（C）；了解基于竞争市场的营收模型（C）	0.5*

模块 13：集成电路的未来展望（the Future of IC）（参考学时：1 学时）

知识点	主要内容	能力目标	参考学时
1. 深度摩尔（More Moore）	新型集成电路器件结构	了解 FinFET、GAA 等新型器件结构 (C)；了解先进工艺的等效制程概念（C）	0.5
2. 超越摩尔（More than Moore）	多芯粒与系统封装（SiP）集成	了解 MCM 及 2.5D/3D 异构封装集成 (C)	0.5

五、数字集成电路设计课程英文摘要

1. Introduction

Digital integrated circuit design is based on the mainstream principles and process technologies of CMOS devices in the field of integrated circuits. It focuses on the three interrelated and relatively independent design dimensions of logic level, circuit level and layout level, and introduces the knowledge of transistors, logic gates, macro modules, and digital chip systems from bottom to top. In addition to basic implementation methods, the course also focuses on how circuits achieve requirements such as speed, power consumption, and area, especially how to make performance trade-offs and comparative arguments between different schemes. It also combines specific examples to carry out circuit simulation practice, cultivating students to comprehensively understand and master the basic knowledge and professional skills of digital integrated circuits.

2. Goals

Through the study of this course, it is hoped that students:

(1) Understand the application requirements, historical evolution, latest developments, and

future trends of digital integrated circuits.

(2) Understand important combination logic and sequential logic unit circuits such as static complementary logic gates, transmission gate logic, and master–slave structure D flip–flops.

(3) Understand logic, circuit, and layout design, as well as optimizing speed, power consumption, and area performance, have practical skills such as transistor level circuit simulation and fully customized layout design.

(4) Understand the working principles of arithmetic modules such as adders and multipliers, as well as storage modules such as static and dynamic memory.

(5) Understand the static timing analysis method of synchronous circuits, understand the impact of clock uncertainty and interconnect parasitic on circuit timing.

(6) Understand the top–down automation design methods for digital integrated circuits, understand the semi–custom design method based on standard cells, as well as key steps such as logic synthesis and automated layout design.

3. Covered Topics

Modules	List of Topics	Suggested Hours
1. Introduction of Digital Integrated Circuits	Introduction of Computing Tools(0.5), From Transistors to Integrated Circuits(1), Moore's Law(0.5)	2
2. CMOS Inverter	Static Parameters of CMOS Inverter(2), Transient Parameters of CMOS Inverter(1), Power Consumption of CMOS Inverter(1), Performance Optimization of CMOS Inverter(2)	6
3. CMOS Combinational Logic Gates	CMOS Static Complementary Logic Gates(3), Performance with Technology Scaling(1), Pass Transistors and Transmission Gates(2)	6
4. Sequential Logic Gates	Timing Parameters and Timing Diagrams(1), Latches(1), Master–slave Registers(2), Sequential Logic Cells of Other Structures(1*)	4~5
5. Other Types of Logic Cell	Ratioed Logic(1), Dynamic Logic(1.5), CML Logic(0.5*)	2.5~3
6. System Timing Issues	Synchronous Circuit and Static Timing Analysis(2), Interconnect Delay(1), Clock and Clock Distribution Network(1), Asynchronous Circuit(2*)	4~6
7. Arithmetic Blocks	Adders(2.5), Multipliers(1.5), Other Integer Arithmetic Blocks(1*), Floating–point Arithmetic Blocks(1*)	4~6
8. Memory Arrays	Memory Overview(0.5), Read Only Memories(0.5), Static Random Access Memories(1), Dynamic Random Access Memories(1), Non–volatile Memory(1)	4
9. Special–purpose Subsystem	Power Supply Network(0.5), Data–path(0.5), Input/Output Cells(0.5), High–speed Serial Interfaces(0.5*)	1.5~2

续表

Modules	List of Topics	Suggested Hours
10. Hardware Description Language	Introduction of Verilog HDL(1), Behavior Description of Verilog HDL(1), RTL Coding, Simulation and Verification(1)	3
11. Semi-custom Design Methodology	Standard Cells(1), Logic Synthesis Based on Standard Cells(0.5), Layout Implementation Based on Standard Cells(0.5)	2
12. Programmable Logics and IC Economics	The Development of Programmable Logics(0.5), Field Programmable Gate Array(0.5), FPGA Applications and Development Trends(0.5*), Design Methodology and Economics(0.5*)	1~2
13. the Future of IC	More Moore(0.5), More than Moore(0.5)	1

大规模集成电路设计方法
(Large-scale Integrated Circuit Design Methods)

一、大规模集成电路设计方法课程定位

本课程是集成电路类专业的核心课程之一,也是集成电路类专业的基础课程,大规模集成电路设计方法课程既是一门理论性很强的课程,也是一门实践性很强的课程。通过课程学习掌握电路抽象、电路搭建、EDA 工具使用等问题和电路建模方法,具备针对实际需求和性能需求选择合适的电路类型和工艺流程、设计优秀性能和低功耗电路的能力,提高运用电路理论知识解决实际问题的能力。课程内容包括系统级设计的基本方法、高层次综合、逻辑设计与优化等一系列电路设计流程中的方法、模拟电路 EDA 方法以及 EDA 算法策略。

二、大规模集成电路设计方法课程目标

本课程以培养学生“灵活运用电路分析基本方法以完成经典和实际问题,设计并实现正确、高性能的电路”的能力为主要目标,具体包括:

(1) 理解电路设计的基本概念,掌握常用电路系统级设计方法以及 EDA 工具的使用。

(2) 掌握芯片设计的流程,并能够理解每个流程的作用。

(3) 能够针对实际需求进行对电路的抽象、分析、建模,并选择合适的工艺搭建电路。

(4) 能够掌握一定的 EDA 方法以及 EDA 算法策略。

三、大规模集成电路设计方法课程设计

设计总则:本课程采用“理论讲授、案例分析、习题演练”的教学方式,结合“问题引入、场景应用、拓展延伸”的教学理念,深入剖析大规模集成电路设计全流程,培养学生的综合设计能力。

模块 1(集成电路设计方法概述):阐述集成电路产业及设计方法的发展简史,基于标准单元库的大规模设计流程以及若干典型集成电路产品。

模块 2(系统级设计):介绍系统级设计方法,以系统应用为切入,介绍系统级设计发展与演变的历程。

模块 3(高层次综合):从微架构设计入手,介绍设计流程,优化策略以及前端编译器、后端算法等。

模块 4(逻辑设计与优化):介绍逻辑设计和优化的关键技术和方法。

模块 5(设计验证):介绍设计验证的基本概念,形式化验证的发展历程和方法,模拟验

模块1：集成电路设计方法概述

1.1 集成电路产业及设计方法的发展概述
- 集成电路产业发展简史
- 大规模集成电路设计方法的缘起及发展

1.2 大规模集成电路设计流程
- 设计流程概述
- 硬件描述语言Verilog概述
- 标准单元及核心IP

1.3 若干典型集成电路产品
- 微处理器
- 存储器
- 通信芯片
- 数模混合SoC芯片

模块2：系统级设计

2.1 PC时代：经典冯诺依曼架构
- CPU体系架构
- 存储器层次架构和I/O系统接口

2.2 互联网时代：IP与SoC
- 微处理器(ARM、RISC-V)
- 多核处理器和NOC

2.3 智能时代：AI芯片
- GPU体系架构
- DSA-AI加速器
- 新型计算架构

模块3：高层次综合

3.1 设计流程
- 工具流程分解
- 基于HLS的硬件开发流程

3.2 前端编译器
- 代码词法及语法分析
- 中间表示
- 代码优化技术

3.3 后端算法过程
- 调度算法
- 分配与绑定算法
- 寄存器传输级代码生成

3.4 优化策略和性能模型
- 数组优化方法
- 循环优化方法
- 函数优化方法
- 性能评估模型

3.5 发展趋势与新兴技术
- AI驱动的HLS
- 设计空间探索
- 跨层协同设计方法

模块4：逻辑设计与优化

4.1 寄存器传输级综合
- 语言解析
- 前端优化
- IP核推断

4.2 逻辑优化
- 组合电路优化
- 状态机优化
- 无关项优化
- 重定向优化

4.3 工艺映射
- 面向ASIC工艺映射
- 面向FPGA工艺映射
- 时序分析与优化
- 能耗分析与优化

模块7：布图规划与布局

7.1 布图规划和布局基本介绍
- 基本术语
- 问题描述
- 发展脉络

7.2 布图规划
- 布图规划的技术发展
- 数学规划的布图规划
- 元启发式布图规划
- 其他目标的布图规划

7.3 布局
- 布局的技术发展
- 合法化和详细布局
- 全局布局
- 考虑其他目标的布局

7.4 发展趋势与新兴技术
- 3D布图规划与布局
- AI辅助的布图规划和布局

模块8：布线设计

8.1 时钟线网布线
- 时钟概念
- 时钟树问题介绍
- 时钟树设计
- 时钟布线方法
- 时钟调度和优化

8.2 信号线网布线
- 信号布线基本概念
- 布线问题建模
- 布线技术
- 全局布线
- 详细布线

8.3 电源网络布线
- 电源网络布线需求
- 电源网络拓扑
- 电源网络通孔设计
- 电源网络布线

8.4 3D芯片布线
- 3D时钟树设计
- 3D信号布线
- 3D电源布线

模块5：设计验证

5.1 形式化验证
- 形式化验证方法的发展历程
- 逻辑等价性检查
- 模型检测

5.2 模拟验证
- 模型验证方法分类
- 标准化与通用验证方法

模块6：集成电路测试

6.1 测试向量生成
- 故障模型
- 故障模拟算法
- 自动测试生成

6.2 可测试性设计
- 可测试性分析
- 扫描设计
- 测试压缩

6.3 内建自测试
- 逻辑内建自测试
- 存储器内建自测试与自修复

6.4 测试访问与测试标准
- SoC测试访问机制
- 边界扫描测试
- 嵌入式核测试
- IJTAG测试网络

模块9：模拟集成电路EDA方法

9.1 集成电路仿真
- 器件模型
- 直流分析
- 小信号分析
- 瞬态分析方法

9.2 集成电路和器件建模
- BSIM模型简介与发展
- 新器件建模方法
- 自动化器件建模方法

9.3 集成电路优化
- 优化的目的
- 优化策略与类型

9.4 版图设计自动化
- 自动化布局布线的考虑
- 模拟版图约束

模块10：EDA算法策略

10.1 计算复杂性
- 渐近记号
- 难解问题的分类

10.2 启发式算法策略
- 贪心策略
- 动态规划
- 模拟退火
- 分支定界

10.3 数学规划策略
- 数学规划的分类
- 线性规划
- 整数线性规划
- 凸优化

10.4 EDA中的常用算法
- 最短路径
- 最小生成树
- 网络流

10.5 求解器算法
- 布尔可满足性求解
- 稀疏矩阵求解
- 数值优化算法
- 改进节点法

图 2-5　大规模集成电路设计方法课程知识模块关系图

证的分类与技术等。

模块 6（集成电路测试）：介绍集成电路测试的基本概念，测试向量生成方法，设计中可测试性技术的应用，内建自测试（BIST）的实现，测试访问机制与测试标准的使用等。

模块 7（布图规划与布局）：介绍布图规划与布局的技术和策略，详细介绍从布图规划到混合尺寸布局。

模块 8（布线设计）：介绍布线设计的技术和策略，详细介绍从时钟网络到电源网络的布线过程。

模块 9（模拟集成电路 EDA 方法）：介绍模拟电路 EDA 方法，包括电路仿真、电路和器件建模、电路优化和版图设计自动化等关键步骤和技术。

模块 10（EDA 算法策略）：介绍计算复杂性理论基础、启发式算法策略、数学规划策略、EDA 中常用算法及求解器算法的应用。

本课程主要模块之间的关系如图 2-5 所示。

四、大规模集成电路设计方法课程知识点

模块 1：集成电路设计方法概述（Introduction of Integrated Circuits Design）（参考学时：0~4 学时）

知识点	主要内容	能力目标	参考学时
1. 集成电路产业及设计方法的发展概述 [Introduction of the Development of Integrated Circuit（IC）Industry and Design Methods]	介绍集成电路技术及产业发展简史，并介绍大规模集成电路设计方法的缘起及发展	了解集成电路技术及产业历史（C）；了解大规模集成电路设计方法的过去、现在和未来（C）	1*
2. 大规模集成电路设计流程（Large Scale IC Design Process）	介绍大规模集成电路设计流程、EDA 工具、硬件描述语言 Verilog 以及标准单元及核心 IP	了解大规模集成电路设计所包含的流程、工具、设计语言、核心 IP 等概念（C）	1*
3. 若干典型集成电路产品（Several Typical IC Products）	介绍若干典型集成电路产品，包括存储器、微处理器、通信芯片以及数模混合 SoC 芯片，并简述各产品设计方法的特点	了解存储器、微处理器、通信芯片及数模混合 SoC 芯片等典型集成电路产品的基本概念及主要特征（C）；理解各产品设计方法的特点（B）	2*

说明：知识点的能力目标分为 A、B、C 三级，其中 A 表示基础和核心能力（必修），B 表示高级和综合能力（限选），C 表示扩展和前沿能力（选修）。

模块 2：系统级设计（System-level Design Methodology）（参考学时：4 学时）

知识点	主要内容	能力目标	参考学时
1. PC 时代：经典冯诺依曼架构（PC Era: Classic von Neumann Architecture）	围绕 PC 时代经典架构范式，介绍 CPU 体系架构、存储器层次架构和 I/O 系统接口	了解 PC 时代应用特征（C）；理解 CPU 体系架构、存储层次架构和系统接口（B）	1
2. 互联网时代：IP 与 SoC（Internet Era: IP and SoC）	围绕互联网时代架构范式，介绍 ARM、RISC-V 等典型微处理器，多核处理器和 NOC	了解互联网时代应用特征（C）；理解掌握 ARM、RISC-V 等典型微处理器，多核处理器和 NOC 等的设计思路（A）	2
3. 智能时代：AI 芯片（Intelligence Era: AI Chips）	围绕人工智能时代架构范式、介绍 GPU 体系架构、DSA-AI 加速器以及新型计算架构	了解人工智能时代计算需求（C）；理解掌握 GPU 体系架构、DSA-AI 加速器以及新型计算架构（A）	1

模块 3：高层次综合（High-level Synthesis）（参考学时：9 学时）

知识点	主要内容	能力目标	参考学时
1. 设计流程（Design Flow）	介绍高层次综合的整体工具链，如由哪些算法流程构成；同时以 Vitis HLS 为例，介绍如何使用 HLS 工具进行硬件加速器开发，并介绍当前商用 HLS 工具的特点	理解高层次综合所包含的前后端流程（B）；掌握利用商用高层次综合工具进行硬件加速器设计的方法（A）；了解商用 HLS 工具的特点、当前 HLS 工具的使用范围以及所具有的局限性（C）	1
2. 前端编译器（Front-end Compiler）	介绍面向高层次综合的 C/C++ 代码语法和词法分析方法、C/C++ 代码至中间表示（IR）代码的转化过程及方法、数据流图构建方法、IR 层级的代码及硬件架构优化方法	了解高层次综合前端编译器的基本概念、基本原理与作用（C）；理解前端编译器的各个步骤与所实现的功能（B）；了解核心步骤所采用的典型算法（C）	2
3. 后端算法过程（Back-end Algorithm Flow）	介绍高层次综合工具的后端算法步骤，重点讲解调度算法、分配与绑定算法，介绍硬件描述代码生成过程	了解高层次综合后端的整体流程、基本概念、基本原理与作用（C）；理解 HLS 各个后端步骤所采用的基础算法、优化目标与约束条件（B）	2

续表

知识点	主要内容	能力目标	参考学时
4. 优化策略和性能模型(Optimization Strategy and Performance Model)	介绍开发者如何利用高层次综合工具对代码进行优化,介绍数组、循环、函数等结构的优化手段,以及这些优化手段如何影响性能	掌握采用HLS优化策略进行硬件性能优化的手段与方法(A);了解HLS所提供的多种优化策略的原理及其对性能造成的影响(C)	2
5. 发展趋势与新兴技术(Development Trends and Emerging Technologies)	介绍HLS的未来发展趋势,包括AI驱动的HLS设计方法、HLS设计空间探索方法、跨层协同设计方法	了解新兴技术对HLS技术及工具带来的变革(C);了解当前的HLS研究热点与发展趋势(C)	2

模块4:逻辑设计与优化(Logic Synthesis and Optimization)(参考学时:6学时)

知识点	主要内容	能力目标	参考学时
1. 寄存器传输级综合(RTL Synthesis)	介绍在寄存器传输级综合中如何对语言进行解析,介绍传输级综合里前端过程中对于逻辑的优化以及对于电路IP核的推断	熟练掌握寄存器传输级综合中前端过程中的逻辑优化(A);掌握对于逻辑语言的解析和电路IP核的推断(A)	1
2. 逻辑优化(Logic Optimization)	介绍在逻辑优化中的多种优化类型,如组合电路优化、状态机优化、无关项优化和重定时优化	掌握多种逻辑优化方式,如组合电路优化、状态机优化、无关项优化等(A)	3
3. 工艺映射(Process Mapping)	介绍集成电路制造中对于两种类型电路ASIC和FPGA的工艺映射,以及在该种电路下的时序与能耗分析和优化	掌握面向两种电路ASIC和FPGA的工艺映射(A);掌握对于电路的时序和能耗的分析与优化(A)	2

模块5:设计验证(Verification)(参考学时:6学时)

知识点	主要内容	能力目标	参考学时
1. 形式化验证(Formal Verification)	简要介绍形式化验证的发展历程,总体上介绍布尔逻辑可满足性求解技术及模型检测技术,阐述其在逻辑等价性检查和属性检查中的应用	了解布尔约束求解和模型检测的基本原理(C);建立对逻辑等价性检查和属性检查的初步认识,理解形式化方法在设计验证中发挥的作用(B)	3

续表

知识点	主要内容	能力目标	参考学时
2. 模拟验证（Simulation Verification）	通过一个简单的例子，介绍模拟验证的基本方法以及通用验证方法学（UVM）的意义及其基本框架	了解通用验证方法学的基本概念及主要组成部分（C）；理解模拟验证与形式化验证的区别以及各自优势（B）	3

模块 6：集成电路测试（Testing of Integrated Circuit）（参考学时：8 学时）

知识点	主要内容	能力目标	参考学时
1. 测试向量生成（Test Vector Generation）	通过集成电路示例，介绍主要的故障模型和故障模拟算法，阐述测试生成技术的分类和确定性测试生成算法	了解测试生成的理论基础（C）；掌握通路敏化法的基本原理（A）；理解商用 ATPG 系统采用的主要技术（B）	2
2. 可测试性设计（Design for Test，DFT）	通过集成电路示例，介绍可测试性设计的概念，阐述可测试性分析的基本方法，介绍专用可测试性设计技术、扫描设计技术、测试压缩技术	了解可测试性设计在超大规模集成电路测试中的作用及重要性（C）；理解可控制性和可观测性对测试覆盖率的影响（B）；掌握扫描设计技术、测试压缩技术的原理及其设计过程（A）	2
3. 内建自测试（Built-in Self-test）	介绍逻辑内建自测试电路的基本结构、向量生成方法及测试响应分析方法；介绍存储器内建自测试集成电路的基本结构、存储器故障模型及常用的测试算法	了解逻辑内建自测试和存储器内建自测试技术在超大规模集成电路测试中的作用及重要性（C）；理解其基本原理（B）；掌握其基本体系结构及设计实现方法（A）	2
4. 测试访问与测试标准（Testing Access and Testing Standards）	介绍系统测试和 SoC 测试的基本概念，介绍相关测试标准中提供的测试访问机制，包括 IEEE 1149.1 JTAG 标准、IEEE 1500 ECT 标准、IEEE 1687 IJTAG 标准等	了解系统测试和 SoC 测试的基本概念和主要挑战（C）；理解工业界常用的测试访问机制及对应的测试标准（B）；掌握测试标准的发展历史及其在超大规模集成电路测试开发流程中的应用（A）	1
5. 小结与展望（Summary and Prospect）	总结各种测试技术在超大规模集成电路设计流程中应用的现状；介绍测试领域已有应用前景的部分前沿发展方向	掌握当前超大规模集成电路测试技术在工业界应用的现状（A）；了解推动测试技术发展的主要驱动力（C）；了解当前测试技术的研究热点与发展趋势（C）	1

模块 7：布图规划与布局(Floorplanning and Placement)(参考学时:7 学时)

知识点	主要内容	能力目标	参考学时
1. 布图规划和布局的基本介绍(Basic Introduction to Floorplanning and Placement)	介绍布图规划和布局的基本术语、目标、问题描述及发展脉络	了解布图规划和布局的目标及技术发展(C)	1
2. 布图规划(Floorplanning)	介绍布图规划典型的建模及求解方法;介绍考虑可布线性、时序和温度的布图规划	掌握布图规划典型的建模及求解方法(A);了解考虑可布线性、时序和温度的布图规划(C)	2
3. 布局(Placement)	介绍布局的技术发展;介绍全局布局典型的建模及求解方法;介绍合法化和详细布局典型的建模及求解方法;简介可布线性和时序驱动的布局	了解布局技术发展(C);掌握全局布局典型的建模及求解方法(A);掌握合法化和详细布局典型的建模和求解方法(A);了解可布线性和时序驱动的布局(C)	3
4. 发展趋势和新兴技术(Development Trends and Emerging Technologies)	介绍 3D 布图规划和布局;介绍人工智能在布图规划和布局上的应用	了解布图规划和布局发展趋势(C);了解新兴技术在布图规划和布局上的应用(C)	1

模块 8：布线设计(Routing)(参考学时:8 学时)

知识点	主要内容	能力目标	参考学时
1. 时钟线网布线(Clock Line Network Routing)	介绍信号、门控时钟、时钟拓扑等时钟概念;介绍时钟树的优化目标、时钟树综合问题建模;介绍时钟树的综合策略、数据表征策略以及时钟树常用的拓扑结构;介绍时钟布线方法和时钟优化方法和调度算法	了解时钟树综合的目标和需求(C);理解时钟树常用的拓扑结构和数据表征策略(B);熟练掌握时钟布线和调度算法(A);掌握如何优化时钟进而提升芯片性能(A)	2
2. 信号线网布线(Signal Line Network Routing)	介绍设计规则、耦合电容、需求、布线资源、布线拥塞等信号布线的基本概念;介绍布线问题建模;介绍斯坦纳树生成技术、二引脚布线方法、多引脚布线方法;介绍全局布线方法;介绍详细布线算法以及设计规则	了解信号线网布线设计目标和需求(C);需要掌握布线自研和布线拥塞概念和计算模型(A);深入理解布线问题的经典建模和对应算法,深入理解直角斯坦纳树理论和算法(B);熟练掌握当前的布线分解技术和对应目标,熟练掌握全局布线算法(A);熟练掌握详细布线算法及设计规则,熟练掌握布线工具使用与设计规则验证(A)	4

续表

知识点	主要内容	能力目标	参考学时
3. 电源网络布线(Power Network Routing)	介绍电源网络布线需求；通过多层网络分析介绍电源网络拓扑；介绍电源网络通孔设计；介绍电源网络布线	了解电源网络的功能(C)；理解电源网络的布线需求和难点(B)；掌握常用的电源网络拓扑结构，掌握电源网络布线问题建模和算法(A)	1
4. 3D 芯片布线(3D Chip Routing)	介绍时钟树设计的需求和难点；介绍信号布线技术；介绍电源布线算法	了解 3D 芯片设计需求和难点(C)；掌握 3D 时钟树布线设计技术，掌握 3D 信号布线算法，掌握 3D 电源布线技术(A)	1

模块 9：模拟集成电路 EDA 方法(Analog EDA)(参考学时：0~10 学时)

知识点	主要内容	能力目标	参考学时
1. 集成电路仿真(Integrated Circuit Simulation)	介绍模拟电路设计中对电路仿真器的需求，SPICE 电路仿真器的基本原理，目前商用 SPICE 仿真器的特点	了解 SPICE 仿真器的基本原理(C)；理解 SPICE 仿真器的能力和局限性(B)；学会 SPICE 仿真器的使用，可以将仿真器与实际任务结合应用(A)	2*
2. 集成电路和器件建模(Integrated Circuit and Device Modeling)	介绍电路和器件建模的历史发展，在实际芯片设计中的应用，基本建模技术	了解器件和集成电路建模的基本方法(C)；理解集成电路和器件建模的应用场合(B)；学会基本的基于机器学习的建模方法(A)	3*
3. 集成电路优化(Integrated Circuit Optimization)	介绍电路优化技术在实际芯片设计中的应用，常用的电路优化算法基本原理，最新电路优化技术前沿	了解集成电路优化基本概念和基本原理(C)；学会应用集成电路优化算法和优化工具进行集成电路设计，了解集成电路优化适用的范围和局限性(A)	3*
4. 版图设计自动化(Layout Design Automation)	介绍模拟电路版图设计自动化在实际芯片设计中的应用，常用模拟电路自动化布局布线基本原理	了解模拟电路版图自动化设计的基本概念和基本原理(C)；学会应用现有工具的版图自动化功能进行电路版图设计，学会基本版图自动化脚本撰写(A)	2*

模块 10：EDA 算法策略(Algorithms and Strategies in EDA)(参考学时：0~10 学时)

知识点	主要内容	能力目标	参考学时
1. 计算复杂性(Computational Complexity)	介绍不同 EDA 算法的计算复杂性分析，包括对难解问题的渐进和对复杂问题的分类	掌握 EDA 算法中对于复杂问题的分类以及对于难解问题的近似(A)	2*

续表

知识点	主要内容	能力目标	参考学时
2. 启发式算法策略(Heuristic Algorithm Strategy)	介绍各种启发式算法,如贪心策略、动态规划、模拟退火和分支定界等算法	对于EDA启发式算法有基本掌握,具有面对不同问题下使用合适算法的能力(B)	2*
3. 数学规划策略(Mathematical Programming Strategy)	介绍数学规划的分类;介绍线性规划、整数线性规划和凸优化方法	了解数学规划的分类(C);熟练掌握线性规划、整数线性规划和凸优化方法(A)	2*
4. EDA中的常用算法(Common Algorithms in EDA)	介绍最短路径算法、最小生成树算法和网络流算法	掌握最短路径算法、最小生成树算法和网络流算法的基本原理及代码实现方法(A)	2*
5. 求解器算法(Solver Algorithm)	介绍SAT、稀疏矩阵求解、数值优化算法、MNA等求解器算法	掌握SAT、稀疏矩阵求解、数值优化算法和MNA的基本原理及代码实现方法(A)	2*

五、大规模集成电路设计方法课程英文摘要

1. Introduction

This course is one of the core courses for integrated circuit majors and also a fundamental course for integrated circuit majors. The large-scale integrated circuit course is both a theoretical and a practical course. Through studying the course, students will master circuit abstraction, circuit construction, EDA tool usage, and circuit modeling methods. They will have the ability to select suitable circuit types and process flows based on actual needs and performance requirements, design circuits with excellent performance and low-power, and improve their ability to apply circuit theory knowledge to solve practical problems. The course content includes basic methods of system level design, high-level synthesis, logic design and optimization, and a series of methodologies in the circuit design process, EDA methods for analog circuits, and EDA algorithm strategies.

2. Goals

The main objective of this course is to cultivate students' ability to flexibly apply basic methods of circuit analysis to solve classical and practical problems, design and implement correct and high-performance circuits, including:

(1) Understand the basic concepts of circuit design, master commonly used circuit system level design methodologies, and usage of EDA tools.

(2) Master the chip design process and be able to understand the role of each process.

(3) Be capable of abstracting, analyzing, and modeling circuits based on actual needs, and selecting appropriate processes to build circuits.

(4) Be able to master certain EDA methods and EDA algorithm strategies.

3. Covered Topics

Modules	List of Topics	Suggested Hours
1. Introduction of Integrated Circuits Design	Introduction of the Development of Integrated Circuit(IC)Industry and Design Methods(1*), Large Scale IC Design Process(1*), Several Typical IC Products(2*)	0~4
2. System-level Design Methodology	PC Era: Classic von Neumann Architecture(1), Internet Era: IP and SoC(2), Intelligence Era: AI Chips(1)	4
3. High-level Synthesis	Design Flow(1), Front-end Compiler(2), Back-end Algorithm Flow(2), Optimization Strategy and Performance Model(2), Development Trends and Emerging Technologies(2)	9
4. Logic Synthesis and Optimization	RTL Synthesis(1), Logic Optimization(3), Process Mapping(2)	6
5. Verification	Formal Verification(3), Simulation Verification(3)	6
6. Testing of Integrated Circuit	Test Vector Generation(2), Design for Test(DFT)(2), Built-in Self-test(2), Testing Access and Testing Standards(1), Summary and Prospect(1)	8
7. Floorplanning and Placement	Basic Introduction to Floorplanning and Placement(1), Floorplanning(2), Placement(3), Development Trends and Emerging Technologies(1)	7
8. Routing	Clock Line Network Routing(2), Signal Line Network Routing(4), Power Network Routing(1), 3D Chip Routing(1)	8
9. Analog EDA	Integrated Circuit Simulation(2*), Integrated Circuit and Device Modeling(3*), Integrated Circuit Optimization(3*), Layout Design Automation(2*)	0~10
10. Algorithms and Strategies in EDA	Computational Complexity(2*), Heuristic Algorithm Strategy(2*), Mathematical Programming Strategy(2*), Common Algorithms in EDA(2*), Solver Algorithm(2*)	0~10

集成电路制造技术
(Integrated Circuit Manufacturing Technology)

一、集成电路制造技术课程定位

集成电路制造技术是面向集成电路专业本科生开设的一门专业基础课程。本课程旨在系统地介绍集成电路制造中涉及的基础工艺理论、单步工艺、主要工艺集成流程和未来技术方向。通过理论和实景结合的方式,深入浅出地讲解集成电路制造和大生产环节中的理论和技术内容,培养学生在集成电路制造领域的专业知识、实践能力和前瞻视野。课程主要内容包括集成电路器件物理和制造基础、主要单步工艺(光刻、刻蚀、薄膜和掺杂)、电路集成流程和实例、设计制造一体化、虚拟制造、新材料器件和电路制造等前沿内容。

二、集成电路制造技术课程目标

集成电路制造技术旨在通过课程学习,使学生能够系统性地掌握集成电路制造的基本器件原理和工艺技术,具备解决实际问题的能力,并能了解半导体技术的发展前沿。具体包括:

(1) 掌握集成电路中基本元器件的工作和制造原理,理解集成电路制造工艺发展历程及其背后的技术原因;

(2) 理解集成电路制造过程中的四大主要单步工艺的原理和工程方法,能够根据不同工艺需求和场景确定单步工艺的基本设计方案;

(3) 结合单步工艺,理解如何利用单步工艺的排列组合实现电路的集成和大生产,通过实例学习,能够针对实际问题抽象出相关工艺理论成因;

(4) 了解集成电路制造的局限和未来发展方向,掌握几种主要技术路线的理论基础;

(5) 通过本课程的学习,培养具备扎实的理论基础、较强的实践能力和创新精神的集成电路制造专业储备人才。

三、集成电路制造技术课程设计

设计总则:本课程沿着"制造基础—单步工艺—工艺集成—实例—未来技术发展"的内容主线,由浅入深,由基础到拓展的方式展开课程内容,使学生们能够更容易地理解制造环节中的知识点,并将之运用于实际制造案例和未来技术创新中。

模块1(微缩制造基础):① 讲授 MOSFET 器件基本原理。② 讲授 BJT 器件基本原理。③ 阐述集成电路产业中的工艺发展趋势和挑战。

模块 2(光刻工艺):介绍光刻工艺概述、光刻工艺流程、典型匀胶显影机工艺配方、典型光刻机工艺配方、光刻掩膜版、计算光刻。

模块 3(刻蚀工艺):① 介绍刻蚀技术的基本概念、分类和标准。② 讲解湿法刻蚀技术的应用场景、工艺原理、设备和刻蚀案例。③ 讲解干法特别是等离子体刻蚀技术的应用场景、工艺原理、刻蚀设备和案例分析。④ 讲解刻蚀技术的发展现状和未来技术方向。

模块 4(薄膜工艺):讲授几种典型的薄膜沉积工艺,包括热氧化、化学气相沉积和物理气相沉积,以及表征薄膜物理性质的方法。

模块 5(掺杂工艺):① 简介三种扩散掺杂。② 介绍离子注入设备、工艺、应用及未来趋势。③ 介绍离子注入激活原理、工艺及未来趋势。

模块 6(集成电路工艺流程):介绍集成电路制造的关键工艺和流程。① CMOS 逻辑工艺流程,涵盖定义和隔离有源区域、形成阱和载流子通道、形成栅极氧化物薄膜层和栅极、形成轻掺杂源漏极(LDD)、形成栅极侧壁间隔条、形成源和漏极、形成金属硅化物、形成介质层、形成通孔、第一层金属层及后续金属层。② BJT 工艺流程,介绍双极型晶体管(BJT)的制造步骤和关键技术。③ 存储器工艺流程,包括易失性存储器——动态随机存取存储器(DRAM)和非易失性存储器——快闪存储器的工艺流程及技术特点。④ 集成电路后道工艺,着重介绍集成电路后端互连工艺流程和相关的关键工艺步骤。

模块 7(集成电路芯片制造实例):介绍集成电路芯片的具体制造流程和实例分析,包括集成电路芯片制造示例分析,涵盖深埋 N 阱(buried N well)、高压器件 P 阱、高压器件 N 阱、闪存器件 P 阱、深埋 N 阱保护和基准逻辑器件制造。

模块 8[设计制造一体化(DTCO)]:介绍设计与制造融合的关键技术和流程。① DTCO 概况,介绍 DTCO 原理、传统平面工艺 DTCO 技术、鳍形结构工艺 DTCO 技术和环栅器件工艺 DTCO 技术。② DTCO 流程,涵盖确定工艺设计目标、工艺结构设计、标准单元与 SRAM 等库优化、模块级工艺优化和典型 DTCO 流程比较。③ DTCO 关键环节,介绍基于建模仿真的协同优化、基于迭代测试的协同优化。

模块 9(集成电路虚拟制造技术):① 介绍集成电路基本制造工艺虚拟仿真,包括晶圆清洗虚拟仿真、氧化虚拟仿真、光刻虚拟仿真、刻蚀虚拟仿真、离子注入及快速退火虚拟仿真等。② 介绍集成电路薄膜材料生长工艺虚拟仿真,包括化学气相沉积虚拟仿真、金属蒸镀虚拟仿真、电子束蒸镀虚拟仿真、磁控溅射及原子层沉积虚拟仿真等。

模块 10(新沟道材料器件与集成电路制造技术):介绍碳纳米管、二维材料、氧化物半导体等新沟道材料的物理特性、制备方法、器件工艺以及集成电路制造技术。

模块 11(新型存储器制造技术):① 介绍新型存储器的基本特征及应用场景,从需求出发,分析存储器需求趋势,进而概述新型存储器基本特征。② 介绍 4 种典型的新型存储器,包括阻变存储器 RRAM、磁存储器 MRAM、相变存储器 PCRAM、铁电存储器 FeRAM 等,分别从技术原理和内涵、产业发展情况、技术发展趋势、技术与产业展望方面开展论述。③ 补充其他新型存储器概况,并将各种新型存储器的性能进行对比,从而分析展望其发展前景。

模块 12(MEMS 微纳制造工艺):① 介绍 MEMS 基本概念、各种 MEMS 器件及应用。

② 介绍 MEMS 微纳制造工艺的两类主要工艺——表面加工工艺和体微加工工艺。③ 介绍六种特殊 MEMS 工艺。④ 介绍 MEMS 封装工艺。⑤ 介绍 MEMS 器件全流程制作工艺。⑥ 介绍 MEMS 器件案例。

模块 13（系统制造一体化）：介绍系统与制造融合的关键技术和概况。① STCO 概况，概述系统制造一体化的基本理念和重要性。② STCO 关键技术，介绍器件的 STCO 优化、数字电路及布局布线的 STCO 优化、模拟及 I/O 接口电路的 STCO 优化、封装及系统的 STCO 优化。

模块 14（试验设计与分析在 IC 制造中的应用）：① 试验设计的理论基础与方法。② 介绍集成电路制造中常用的三种 DOE 方法及流程。

模块 15（良率提升）：介绍提高集成电路制造良率的关键概念和技术。① 良率的定义和简介，概述良率的基本概念，以及良率损失的来源和分类，介绍良率损失的来源及分类。② 缺陷与检测，讨论正确认识集成电路制造的缺陷和晶圆缺陷检测技术。③ 基于缺陷的良率模型，介绍泊松模型、二项式模型和混合分布模型。④ 未来挑战与 AI 应用前景，涵盖致命缺陷的检测和判定、有机污染物、空气传播分子污染物问题、敏感性问题及良率和环境绝对污染水平的关联分析，并探讨 AI 在良率提升中的潜在应用。

本课程包含 15 个知识模块，主要模块之间的关系如图 2-6 所示。

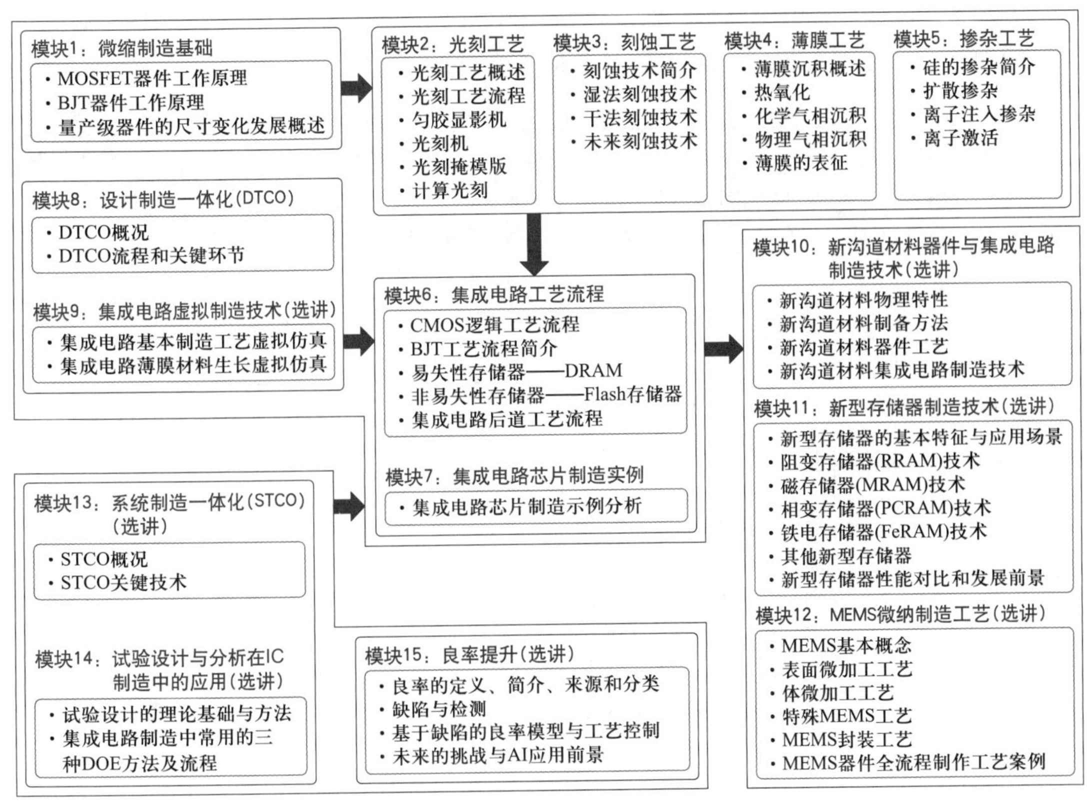

图 2-6　集成电路制造技术课程知识模块关系图

四、集成电路制造技术课程知识点

模块 1：微缩制造基础（Fundamentals of Manufacturing）（参考学时：3 学时）

知识点	主要内容	能力目标	参考学时
1. MOSFET 器件工作原理（MOSFET Basics）	MOSFET 器件的电学性质和微缩化规律	掌握微缩过程中的 MOSFET 器件电学性质和微缩化规律（A）	1
2. BJT 器件工作原理（BJT Basics）	BJT 器件的电学性质和微缩化规律	掌握 BJT 器件电学性质和微缩化规律（A）	1
3. 量产级器件的尺寸变化发展概述（Introduction of Scaling for Foundry-level Devices）	集成电路器件技术的发展简介	了解集成电路器件的变迁（C）	1

说明：知识点的能力目标分为 A、B、C 三级，其中 A 表示基础和核心能力（必修），B 表示高级和综合能力（限选），C 表示扩展和前沿能力（选修）。

模块 2：光刻工艺（Lithography）（参考学时：5 学时）

知识点	主要内容	能力目标	参考学时
1. 光刻工艺概述（Introduction to Lithography）	摩尔定律技术节点；光刻基本原理；光刻工艺参数与工艺窗口；光刻研发流程	了解光刻工艺的作用，理解光刻工艺的参数，了解光刻研发流程涉及的人员、设备、材料、软件系统等（A）	0.5
2. 光刻工艺流程（Lithography Process）	光刻子工艺流程	理解光刻子工艺步骤及每一步的作用（A）	1
3. 匀胶显影机（Track for Lithography）	匀胶显影机技术迭代历史；典型匀胶显影机台工艺配方	熟悉匀胶显影机的迭代历史（A）；熟悉匀胶显影配方（A）；	1
4. 光刻机（Scanner for Lithography）	光刻机技术迭代历史；投影扫描式光刻机的结构；典型光刻机台工艺配方；光刻机台的维护	了解光刻机的迭代历史（A）；熟悉曝光工艺配方（A）	1
5. 光刻掩膜版（Photomask）	掩膜版种类（双极性掩膜版，相移掩膜版，极紫外掩膜版）；掩膜版版图处理	理解掩膜版的种类和工作原理（A）；熟悉掩膜版版图处理流程与内容（A）	0.5
6. 计算光刻（Computational Lithography）	光源－掩膜协同优化；光学邻近效应修正；辅助图形计算；反演光刻技术；版图仿真计算	理解计算光刻内容与原理（A）	1

模块 3：刻蚀工艺（Etching）（参考学时：4 学时）

知识点	主要内容	能力目标	参考学时
1. 刻蚀技术简介（Introduction to the Etch Process）	刻蚀技术的基本概念、分类和考量标准	熟练掌握并能够根据工艺需求灵活判断需要采用的刻蚀技术类型和刻蚀目标（A）	0.5
2. 湿法刻蚀技术（Wet Etch Process）	湿法刻蚀的概念和原理；湿法刻蚀的考量标准和案例	熟练掌握湿法刻蚀的理论原理（A）；计算刻蚀速度、均一性、方向性等参数（A）；了解湿法刻蚀的局限性（B）	1
3. 干法刻蚀技术（Dry Etch Process）	干法刻蚀的概念；不同干法刻蚀的方法和原理；干法刻蚀设备原理	理解干法刻蚀的分类和用途（A）；计算刻蚀速度、均一性、方向性等参数（A）；理解干法刻蚀设备的工作原理（B）；能够根据不同刻蚀场景选择设备和工艺参数（A）	2
4. 未来刻蚀技术（The Future of Etching Technology）	未来刻蚀技术和刻蚀设备的发展	了解不同刻蚀技术的局限性和突破方法（B）	0.5

模块 4：薄膜工艺（Thin Film Process）（参考学时：4 学时）

知识点	主要内容	能力目标	参考学时
1. 薄膜沉积概述（Introduction to the Thin Film Process）	薄膜沉积的定义	掌握薄膜沉积的分类和典型集成电路薄膜工艺的技术需求（C）	0.5
2. 热氧化（Thermal Oxidation）	热氧化的原理和典型方法	掌握 Deal–Grove 模型（B）；掌握干氧氧化和湿氧氧化的方法和特点（B）	0.5
3. 化学气相沉积（Chemical Vapor Deposition，CVD）	化学气相沉积的原理和典型方法	掌握化学气相沉积的原理、特点和典型的化学气相沉积方法（A）	1
4. 物理气相沉积（Physical Vapor Deposition，PVD）	物理气相沉积的原理和典型方法	掌握物理气相沉积的原理、特点和典型的物理气相沉积方法（A）	1
5. 薄膜的表征（Representations of a Thin Film）	薄膜典型物理特性的表征方法	掌握薄膜厚度、相对介电常数、电导率和折射率的表征方法（B）	1

模块 5：掺杂工艺（Doping）（参考学时：4 学时）

知识点	主要内容	能力目标	参考学时
1. 硅的掺杂简介（Introduction to Doping of Silicon）	硅掺杂的基本概念和种类	熟练掌握硅掺杂的基本概念（A）	0.5

续表

知识点	主要内容	能力目标	参考学时
2. 扩散掺杂 (Diffusion Doping)	三种相态的扩散掺杂	熟悉扩散掺杂种类并能根据工艺需求判断需要采用的扩散掺杂技术类型(B)	0.5
3. 离子注入掺杂 (Ion Implantation Doping)	离子注入设备、工艺、应用和未来趋势	熟练掌握并能根据器件需求判断需要采用的离子注入类型以及相应的设备(A)	1.5
4. 离子激活 (Ion Activation)	激活原理、工艺和未来趋势	熟练掌握并能根据离子注入工艺判断需要采用的激活类型(A)	1.5

模块 6：集成电路工艺流程(Integrated Circuit Process Flow)(参考学时：8 学时)

知识点	主要内容	能力目标	参考学时
1. CMOS 逻辑工艺流程 (CMOS Logic Process Flow)	介绍有源区域的定义与隔离技术，形成阱和载流子通道的工艺流程及技术要点；栅极氧化物薄膜层的形成技术及栅极的制造过程，轻掺杂源漏极的形成工艺及其在 CMOS 中的作用；栅极侧壁间隔条的作用及其形成技术，源和漏极的形成工艺及其在 CMOS 中的重要性；金属硅化物、介质层的形成技术及其在器件性能中的作用，通孔的形成技术及其在多层互连中的作用，第一层及后续金属层的形成技术及其在电路中的重要性	掌握定义和隔离有源区域及形成阱和载流子通道的方法(A)；掌握形成栅极氧化物薄膜层、栅极及轻掺杂源漏极的关键步骤(A)；理解并能操作形成栅极侧壁间隔条、源和漏极的工艺流程(A)；理解形成金属硅化物、介质层(A)、通孔及金属层的工艺流程(B)	2
2. BJT 工艺流程简介 (Introduction of BJT Process Flow)	BJT 具体工艺流程	熟悉 BJT 工艺流程及性能影响因素(B)	2
3. 易失性存储器——DRAM (Volatile Memory：DRAM)	DRAM 的工艺流程及其技术特点	熟练掌握并能够应用 DRAM 的工艺流程(A)	1
4. 非易失性存储器——Flash 存储器 (Non-volatile Memory：Flash Memory)	快闪存储器的工艺流程及其技术特点	熟练掌握并能够应用快闪存储器的工艺流程(A)	1

续表

知识点	主要内容	能力目标	参考学时
5. 集成电路后道工艺流程 (Back-end Process Flow of Integrated Circuits)	集成电路互连概述;铝互连工艺;铜的单大马士革工艺;铜的双大马士革工艺;新型互连技术	掌握并能够根据需求选择适合的后道工艺流程(B)	2

模块 7: 集成电路芯片制造实例(Integrate Circuit Chip Manufacture Examples)(参考学时:2 学时)

知识点	主要内容	能力目标	参考学时
集成电路芯片制造示例分析 (Analysis of Integrated Circuit Chip Manufacturing Examples)	深埋 N 阱、高压器件 P 阱、高压器件 N 阱、闪存器件 P 阱、深埋 N 阱保护和基准逻辑器件制造	掌握集成电路芯片制造的具体实例(A)	2

模块 8 : 设计制造一体化(DTCO)(参考学时:2 学时)

知识点	主要内容	能力目标	参考学时
1. DTCO 概况 (Overview of DTCO)	DTCO 原理、传统平面工艺 DTCO 技术、鳍形结构工艺 DTCO 技术、环栅器件工艺 DTCO 技术	理解 DTCO 的基本概念和技术(A)	1
2. DTCO 流程和关键环节 (DTCO Process and Key Aspects)	DTCO 流程:确定工艺设计目标、工艺结构设计、标准单元与 SRAM 等库优化、模块级工艺优化、典型 DTCO 流程比较,DTCO 关键环节:基于建模仿真的协同优化、基于迭代测试的协同优化	掌握 DTCO 的具体流程及关键环节(B)	1

模块 9 : 集成电路虚拟制造技术(Integrated Circuit Virtual Manufacturing Technology)(参考学时:0~2 学时)

知识点	主要内容	能力目标	参考学时
1. 集成电路基本制造工艺虚拟仿真 (Virtual Simulation of Basic Integrated Circuit Manufacturing Process)	晶圆清洗虚拟仿真、氧化工艺虚拟仿真、光刻工艺虚拟仿真、刻蚀工艺虚拟仿真、离子注入虚拟仿真、快速退火虚拟仿真	理解集成电路基本制造工艺虚拟仿真流程、核心输入参数及对工艺结果的影响(A)	1*

续表

知识点	主要内容	能力目标	参考学时
2. 集成电路薄膜材料生长虚拟仿真（Virtual Simulation of Integrated Circuit Thin Film Material Growth）	化学气相沉积虚拟仿真、金属蒸镀虚拟仿真、电子束蒸镀虚拟仿真、磁控溅射虚拟仿真、原子层沉积虚拟仿真	理解集成电路薄膜材料生长虚拟仿真流程、核心输入参数及对工艺结果的影响（A）	1*

模块 10：新沟道材料器件与集成电路制造技术（Devices and Integrated Circuits Based on New Channel Materials）（参考学时：0~4 学时）

知识点	主要内容	能力目标	参考学时
1. 新沟道材料物理特性（Physical Properties of New Channel Materials）	碳纳米管的物理特性；二维材料的物理特性；氧化物半导体的物理特性	理解新沟道材料相比于体硅材料不同的物理特性和优势（A）	1*
2. 新沟道材料制备方法（Growth Methods of New Channel Materials）	碳纳米管的制备方法；二维材料的制备方法；氧化物半导体的制备方法	理解各种新沟道材料的不同制备方法（A）	1*
3. 新沟道材料器件工艺（Device Fabrication with New Channel Materials）	碳纳米管晶体管的制备工艺；二维材料晶体管的制备工艺；氧化物半导体晶体管的制备工艺	熟练掌握各种新沟道材料晶体管的制备工艺（B）	1*
4. 新沟道材料集成电路制造技术（Integrated Circuits Fabrication with New Channel Materials）	同质集成电路制造工艺；垂直堆叠 CFET 工艺；三维异质集成工艺	熟练掌握并灵活运用新沟道材料器件工艺来实现集成电路的制造（C）	1*

模块 11：新型存储器制造技术（Emerging Memory Manufacture Technology）（参考学时：0~4 学时）

知识点	主要内容	能力目标	参考学时
1. 新型存储器的基本特征与应用场景（Emerging Memory Basic Features and Applications）	存储器应用需求趋势与新型存储器特征	熟练掌握并能够根据需求灵活判断存储器的性能指标（A）；了解存储器的技术发展趋势和应用场景（B）	0.5*

续表

知识点	主要内容	能力目标	参考学时
2. 阻变存储器(RRAM)技术 [Resistive RAM(RRAM) Technology]	技术原理与工作机理,RRAM的产业现状与发展趋势	描述RRAM的工作机制和关键材料(A);分析RRAM技术的产业现状与未来趋势(B)	1*
3. 磁存储器(MRAM)技术 [Magnetoresistive RAM (MRAM) Technology]	技术原理与工作机理,MRAM的产业现状与发展趋势	解释MRAM的存储原理和优势(A);评估MRAM技术的商业化程度和未来应用(B)	0.5*
4. 相变存储器(PCRAM)技术 [Phase Change RAM (PCRAM) Technology]	技术原理与工作机理,PCRAM的产业现状与发展趋势	说明PCRAM的工作机制和相变过程(A);预测PCRAM技术的发展路径和市场潜力(B)	0.5*
5. 铁电存储器(FeRAM)技术 [Ferroelectric RAM (FeRAM) Technology]	技术原理与工作机理,FeRAM的产业现状与发展趋势	讨论FeRAM的存储机制和特性(A);分析FeRAM技术的市场接受度和未来应用(B)	0.5*
6. 其他新型存储器 (Other Emerging Memories)	研究中的新型存储技术概览	讨论其他各种存储机制和特性(B);分析其他各种存储器潜在应用前景(C)	0.5*
7. 新型存储器性能对比和发展前景 (Performance Comparison and Development Prospects)	各种新型存储器的性能比较,未来存储器技术的发展趋势与行业影响	比较和评估各种新型存储器的性能指标(A);预测新型存储器技术的长期发展前景(B)	0.5*

模块12:MEMS微纳制造工艺(Micro/Nano-fabrication Processes of MEMS)(参考学时:0~4学时)

知识点	主要内容	能力目标	参考学时
1. MEMS基本概念 (Introduction of MEMS)	MEMS技术的定义;MEMS技术的发展史与国内外现状;MEMS换能原理(包含MEMS驱动原理与执行原理);MEMS典型器件(包含MEMS传感器与执行器)	理解MEMS的定义与发展历史(A);理解并掌握MEMS换能原理,包括传感原理与执行原理(A);理解典型MEMS传感器与MEMS执行器的基本工作原理(B)	0.5*
2. 表面微加工工艺 (Surface Microfabrication Process)	牺牲层;干法释放工艺;湿法释放工艺	理解微纳制造工艺中牺牲层的概念(A);理解并掌握干法释放工艺的常规方法(B);理解并掌握湿法释放工艺的常规方法(B)	1*

续表

知识点	主要内容	能力目标	参考学时
3. 体微加工工艺（Bulk Microfabrication Process）	各向同性刻蚀；各向异性湿法刻蚀；Bosch 工艺；微细电火花工艺	理解体微加工工艺的基本概念及特点，理解体微加工工艺中使用的各向同性刻蚀工艺、各向异性湿法刻蚀工艺、Bosch 工艺、微细电火花工艺工作原理（主要用于制作立体微结构）（A）	0.5*
4. 特殊 MEMS 工艺（Special MEMS Fabrication Process）	灰度光刻技术；软刻蚀技术；lift-off 工艺；电镀工艺；LIGA 工艺；激光微加工工艺	理解特殊 MEMS 工艺中使用的灰度光刻技术（主要用于制作复杂的三维微结构）、软刻蚀技术（主要将微米级或纳米级图案转移到目标表面上）、lift-off 工艺（图案化制作微结构）、电镀工艺（沉积金属薄膜）、LIGA 工艺（X 射线光刻、电铸和成型）、激光微加工工艺（激光减材制造和 3D 打印）（A）	1*
5. MEMS 封装工艺（Packaging Process of MEMS）	晶圆级封装；2.5D/3D 封装；管壳封装	理解 MEMS 封装工艺的基本概念及特点（A）；理解 MEMS 封装工艺的基本工艺流程（A）	0.5*
6. MEMS 器件全流程制作工艺案例（An Example of MEMS Device, Including the Fabrication, Working Principles, and Applications）	介绍一种 MEMS 执行器（电热 MEMS 微镜）和一种 MEMS 传感器（MEMS 谐振陀螺仪）的工作原理，以及这两种器件的制作工艺流程、封装工艺和测试结果及分析讨论	熟练掌握电热微镜和谐振陀螺仪的工作原理、静电驱动原理（A）；理解电热微镜和谐振陀螺仪的工艺制作流程（A）；理解电热微镜和谐振陀螺仪的封装工艺（A）；能够根据 MEMS 器件原理设计其全套制作工艺流程（B）	0.5*

模块 13：系统制造一体化（STCO）（参考学时：0~2 学时）

知识点	主要内容	能力目标	参考学时
1. STCO 概况（Overview of STCO）	系统制造一体化的基本理念和重要性	理解 STCO 的基本概念（A）	0.5*
2. STCO 关键技术（Key STCO Technologies）	器件的 STCO 优化、数字电路及布局布线的 STCO 优化、模拟及 I/O 接口电路的 STCO 优化、封装及系统的 STCO 优化	掌握 STCO 的关键技术（B）	1.5*

模块 14：试验设计与分析在 IC 制造中的应用 [The Application of Design and Analyze of Experiment(DOE) in IC Manufacture](参考学时:0~2 学时)

知识点	主要内容	能力目标	参考学时
1. 试验设计的理论基础与方法(Theoretical Foundation and Methods for DOE)	试验的分类,分为找出规律的试验与以优化为目的的优化型的试验;试错法为各种传统找最优的试验方法(两数据点间的斜率法,十字形,一次一个变量法和 Z 字形);试验设计法是通过结构化的设计与数据建模方法来找到最优结果的试验方法	了解传统方法的低效性,了解科学试验设计方法的威力,从而放弃传统方法转向学习强大的试验设计原理与方法(A)	0.5*
2. 集成电路制造中常用的三种 DOE 方法及流程(Three Common DOE Methods and Processes in IC Manufacture)	单变量比较试验设计与分析、二水平析因设计和经典响应曲面设计	了解集成电路工艺制造过程中常用的三种试验设计方法的方法及全流程(B)	1.5*

模块 15：良率提升(Yield Enhancement)(参考学时:0~2 学时)

知识点	主要内容	能力目标	参考学时
1. 良率的定义、简介、来源和分类(Definition and Introduction of Yield)	良率的基本概念,良率损失的来源及分类	掌握良率的定义和基本概念(A);理解良率损失的来源及分类(A)	0.5*
2. 缺陷与检测(Sources and Classification of Yield Loss)	正确认识集成电路制造的缺陷、晶圆缺陷检测技术	掌握缺陷检测技术(A)	0.5*
3. 基于缺陷的良率模型与工艺控制(Defects and Detection)	泊松模型、二项式模型、混合分布模型,工艺能力和统计过程控制在良率提升中的作用	理解并应用基于缺陷的良率模型和工艺控制(B)	0.5*
4. 未来的挑战与 AI 应用前景(Defect-based Yield Models and Process Control)	致命缺陷的检测和判定、有机污染物、空气传播分子污染物问题、敏感性问题及良率和环境绝对污染水平的关联分析,AI 在良率提升中的潜在应用	理解未来良率提升面临的挑战及 AI 应用前景(C)	0.5*

五、集成电路制造技术课程英文摘要

1. Introduction

Integrated Circuit(IC) Manufacturing Technology is a foundational course for undergraduate students majoring in integrated circuits manufacturing and design. The course aims to systematically introduce the basic theories and technologies involved in the IC manufacturing. The major content of the course includes introduction of processing steps like lithography, thin film deposition, etching and doping, circuit integration processes and examples, design-manufacturing integration, virtual manufacturing, new material devices, and cutting-edge content in IC devices and circuit manufacturing. By combining the theoretical and technological information with the practical cases, the course explores a more efficient way to cultivate the students with professional knowledge, practical abilities, and perspectives for the future of the IC manufacturing technology.

2. Goals

Integrated Circuit(IC) Manufacturing Technology is designed for a systematical study on the basic devices and process technologies in the field of IC manufacturing. Students will develop the capability to understand the IC process, design manufacturing experiments, and stay updated with the cutting-edge developments in the semiconductor industry. The objectives of the course include:

(1) Mastering the working mechanisms and manufacturing rules of basic IC devices; understanding the historical development of the IC manufacturing process and the technical reasons behind it.

(2) Understanding the theory and engineering methods of the four major process steps in IC manufacturing, and being able to determine the process parameters for these processes according to different process requirements and scenarios.

(3) Based on the those single-step processes, to understand the circuit integration and mass production process through the repetition and combination of single-step processes. Through case studies, students will be able to reason the relevant theoretical causes for practical problems.

(4) Understanding the limitations of the state-of-the-art IC manufacturing, future development directions, and mastering the theoretical foundations of several main technological alternatives.

Through the course study, students will be cultivated with a solid theoretical foundation, strong practical abilities, and an innovative spirit for future technology development.

3. Covered topics

Module	List of topics	Suggested hours
1. Fundamentals of Manufacturing	MOSFET Basics(1), BJT Basics(1), Introduction of Scaling for Foundry-level Devices(1)	3

续表

Module	List of topics	Suggested hours
2. Lithography	Introduction to Lithography(0.5), Lithography Process(1), Track for Lithography(1), Scanner for Lithography(1), Photomask(0.5), Computational Lithography(1)	5
3. Etching	Introduction to the Etch Process(0.5), Wet Etch Process(1), Dry Etch Process(2), The Future of Etching Technology(0.5)	4
4. Thin Film Process	Introduction to the Thin Film Process(0.5), Thermal Oxidation(0.5), Chemical Vapor Deposition, CVD(1), Physical Vapor Deposition, PVD(1), Representations of a Thin Film(1)	4
5. Doping	Introduction to Doping of Silicon(0.5), Diffusion Doping(0.5), Ion Implantation Doping(1.5), Ion Activation(1.5)	4
6. Integrated Circuit Process Flow	CMOS Logic Process Flow(2), Introduction of BJT Process Flow(2), Volatile Memory: DRAM(1), Non-volatile Memory: Flash Memory(1), Back-end Process Flow of Integrated Circuits(2)	8
7. Integrate Circuit Chip Manufacture Examples	Analysis of Integrated Circuit Chip Manufacturing Examples(2)	2
8. DTCO	Overview of DTCO(1), DTCO Process and Key Aspects(1)	2
9. Integrated Circuit Virtual Manufacturing Technology	Virtual Simulation of Basic Integrated Circuit Manufacturing Process(1*), Virtual Simulation of Integrated Circuit Thin Film Material Growth(1*)	0~2
10. Devices and Integrated Circuits Based on New Channel Materials	Physical Properties of New Channel Materials(1*), Growth Methods of New Channel Materials(1*), Device Fabrication with New Channel Materials(1*), Integrated Circuits Fabrication with New Channel Materials(1*)	0~4
11. Emerging Memory Manufacture Technology	Emerging Memory Basic Features and Applications(0.5*), Resistive RAM(RRAM)Technology(1*), Magnetoresistive RAM(MRAM) Technology(0.5*), Phase Change RAM(PCRAM)Technology(0.5*), Ferroelectric RAM(FeRAM)Technology(0.5*), Other Emerging Memories(0.5*), Performance Comparison and Development Prospects(0.5*)	0~4
12. Micro/Nano-fabrication Process of MEMS	Introduction of MEMS(0.5*), Surface Microfabrication Process(1*), Bulk Microfabrication Process(0.5*), Special MEMS Fabrication Process(1*), Packaging Process of MEMS(0.5*), An Example of MEMS Device, Including the Fabrication, Working Principles, and Applications(0.5*)	0~4

续表

Module	List of topics	Suggested hours
13. STCO	Overview of STCO(0.5*), Key STCO Technologies(1.5*)	0~2
14. The Application of Design and Analyze of Experiment(DOE) in IC Manufacture	Theoretical Foundation and Methods for DOE(0.5*), Three Common DOE Methods and Processes in IC Manufacture(1.5*)	0~2
15. Yield Enhancement	Definition and Introduction of Yield(0.5*), Sources and Classification of Yield Loss(0.5*), Defects and Detection(0.5*), Defect-based Yield Models and Process Control(0.5*)	0~2

集成电路封装与测试技术
(Integrated Circuit Packaging and Testing Technology)

一、集成电路封装与测试技术课程定位

本课程是微电子类专业的核心课程之一,也是微电子类专业的基础课程。集成电路封装既是一门理论性很强的课程,又是一门实践性很强的课程。通过课程学习,学生将掌握集成电路封装技术的基本概念和原理,理解不同应用领域中的封装需求,熟悉各种封装技术的设计与实现方法。学生将学习如何选择适合的封装方案,设计高效的封装系统,并能够进行相关的可靠性和热管理分析。此外,课程还包括封装制造和测试技术,以及现代封装技术在实际中的应用。课程内容覆盖了从单芯片和多芯片封装,到微机电系统(MEMS)封装的各个方面,帮助学生提升解决实际问题的能力,培养其在集成电路封装领域的综合素养和实践能力。

二、集成电路封装与测试技术课程目标

本课程以培养学生"灵活应用集成电路封装技术为求解经典和实际问题,设计并实现正确有效的封装解决方案"的能力为主要目标,具体包括:

(1) 掌握集成电路封装技术的基本原理和重要性,熟悉其在不同应用领域中的具体作用。

(2) 掌握可靠性设计与失效分析、热管理技术、电气封装设计等基本原理,并能够理解不同封装技术的适用场景。

(3) 能够针对实际问题进行封装技术的抽象、分析、建模,并选择、构建合适的封装方案。

(4) 能够在集成电路设计和开发过程中,针对特定需求综合应用封装技术、可靠性分析、热管理等知识设计有效的封装方案。

(5) 通过测试验证芯片功能是否符合设计要求,确保其在实际应用中的性能和可靠性,及时发现并修复潜在缺陷,确保产品的高质量和稳定性。

三、集成电路封装与测试技术课程设计

本课程采用"问题引入、场景应用、拓展延伸"的方式展开,使读者能更好地理解知识点、运用知识点、拓展知识点。

模块 1(集成电路封装概述):① 阐述集成电路封装的重要性,介绍集成电路封装的定义、基本原理及其在不同应用领域中的作用。② 介绍系统级集成电路技术,涵盖集成电路

工程师的职责与挑战。

模块 2(封装电路设计原理):① 介绍封装电路设计的基本概念和目标,涵盖设计方法和工具的基础知识。② 探讨系统封装中的电路结构,包括封装架构、电路布局和互连设计。③ 讲解信号分布与管理、电源分布与管理、电磁干扰的防治方法。④ 介绍封装设计的流程与方法,包括设计规范、仿真分析和设计验证。

模块 3(封装可靠性设计与失效分析):① 介绍可靠性设计的基本概念和原则,讨论可靠性测试方法。② 探讨集成电路与封装有关的失效机制,包括失效类型、原因和分析方法。③ 讲解热机械失效分析、电气失效分析和化学失效分析的方法和预防措施。

模块 4(封装热管理技术):① 介绍热管理的基本概念、目标和策略,讨论热管理的重要性和在集成电路中的作用。② 探讨集成电路的冷却要求和冷却技术,包括冷却材料和设备。③ 讲解热传导、热对流和热辐射的基础知识及其在 PWB 设计中的应用。④ 介绍电子设备的不同冷却方法,如风冷、水冷和热管技术。

模块 5(单芯片与多芯片封装技术):① 介绍单芯片封装的定义、分类、发展及其应用场景。② 探讨单芯片封装的类型、功能和结构,以及相关材料和工艺。③ 介绍多芯片模块的定义、结构和功能,讨论其系统级封装设计和应用。④ 讲解多芯片模块基板类型、设计和制造方法,介绍多芯片模块的设计流程、工具和验证方法。

模块 6(集成电路与晶圆级封装):① 介绍集成电路装配的定义、流程和设备,讨论其目的和要求。② 探讨集成电路装配技术,包括引线键合、焊接技术和封装材料。③ 讲解倒装芯片技术和晶圆级封装的基础知识及其工艺和设备。④ 介绍晶圆级封装技术的可靠性分析、测试方法和设备。

模块 7(特殊封装技术与应用):① 介绍无源器件的分类及封装。② 探讨光电器件封装的定义、分类、工艺,介绍光电系统的组成与基础知识。③ 介绍射频器件封装技术的定义、原理及其应用,讲解射频系统的结构、封装方法和测量技术。④ 讲解微机电系统(MEMS)封装技术的定义、分类、应用领域及其设备基础和工艺,探讨其面临的挑战与创新。

模块 8(集成电路测试技术概述):① 介绍测试技术的定义与重要性,探讨其发展历史和未来趋势。②探讨测试技术的基本原理,介绍测试的基本概念、原理与方法及常用工具。

模块 9(集成电路生产测试设备与方法):① 介绍测试设备的分类与功能,讲解电学测试设备、光学测试设备和机械测试设备的使用方法。② 探讨测试方法的选择与应用,分析不同应用场景的测试方法及其优缺点。③ 讲解测试数据的处理与分析方法,探讨数据采集、处理和分析工具及测试结果的解释与报告。

模块 10(测试技术的应用与挑战):① 介绍测试技术在不同领域的应用,如消费电子、工业应用和医疗电子。② 探讨测试技术面临的挑战,包括高速高频测试、微型化测试和环境适应性测试。③ 讲解测试技术的未来发展趋势,介绍智能化测试技术、自动化测试系统和新型测试材料与方法。

本课程包含 10 个知识模块,主要模块之间的关系如图 2-7 所示。

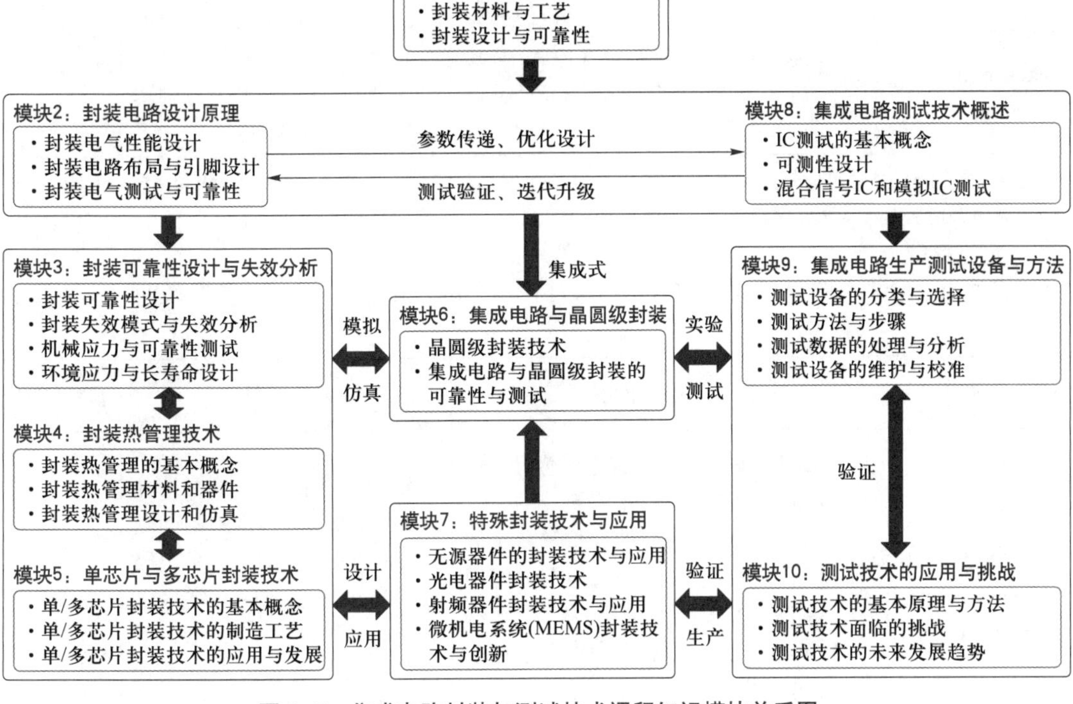

图 2-7　集成电路封装与测试技术课程知识模块关系图

四、集成电路封装与测试技术课程知识点

模块 1：集成电路封装概述（Overview of Integrated Circuit Packaging）（参考学时：4 学时）

知识点	主要内容	能力目标	参考学时
1. 集成电路封装的基本概念（Basic Concepts of Integrated Circuit Packaging）	集成电路封装的定义、分类和作用	了解集成电路封装的基本定义和作用（A）；能够描述集成电路封装的主要分类及其特点（A）	1
2. 封装类型与技术（Packaging Types and Technologies）	封装类型、技术发展以及应用场景	掌握主要的集成电路封装类型及其特性（A）；能够解释不同封装技术的发展及其应用场景（B）	1
3. 封装材料与工艺（Packaging Materials and Processes）	基于塑料、陶瓷、金属等不同材料封装的依据、特点及基本应用场景；切割、键合、封装、测试等工艺原理与流程以及热管理	了解封装材料的种类及其选择依据（A）；掌握基本的封装工艺流程及其关键步骤（A）；能够解释封装在热管理中的作用和重要性（B）	1

续表

知识点	主要内容	能力目标	参考学时
4. 封装设计与可靠性(Packaging Design and Reliability)	封装与电气性能、机械性能、热性能的相关性,封装设计原则;环境应力测试、寿命测试等可靠性测试;常见封装失效模式及其原因	了解可靠性测试的类型和目的(A);掌握集成电路封装设计的基本原则(A);能够进行基本的封装失效分析(B)	1

说明:知识点的能力目标分为 A、B、C 三级,其中 A 表示基础和核心能力(必修),B 表示高级和综合能力(限选),C 表示扩展和前沿能力(选修)。

模块 2:封装电路设计原理(Principles of Packaging Circuit Design)(参考学时:6 学时)

知识点	主要内容	能力目标	参考学时
1. 封装电气性能设计(Package Electrical Performance Design)	阻抗、寄生电容和寄生电感等关键参数的定义和影响;反射、串扰、时延和抖动等问题的分析和解决方法,以及信号完整性;电源分配网络(PDN)的设计原则,降低电源噪声的方法及电源完整性;封装中的电磁兼容性(EMC)问题及其解决方案	理解并应用信号完整性设计原则,解决信号传输中的问题(A);能够分析和计算封装电路的关键电气参数(A);掌握电源完整性设计技术,优化 PDN 设计(A);具备识别和解决封装电路 EMC 问题的能力(B)	2
2. 封装电路布局与引脚设计(Package Circuit Layout and Pin Design)	引脚排列对电气性能的影响;布局原则;层间连接的连接方法;热路径设计与优化	能够设计适当的引脚排列,优化封装电气性能(A);熟练应用封装电路布局原则,提升信号和电源完整性(A);掌握多层封装设计技术,进行有效的层间连接(B);具备封装热设计的知识,能够进行热管理和散热优化(B)	2
3. 封装电气测试与可靠性(Package Electrical Testing and Reliability)	电气性能测试;常见的封装电气失效模式及其诊断方法;可靠性测试对电气性能的影响;封装电路寿命预测的方法	理解并进行封装失效分析,找出失效原因并提出改进措施(A);能够实施封装电气性能测试,准确评估电气参数(A);掌握可靠性测试技术,能够进行各种环境测试(B);运用寿命预测模型,评估封装电路的可靠性并进行改进设计(B)	2

模块 3：封装可靠性设计与失效分析(Reliability Design and Failure Analysis of Packaging)(参考学时:4 学时)

知识点	主要内容	能力目标	参考学时
1. 封装可靠性设计(Package Reliability Design)	封装可靠性的基本概念及重要性;可靠性设计的原则与方法;封装可靠性建模与仿真;封装材料选择对可靠性的影响	理解封装可靠性设计的重要性及基本原则(A);掌握封装可靠性设计的各种方法并能应用于实际设计中(A);能够进行封装可靠性建模与仿真,预测封装性能(B);选择适当的封装材料以优化产品可靠性(B)	1
2. 封装失效模式与失效分析(Package Failure Mode and Failure Analysis)	常见封装失效模式及其原因;失效分析方法与技术;失效数据收集与统计分析;失效预防与改进措施	识别并理解常见的封装失效模式及其成因(A);掌握失效分析的各种方法和技术,能够进行失效诊断(A);能够收集并分析失效数据,进行可靠性统计分析(B);提出有效的失效预防和改进措施,提升封装产品的可靠性(B)	1
3. 机械应力与可靠性测试(Mechanical Stress and Reliability Testing)	封装中的机械应力源;机械应力对封装结构的影响及失效模式;可靠性测试方法;失效分析技术	能够识别和分析封装中的机械应力问题(A);熟悉各种可靠性测试方法,并能够选择适当的测试方案(B);能够运用失效分析技术定位和诊断封装失效的原因(A)	1
4. 环境应力与长寿命设计(Environmental Stress and Long Life Design)	环境应力因素对封装可靠性的影响;环境应力加速老化测试;封装长寿命设计原则;可靠性预测方法	能够识别和评估环境应力对封装可靠性的影响(A);掌握环境应力加速老化测试的实施方法(A);能够应用长寿命设计原则提高封装产品的可靠性(B);能够运用可靠性预测方法进行封装产品寿命估计(B)	1

模块 4：封装热管理技术（Packaging Thermal Management Technology）（参考学时：4 学时）

知识点	主要内容	能力目标	参考学时
1. 封装热管理的基本概念 （Basic Concepts of Package Thermal Management）	热管理的定义；热管理的重要性；包括传导、对流和辐射三种主要的热传递方式，以及采用散热片、风扇、液冷系统等具体的热管理技术	能够理解并解释封装热管理的基本概念和重要性（A）；能够识别和描述热管理的主要方法和技术（A）；能够应用热管理技术解决电子设备中的热量问题（B）	2
2. 封装热管理材料和器件 （Package Thermal Management Materials and Devices）	热界面材料（TIM）的种类、特性及其在热管理中的作用；散热器的类型和应用；封装材料的热导率和在热管理中的应用	能够识别和解释不同热界面材料的特性及其适用场景（A）；能够描述各种散热器的结构和工作原理（A）；能够评估和选择合适的封装材料以优化热管理效果（B）	1
3. 封装热管理设计和仿真 （Package Thermal Management Design and Simulation）	在电子设备设计阶段进行热设计的原则和步骤；常用的热仿真软件及其应用实例；实验验证	能够掌握热设计的基本原则和步骤，进行有效的热管理设计（A）；能够使用热仿真软件进行电子封装的热分析和优化（B）；能够设计并实施实验方案验证热管理设计的有效性（B）	1

模块 5：单芯片与多芯片封装技术（Single-chip and Multi-chip Packaging Technology）（参考学时：6 学时）

知识点	主要内容	能力目标	参考学时
1. 单 / 多芯片封装技术的基本概念 （Basic Concepts of Single/Multi-chip Packaging Technology）	单芯片封装的含义及常见的单芯片封装形式；多芯片封装的含义及多芯片封装形式	理解单 / 多芯片封装技术的基本概念和应用场景（A）；能够识别和区分不同类型的单芯片封装形式（A）；解释单 / 多芯片封装在电子产品中的重要性（B）	2
2. 单 / 多芯片封装技术的制造工艺 （Manufacturing Process of Single/Multi-chip Packaging Technology）	单 / 多芯片封装的制造流程（包括芯片制备、键合、封装体制备、引脚成型等步骤）；主要制造技术（包括线键合、焊球键合和封装材料选择）	掌握单 / 多芯片封装的主要制造步骤和关键技术（A）；能描述和解释单 / 多芯片封装的制造工艺（A）；分析单 / 多芯片封装制造过程中可能出现的问题及解决方案（B）	2
3. 单 / 多芯片封装技术的应用与发展 （Application and Development of Single/Multi-chip Packaging Technology）	单芯片封装的应用领域；单芯片封装的新技术；多芯片封装的应用；多芯片封装技术的发展	了解单 / 多芯片封装技术在不同领域的具体应用（A）；探讨单 / 多芯片封装技术的发展趋势和未来方向（A）；评价单 / 多芯片封装技术的优势和局限性（B）	2

模块 6:集成电路与晶圆级封装(Integrated Circuit and Wafer-level Packaging)(参考学时:4 学时)

知识点	主要内容	能力目标	参考学时
1. 晶圆级封装技术(Wafer-level Packaging Technology)	晶圆级封装(WLP)的基本概念与优点;晶圆级封装的主要工艺步骤(减薄、晶圆键合、再布线、封装等);晶圆级封装的主要类型[芯片尺寸封装(CSP)、扇出型 WLP(FOWLP)等];晶圆级封装在电子产品中的应用与发展趋势	理解晶圆级封装的基本概念及其相对于传统封装技术的优势(A);掌握晶圆级封装的主要工艺步骤及其原理(A);熟悉不同类型的晶圆级封装技术及其应用场景(B);能够分析晶圆级封装技术的发展趋势及其在现代电子产品中的应用前景(B)	2
2. 集成电路与晶圆级封装的可靠性与测试(Reliability and Testing of Integrated Circuits and Wafer-level Packaging)	集成电路与晶圆级封装的可靠性评估指标与方法;常见的可靠性问题及其影响因素:热应力、机械应力、环境因素等;集成电路与晶圆级封装的测试技术与设备;可靠性提升的技术手段与设计优化方法	了解提升集成电路与晶圆级封装可靠性的技术手段和设计优化方法(A);掌握集成电路与晶圆级封装可靠性评估的基本方法和指标(A);能够识别和分析影响集成电路与晶圆级封装可靠性的主要因素(B);熟悉集成电路与晶圆级封装的常用测试技术与设备,能够进行基本的可靠性测试(B)	2

模块 7:特殊封装技术与应用(Special Packaging Technology and Applications)(参考学时:6 学时)

知识点	主要内容	能力目标	参考学时
1. 无源器件的封装技术与应用(Passive Device Packaging Technology and Applications)	无源器件的封装类型(表面贴装、引线封装、芯片规模封装等);无源器件在电路中的作用和应用场景(滤波、储能、限流)	理解无源器件的基本概念和分类(A);掌握无源器件的主要封装方法及其特点(A);能够应用无源器件在实际电路设计中,实现信号调节和电路保护(B)	2
2. 光电器件封装技术(Optoelectronic Packaging Technology)	光电器件封装的定义与重要性;光电器件的分类(如 LED、激光二极管、光电探测器);光电器件封装的工艺流程(如引线键合、倒装焊接);光电器件封装的发展趋势	理解光电器件封装的基本概念和工艺流程(A);掌握不同光电器件的封装方法及其应用领域(A);能够分析光电器件封装的发展方向(B)	2

续表

知识点	主要内容	能力目标	参考学时
3. 射频器件封装技术与应用 (RF Packaging Technology and Applications)	射频器件封装的定义及原理；射频系统的结构与关键器件(如滤波器、放大器、天线)；射频器件封装的方法(如共面波导、微带线)；射频系统的测量技术(如矢量网络分析、频谱分析)	理解射频器件封装技术的基本概念和工作原理(A)；掌握射频系统的组成及其封装方法(A)；能够进行射频系统的性能测量和分析(B)	1
4. 微机电系统(MEMS)封装技术与创新 [Micro-electromechanical System(MEMS) Packaging Technology and Innovation]	MEMS 封装的定义及重要性；MEMS 封装的分类(如表面贴装封装、裸片封装)；MEMS 的应用领域(如传感器、生物医疗、消费电子)；MEMS 封装的工艺流程；MEMS 封装面临的挑战(如微缩化、可靠性、散热管理)	理解 MEMS 封装技术的基本概念和分类(A)；掌握 MEMS 封装的主要工艺流程(A)；能够分析 MEMS 封装技术面临的挑战并探索创新解决方案(B)	1

模块 8：集成电路测试技术概述(Overview of IC Testing Technology)(参考学时:4 学时)

知识点	主要内容	能力目标	参考学时
1. IC 测试的基本概念 (Basic Concepts of IC Testing)	测试技术的定义及其分类；基于故障的 IC 测试方法；数字集成电路测试方法(包括功能测试、结构测试、故障检测、参数测试和设计验证)	了解测试在产品开发和维护中的重要性及其作用(A)；掌握测试技术的基本定义和分类方法(A)；熟悉测试生命周期的各个阶段及其主要任务(B)	2
2. 可测性设计 (Design for Testability)	可测性设计基础，测试向量的生成；可测性度量方法；典型可测性设计方法与分类	理解可测性设计的基本概念和重要性(A)；掌握可测性设计的主要技术(A)；能够应用可测性设计方法，提高电路的测试覆盖率(B)	1
3. 混合信号 IC 和模拟 IC 测试 (Mixed-signal IC and Analog IC Testing)	混合信号 IC(包括 ADC、DAC、PLL 等)和模拟 IC(如放大器、滤波器等)的工作原理及其测试需求；功能测试、参数测试	理解混合信号和模拟 IC 的测试原理与方法(A)；掌握关键性能参数的测试方法(A)；具备使用自动测试设备(ATE)进行测试的能力(B)	1

模块 9：集成电路生产测试设备与方法(Integrated Circuit Production Testing Equipment and Methods)(参考学时:6 学时)

知识点	主要内容	能力目标	参考学时
1. 测试设备的分类与选择 (Classification and Selection of Testing Equipment)	测试设备的主要分类(如电气测试设备、机械测试设备、化学测试设备等)；各类测试设备的主要用途和适用场景；选择测试设备时需要考虑的因素(如测试精度、适用范围、操作难易度、成本等)	能够识别和分类常见的测试设备(A)；理解不同测试设备的优缺点，并能够做出合理的设备选择(A)；根据具体的测试需求，选择适当的测试设备(B)	2

续表

知识点	主要内容	能力目标	参考学时
2. 测试方法与步骤（Testing Methods and Steps）	测试方法的基本类型（如定量测试、定性测试、破坏性测试、非破坏性测试等）；测试过程的基本步骤（如准备、执行、记录、分析）；测试环境对测试结果的影响及其控制措施	能够根据测试目标选择合适的测试方法（A）；熟悉并能正确执行测试的基本步骤（A）；能够识别并控制测试过程中可能影响结果的环境因素（A）	2
3. 测试数据的处理与分析（Processing and Analysis of Testing Data）	测试数据的记录方法与工具（如电子表格、数据库系统）；测试数据的基本处理方法（如数据整理、统计分析）；测试结果的分析与解读技巧	能够准确记录测试数据，并使用适当的工具进行数据处理（A）；理解测试结果，并能对其进行合理的解读与报告（A）；掌握基本的统计分析方法，能对测试数据进行初步分析（B）	1
4. 测试设备的维护与校准（Maintenance and Calibration of Testing Equipment）	测试设备的日常维护要求和方法；测试设备的校准原理和重要性；常见测试设备的校准方法与周期	了解测试设备的日常维护方法，并能进行基本的维护操作（A）；理解测试设备校准的原理和必要性（B）；能够执行常见测试设备的校准操作，确保测试结果的准确性（A）	1

模块 10：测试技术的应用与挑战（Applications and Challenges of Testing Technology）（参考学时：4 学时）

知识点	主要内容	能力目标	参考学时
1. 测试技术的基本原理与方法（Basic Principles and Methods of Testing Technology）	测试技术的定义和重要性；常见的测试方法和工具（如单元测试、集成测试、系统测试、验收测试）；自动化测试与手动测试的区别与应用场景	理解和解释测试技术的基本概念和重要性（A）；熟悉并能正确选择和应用各种测试方法（A）；能够在实际项目中设计和执行测试计划（B）	2
2. 测试技术面临的挑战（Challenges Faced by Testing Technology）	高速高频测试的挑战；微型化测试的挑战；环境适应性测试的挑战	能够识别并描述测试技术在实际应用中面临的主要挑战（A）；提出并评估解决测试技术挑战的方法和工具（B）；能够有效地分析测试结果，管理和跟踪缺陷（B）	1
3. 测试技术的未来发展趋势（Future Development Trends of Testing Technologies）	智能化测试技术；自动化测试系统；测试工具和方法	了解并描述人工智能和机器学习如何改变测试技术（B）；掌握云测试和虚拟化测试环境的配置和使用（B）；能够设计和实施移动端和 IoT 设备的测试方案（B）	1

五、集成电路封装与测试技术课程英文摘要

1. Introduction

This course is one of the core courses for computer-related majors and also serves as a foundational course in these fields. Integrated circuit(IC) packaging is both highly theoretical and intensely practical. Through this course, students will grasp the fundamental concepts and principles of IC packaging technology, understand the packaging requirements in different application fields, and become familiar with the design and implementation methods of various packaging technologies. Students will learn how to select suitable packaging solutions, design efficient packaging systems, and conduct related reliability and thermal management analyses. Additionally, the course includes packaging manufacturing and testing technologies, as well as the practical applications of modern packaging technologies. The course content covers all aspects from single-chip and multi-chip packaging to micro-electromechanical systems(MEMS) packaging, helping students to enhance their problem-solving abilities, develop comprehensive skills and practical capabilities in the field of IC packaging.

2. Goals

This course aims to develop students' ability to "flexibly apply integrated circuit packaging technology to design and implement correct and effective packaging solutions for solving classical and practical problems." Specifically, it includes:

(1) Mastering the fundamental principles and importance of integrated circuit packaging technology, and becoming familiar with its specific roles in various application fields.

(2) Acquiring the basic principles of reliability design and failure analysis, thermal management technology, and electrical packaging design, and understanding the applicable scenarios for different packaging technologies.

(3) Being able to abstract, analyze, and model packaging technology for practical problems, and to select and construct appropriate packaging solutions.

(4) Applying packaging technology, reliability analysis, thermal management, and other knowledge comprehensively to design effective packaging solutions in the integrated circuit design and development process based on specific requirements.

3. Covered Topics

Modules	List of Topics	Suggested Hours
1. Overview of Integrated Circuit Packaging	Basic Concepts of Integrated Circuit Packaging(1), Packaging Types and Technologies(1), Packaging Materials and Processes(1), Packaging Design and Reliability(1)	4
2. Principles of Packaging Circuit Design	Package Electrical Performance Design(2), Package Circuit Layout and Pin Design(2), Package Electrical Testing and Reliability(2)	6

续表

Modules	List of Topics	Suggested Hours
3. Reliability Design and Failure Analysis of Packaging	Package Reliability Design(1), Package Failure Mode and Failure Analysis(1), Mechanical Stress and Reliability Testing(1), Environmental Stress and Long Life Design(1)	4
4. Packaging Thermal Management Technology	Basic Concepts of Package Thermal Management(2), Package Thermal Management Materials and Devices(1), Package Thermal Management Design and Simulation(1)	4
5. Single-chip and Multi-chip Packaging Technology	Basic Concepts of Single/Multi-chip Packaging Technology(2), Manufacturing Process of Single/Multi-chip Packaging Technology(2), Application and Development of Single/Multi-chip Packaging Technology(2)	6
6. Integrated Circuit and Wafer-level Packaging	Wafer-level Packaging Technology(2), Reliability and Testing of Integrated Circuits and Wafer-level Packaging(2)	4
7. Special Packaging Technology and Applications	Passive Device Packaging Technology and Applications(2), Optoelectronic Packaging Technology(2), RF Packaging Technology and Applications(1), Micro-electromechanical System(MEMS) Packaging Technology and Innovation(1)	6
8. Overview of IC Testing Technology	Basic Concepts of IC Testing(2), Design for Testability(1), Mixed-signal IC and Analog IC Testing(1)	4
9. Integrated Circuit Production Testing Equipment and Methods	Classification and Selection of Testing Equipment(2), Testing Methods and Steps(2), Processing and Analysis of Testing Data(1), Maintenance and Calibration of Testing Equipment(1)	6
10. Applications and Challenges of Testing Technology	Basic Principles and Methods of Testing Technology(2), Challenges Faced by Testing Technolgy(1), Future Development Trends of Testing Technologies(1)	4

集成电路可靠性设计与评价
（Design and Evaluation for Integrated Circuit Reliability）

一、集成电路可靠性设计与评价课程定位

本课程是集成电路领域大类专业的核心课程之一，也是集成电路科学与工程一级学科大类本科专业基础课程。集成电路可靠性设计与评价既是一门多学科理论交叉性强的课程，同时也是一门实践性很强的课程。通过该课程的学习，学生能够掌握集成电路可靠性设计与评价的数学统计、器件与工艺物理建模、电路与系统仿真模拟等工程问题的分析及解决方法，具备针对可靠性设计与评价工程问题开展材料、器件、工艺、电路与系统级模拟仿真、测试分析的能力，提高运用设计与评价的软硬件工具有效解决复杂工程问题的能力。课程内容包含集成电路可靠性基本概念、可靠性物理模型与失效机理分析、集成电路可靠性设计和集成电路制造工艺和封装工艺保证、半导体器件及集成电路可靠性试验与评价技术等，涵盖集成电路可靠性基本理论、设计方法和工程实践。

二、集成电路可靠性设计与评价课程目标

本课程以半导体物理、材料、器件、工艺及电路等理论知识为基础，以培养学生“分析、设计并解决集成电路可靠性等复杂工程问题”的能力为主要目标，具体包括：

（1）理解集成电路可靠性的基本概念与基本理论，掌握集成电路可靠性相关的基础知识，如集成电路可靠性基本概念、数学基础以及失效机理等。

（2）理解集成电路可靠性的定量表征、常用的失效分布函数、可靠性框图与数学模型，掌握集成电路可靠性设计仿真基本方法与技巧，熟练运用相关仿真模拟工具软件。

（3）针对具体集成电路可靠性工程问题能够开展材料、器件、工艺、电路与系统级模拟仿真、测试分析的能力，提高运用设计与评价的软硬件工具有效解决复杂工程问题的能力。

（4）能够在集成电路装备、电子信息系统等研究开发过程中，针对不同电子系统（或电子产品）的特定需求提出相应的集成电路可靠性设计与评价成套方案。

三、集成电路可靠性设计与评价课程设计

第一部分：集成电路可靠性基础。本部分系统介绍集成电路可靠性相关的基础知识，如集成电路可靠性基本概念、数学基础以及失效机理等，并系统介绍集成电路可靠性的定量表征、常用的失效分布函数、可靠性框图与数学模型，为后续集成电路可靠性设计与评价的理论知识学习及实践打好基础。

第二部分：集成电路可靠性设计。本部分详尽介绍可靠性设计的概念及基础、基于失效物理的可靠性设计及常规的可靠性设计技术，系统讲解单一失效机理的可靠性模拟、集成电路可靠性仿真工具应用、可靠性的工艺保证等，达成学生使用集成电路可靠性仿真软件完成一个简单的集成电路可靠性设计模拟。

第三部分：集成电路可靠性评价。本部分重点介绍集成电路失效分析方法的基本原理，可靠性试验基本概念、目的及依据，讲解如何通过不同种类的可靠性试验、电学试验方法、环境试验方法、机械试验方法以及可靠性试验方案制定，帮助学生能够完成常用集成电路可靠性评价标准和规范、集成电路主要失效机理的可靠性评价。

本课程包含三个部分，9 个知识模块，主要知识模块之间的关系如图 2-8 所示。

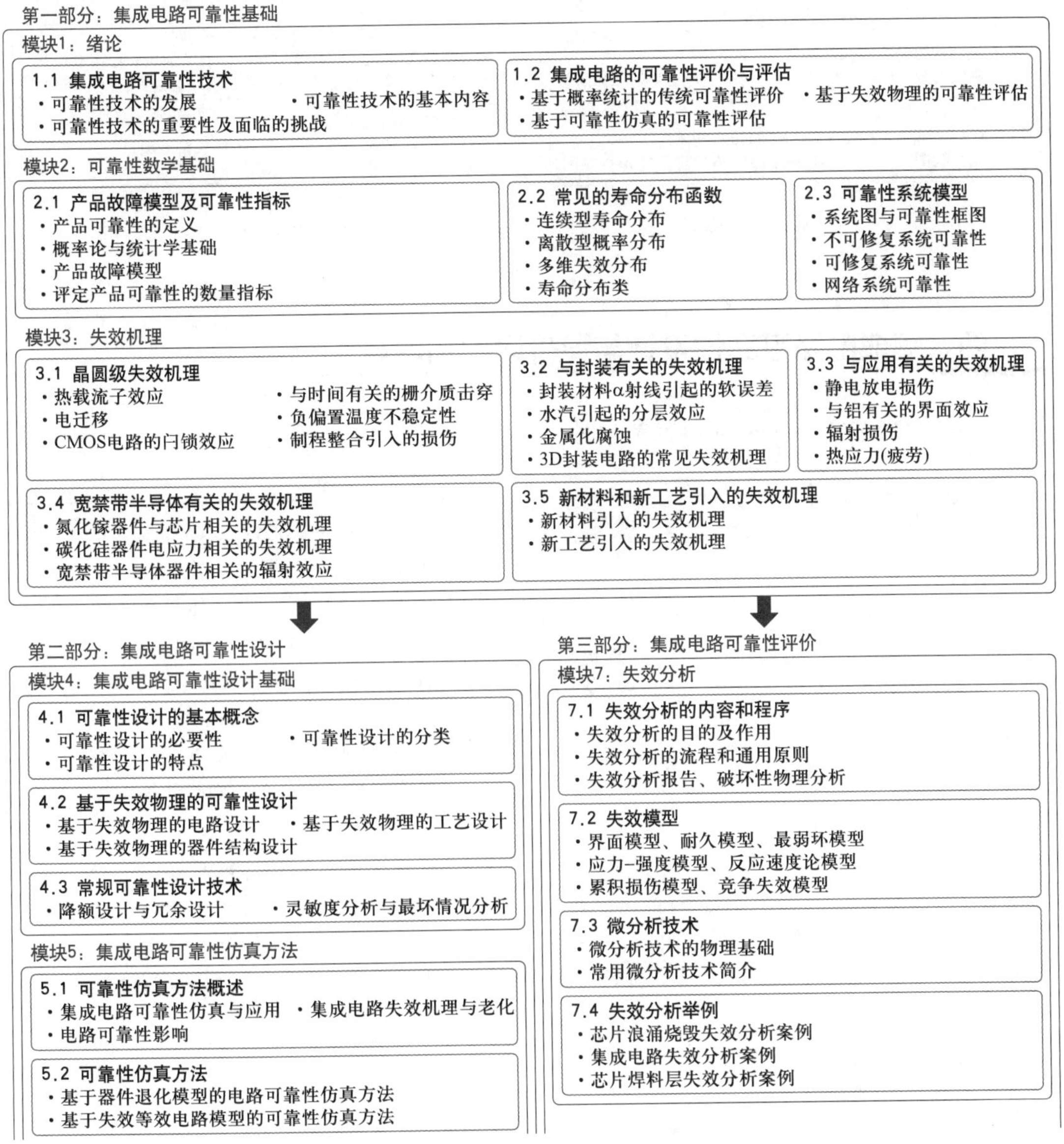

第一部分：集成电路可靠性基础

模块1：绪论

1.1 集成电路可靠性技术
- 可靠性技术的发展
- 可靠性技术的基本内容
- 可靠性技术的重要性及面临的挑战

1.2 集成电路的可靠性评价与评估
- 基于概率统计的传统可靠性评价
- 基于失效物理的可靠性评估
- 基于可靠性仿真的可靠性评估

模块2：可靠性数学基础

2.1 产品故障模型及可靠性指标
- 产品可靠性的定义
- 概率论与统计学基础
- 产品故障模型
- 评定产品可靠性的数量指标

2.2 常见的寿命分布函数
- 连续型寿命分布
- 离散型概率分布
- 多维失效分布
- 寿命分布类

2.3 可靠性系统模型
- 系统图与可靠性框图
- 不可修复系统可靠性
- 可修复系统可靠性
- 网络系统可靠性

模块3：失效机理

3.1 晶圆级失效机理
- 热载流子效应
- 电迁移
- CMOS电路的闩锁效应
- 与时间有关的栅介质击穿
- 负偏置温度不稳定性
- 制程整合引入的损伤

3.2 与封装有关的失效机理
- 封装材料α射线引起的软误差
- 水汽引起的分层效应
- 金属化腐蚀
- 3D封装电路的常见失效机理

3.3 与应用有关的失效机理
- 静电放电损伤
- 与铝有关的界面效应
- 辐射损伤
- 热应力(疲劳)

3.4 宽禁带半导体有关的失效机理
- 氮化镓器件与芯片相关的失效机理
- 碳化硅器件电应力相关的失效机理
- 宽禁带半导体器件相关的辐射效应

3.5 新材料和新工艺引入的失效机理
- 新材料引入的失效机理
- 新工艺引入的失效机理

第二部分：集成电路可靠性设计

模块4：集成电路可靠性设计基础

4.1 可靠性设计的基本概念
- 可靠性设计的必要性
- 可靠性设计的分类
- 可靠性设计的特点

4.2 基于失效物理的可靠性设计
- 基于失效物理的电路设计
- 基于失效物理的工艺设计
- 基于失效物理的器件结构设计

4.3 常规可靠性设计技术
- 降额设计与冗余设计
- 灵敏度分析与最坏情况分析

模块5：集成电路可靠性仿真方法

5.1 可靠性仿真方法概述
- 集成电路可靠性仿真与应用
- 集成电路失效机理与老化
- 电路可靠性影响

5.2 可靠性仿真方法
- 基于器件退化模型的电路可靠性仿真方法
- 基于失效等效电路模型的可靠性仿真方法

第三部分：集成电路可靠性评价

模块7：失效分析

7.1 失效分析的内容和程序
- 失效分析的目的及作用
- 失效分析的流程和通用原则
- 失效分析报告、破坏性物理分析

7.2 失效模型
- 界面模型、耐久模型、最弱环模型
- 应力–强度模型、反应速度论模型
- 累积损伤模型、竞争失效模型

7.3 微分析技术
- 微分析技术的物理基础
- 常用微分析技术简介

7.4 失效分析举例
- 芯片浪涌烧毁失效分析案例
- 集成电路失效分析案例
- 芯片焊料层失效分析案例

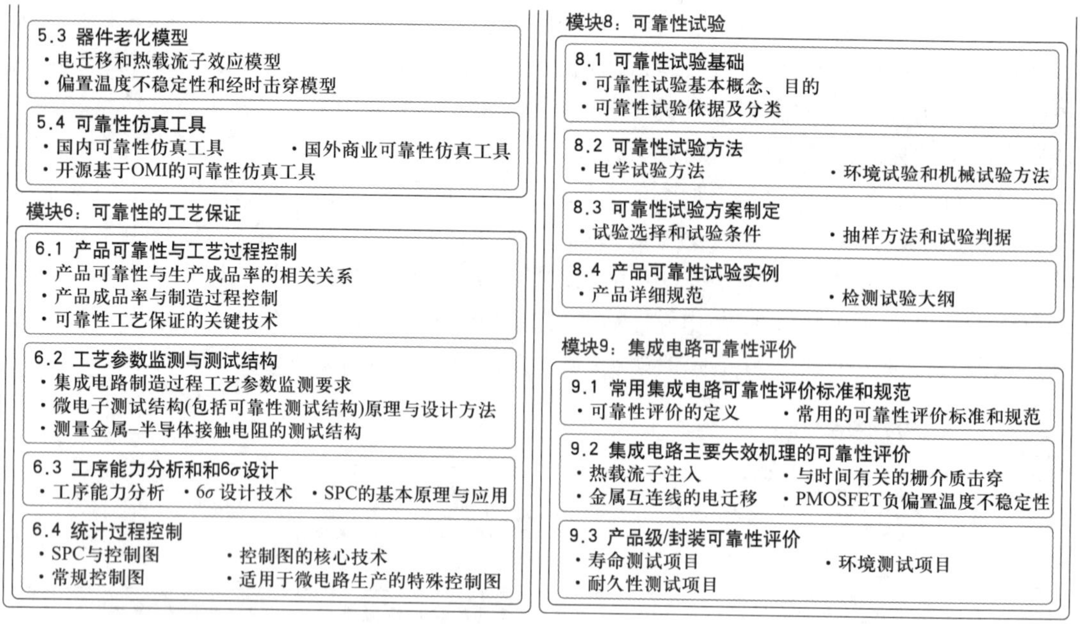

5.3 器件老化模型
· 电迁移和热载流子效应模型
· 偏置温度不稳定性和经时击穿模型

5.4 可靠性仿真工具
· 国内可靠性仿真工具　· 国外商业可靠性仿真工具
· 开源基于OMI的可靠性仿真工具

模块6：可靠性的工艺保证

6.1 产品可靠性与工艺过程控制
· 产品可靠性与生产成品率的相关关系
· 产品成品率与制造过程控制
· 可靠性工艺保证的关键技术

6.2 工艺参数监测与测试结构
· 集成电路制造过程工艺参数监测要求
· 微电子测试结构(包括可靠性测试结构)原理与设计方法
· 测量金属–半导体接触电阻的测试结构

6.3 工序能力分析和和6σ设计
· 工序能力分析　· 6σ 设计技术　· SPC的基本原理与应用

6.4 统计过程控制
· SPC与控制图　· 控制图的核心技术
· 常规控制图　· 适用于微电路生产的特殊控制图

模块8：可靠性试验

8.1 可靠性试验基础
· 可靠性试验基本概念、目的
· 可靠性试验依据及分类

8.2 可靠性试验方法
· 电学试验方法　· 环境试验和机械试验方法

8.3 可靠性试验方案制定
· 试验选择和试验条件　· 抽样方法和试验判据

8.4 产品可靠性试验实例
· 产品详细规范　· 检测试验大纲

模块9：集成电路可靠性评价

9.1 常用集成电路可靠性评价标准和规范
· 可靠性评价的定义　· 常用的可靠性评价标准和规范

9.2 集成电路主要失效机理的可靠性评价
· 热载流子注入　· 与时间有关的栅介质击穿
· 金属互连线的电迁移　· PMOSFET负偏置温度不稳定性

9.3 产品级/封装可靠性评价
· 寿命测试项目　· 环境测试项目
· 耐久性测试项目

图 2–8　集成电路可靠性设计与评价课程知识模块关系图

四、集成电路可靠性设计与评价课程知识点

模块 1：绪论(Introduction)(参考学时:2 学时)

知识点	主要内容	能力目标	参考学时
1. 集成电路可靠性技术(Integrated Circuit Reliability Technology)	可靠性技术的发展；可靠性技术的基本内容；可靠性技术的重要性及面临的挑战	掌握可靠性、失效和寿命的基本概念(A)；了解半导体可靠性物理学与半导体物理学的区别(C)；了解可靠性技术发展的历史(B)；掌握可靠性技术的基本内容(A)；了解集成电路可靠性技术的重要性和面临的挑战(A)	1
2. 集成电路的可靠性评价与评估(Evaluation and Assessment of Integrated Circuit Reliability)	基于概率统计的传统可靠性评价；基于失效物理的可靠性评估；基于可靠性仿真的可靠性评估	掌握基于概率统计的传统可靠性评价(A)；掌握基于失效物理的可靠性评估(B)；掌握基于可靠性仿真的可靠性评估(B)	1

说明：知识点的能力目标分为 A、B、C 三级，其中 A 表示基础和核心能力(必修)，B 表示高级和综合能力(限选)，C 表示扩展和前沿能力(选修)。

模块 2：可靠性数学基础(Fundamentals of Reliability Mathematics)(参考学时:6 学时)

知识点	主要内容	能力目标	参考学时
1. 产品故障模型及可靠性指标(Product Fault Model and Reliability Indicators)	产品可靠性的定义;概率论与统计学基础;产品故障模型;评定产品可靠性的数量指标	掌握产品故障模型(A);理解概率指标、可靠度函数、失效率函数(A);理解寿命指标与寿命分布函数(A)	2
2. 常见的寿命分布函数(Common Life Distribution Functions)	连续型寿命分布;离散型概率分布;多维失效分布;寿命分布类	了解常见的连续型寿命分布、离散型概率分布、多维失效分布、寿命分布类等寿命分布函数(A)	2
3. 可靠性系统模型(Reliability System Model)	系统图与可靠性框图;不可修复系统可靠性;可修复系统可靠性;网络系统可靠性	了解可靠性系统与结构函数(A);理解串并联系统、表决系统、单调关联系统、储备系统(A)	2

模块 3：失效机理(Failure Mechanisms)(参考学时:10 学时)

知识点	主要内容	能力目标	参考学时
1. 晶圆级失效机理(Wafer Level Failure Mechanism)	热载流子效应;与时间有关的栅介质击穿;电迁移;负偏置温度不稳定性;CMOS 电路的闩锁效应;制程整合引入的损伤	理解热载流子效应、与时间有关的栅介质击穿失效机理(A);理解电迁移、负偏置温度不稳定性、CMOS 电路的闩锁效应(A);了解制程整合引入的损伤机制(B)	2
2. 与封装有关的失效机理(Failure Mechanisms Related to Packaging)	封装材料 α 射线引起的软误差;水汽引起的分层效应;金属化腐蚀;3D 封装电路的常见失效机理	掌握与封装有关的失效机理中的软误差(A);理解水汽引起的分层效应与金属化腐蚀(A);理解 3D 封装电路的常见失效机理(A)	1
3. 与应用有关的失效机理(Failure Mechanisms Related to Application)	静电放电损伤;与铝有关的界面效应;辐射损伤;热应力(疲劳)	理解与铝有关的界面效应(A);理解静电放电损伤、辐射损伤、热应力等与集成电路应用相关的失效机理(A)	2
4. 宽禁带半导体有关的失效机理(Failure Mechanisms Related to Wide Bandgap Semiconductors)	氮化镓器件与芯片相关的失效机理;碳化硅器件电应力相关的失效机理;宽禁带半导体器件相关的辐射效应	掌握氮化镓器件与芯片相关的失效机理(A);碳化硅器件电应力相关的失效机理(B);掌握典型的宽禁带半导体器件相关的辐射效应(C)	4

续表

知识点	主要内容	能力目标	参考学时
5. 新材料和新工艺引入的失效机理（Failure Mechanism Related to New Materials and New Processes）	新材料引入的失效机理；新工艺引入的失效机理	理解新材料引入的失效机理（A）；新工艺引入的失效机理（C）	1

模块 4：集成电路可靠性设计基础（Fundamentals of Integrated Circuit Reliability Design）（参考学时：3.5 学时）

知识点	主要内容	能力目标	参考学时
1. 可靠性设计的基本概念（The Basic Concept of Reliability Design）	可靠性设计的必要性；可靠性设计的分类；可靠性设计的特点	理解可靠性设计的必要性（A）；熟悉可靠性设计的分类（A）；掌握可靠性设计的特点（A）	0.5
2. 基于失效物理的可靠性设计（Reliability Design Based on Failure Physics）	基于失效物理的电路设计；基于失效物理的工艺设计；基于失效物理的器件结构设计	理解基于失效物理的电路设计，理解基于失效物理的工艺设计，理解基于失效物理的器件结构设计（A）	1
3. 常规可靠性设计技术（Conventional Reliability Design Techniques）	降额设计技术；冗余设计技术；灵敏度分析技术；最坏情况分析技术	理解降额设计的基本概念，熟悉降额幅度、降额系数等设计方法（A）；熟悉冗余设计的基本方法，掌握基本冗余设计电路（A）；掌握灵敏度分析方法及评价指标（B）；掌握基于电路容差、器件评估的最坏情况分析技术（B）	2

模块 5：集成电路可靠性仿真方法（Methods of Integrated Circuit Reliability Simulation）（参考学时：6 学时）

知识点	主要内容	能力目标	参考学时
1. 可靠性仿真方法概述（Overview of Reliability Simulation Methods）	集成电路可靠性仿真与应用；集成电路失效机理与老化；电路可靠性影响	了解集成电路可靠性仿真与应用（A）；掌握集成电路失效机理与老化（B）；了解电路可靠性影响（A）	1
2. 可靠性仿真方法（Methods of Reliability Design Simulation）	基于器件退化模型的电路可靠性仿真方法；基于失效等效电路模型的可靠性仿真方法	了解基于器件退化模型的电路可靠性仿真方法（A）；掌握基于失效等效电路模型的可靠性仿真方法（B）	1

续表

知识点	主要内容	能力目标	参考学时
3. 器件老化模型(Device Aging Model)	电迁移模型;热载流子效应模型;偏置温度不稳定性模型;经时击穿模型	掌握电迁移模型(A);掌握热载流子效应模型(A);掌握偏置温度不稳定性模型(B);掌握经时击穿模型(B)	2
4. 可靠性仿真工具(Typical Reliability Simulation Tools)	国内可靠性仿真工具;国外商业可靠性仿真工具;开源基于 OMI 的可靠性仿真工具	了解国内外可靠性仿真工具(B);了解开源基于 OMI 的可靠性仿真工具(B)	2

模块 6:可靠性的工艺保证(Reliable Process Assurance)(参考学时:7 学时)

知识点	主要内容	能力目标	参考学时
1. 产品可靠性与工艺过程控制(Product Reliability and Process Control)	产品可靠性与生产成品率的相关关系;产品成品率与制造过程控制;可靠性工艺保证的关键技术	理解成品率与可靠性的关系(A);理解工艺过程控制对产品可靠性的影响(A);了解可靠性工艺保证的关键技术(B)	2
2. 工艺参数监测与测试结构(Process Parameter Monitoring and Testing Structures)	集成电路制造过程工艺参数监测要求;微电子测试结构(包括可靠性测试结构)原理与设计方法;测量金属 – 半导体接触电阻的测试结构	了解 IC 制造过程工艺参数监测要求,掌握微电子测试结构(包括可靠性测试结构)原理与设计方法(A);测量金属 – 半导体接触电阻的测试结构(A)	2
3. 工序能力分析和 6σ 设计(Process Capability Analysis and 6σ Design)	介绍工序能力分析、6σ 设计以及 SPC 的基本原理与应用	理解工序能力分析、6σ 设计以及 SPC 基本原理与应用(A)	1.5
4. 统计过程控制(Statistical Process Control)	SPC 与控制图;控制图的核心技术:控制限以及受控 / 失控判断规则;常规控制图;适用于微电路生产的特殊控制图	了解 SPC 与控制图(A);掌握控制图的核心技术:控制限以及受控 / 失控判断规则(B);掌握常规控制图(B);掌握适用于微电路生产的特殊控制图(C)	1.5

模块 7:失效分析(Failure Analysis)(参考学时:5 学时)

知识点	主要内容	能力目标	参考学时
1. 失效分析的内容和程序(The Contents and Procedures of Failure Analysis)	失效分析的目的及作用;失效分析的流程和通用原则;失效分析报告;破坏性物理分析	理解失效分析方法的目的及作用(B);掌握失效分析的流程和通用原则(B);熟悉失效分析报告(A);理解破坏性物理分析(C)	2

续表

知识点	主要内容	能力目标	参考学时
2. 失效模型（Failure Models）	集成电路的界面模型、耐久模型、应力－强度模型、反应速度论模型、最弱环模型、累积损伤模型、竞争失效模型	理解集成电路的典型失效模型(A)；掌握模型的构建逻辑，掌握模型的应用方法(B)；理解模型的分析结果(C)	2
3. 微分析技术（Microanalytical Techniques）	微分析技术的物理基础；常用微分析技术简介	理解微分析技术的物理基础(A)；理解常用微分析技术(B)	0.5
4. 失效分析举例（Examples of Integrated Circuit Failure）	芯片浪涌烧毁失效分析案例；集成电路失效分析案例；芯片焊料层失效分析案例	理解集成电路失效的微观分析方法原理(A)；理解各分析技术的操作方法(B)	0.5

模块 8：可靠性试验（Reliability Experiment）（参考学时：3.5 学时）

知识点	主要内容	能力目标	参考学时
1. 可靠性试验基础（Fundamentals of Reliability Experiment）	可靠性试验基本概念、目的及依据；可靠性试验分类	理解并掌握可靠性试验的基本概念、目的 (A)；熟悉可靠性试验主要依据 (A)；熟悉可靠性试验分类方法 (A)	1
2. 可靠性试验方法（Methods of Reliability Experiment）	电学试验方法；环境试验方法；机械试验方法	掌握电学试验目的及具体方法 (A)；掌握环境试验目的及具体方法 (A)；掌握机械试验目的及具体方法 (A)	1
3. 可靠性试验方案制定（Development of Reliability Experiment Plan）	试验选择；试验条件；抽样方法；试验判据	掌握可靠性试验方案的制定方法 (A)	1
4. 产品可靠性试验实例（Examples of Product Reliability Experiment）	产品详细规范；检测试验大纲	掌握产品详细规范的主要内容 (A)；掌握编制产品检测试验大纲的方法 (B)	0.5

模块 9：集成电路可靠性评价（Integrated Circuit Reliability Evaluation）（参考学时：5 学时）

知识点	主要内容	能力目标	参考学时
1. 常用集成电路可靠性评价标准和规范（Common Reliability Evaluation Standards and Specifications for Integrated Circuits）	可靠性评价的定义；常用的可靠性评价标准和规范	理解可靠性评价的基本概念(A)；熟练掌握与运用多种常用的评价标准和规范(A)	1

续表

知识点	主要内容	能力目标	参考学时
2. 集成电路主要失效机理的可靠性评价(Reliability Evaluation of the Main Failure Mechanisms of Integrated Circuits)	热载流子注入、与时间有关的栅介质击穿、金属互连线的电迁移、PMOSFET 负偏置温度不稳定性等四类失效机理的可靠性评价	理解热载流子注入、与时间有关的栅介质击穿、金属互连线的电迁移、PMOSFET 负偏置温度不稳定性等四类失效机理的可靠性评价试验要求、测试方法与注意事项(A)	2
3. 产品级/封装可靠性评价(Product Level/Packaging Reliability Evaluation)	寿命测试项目的内容和方法;环境测试项目的内容和方法;耐久性测试项目的内容和方法	理解产品封装的三种可靠性测试项目的内容和方法(A);掌握三种可靠性测试项目的评价指标(A)	2

五、集成电路可靠性设计与评价课程英文摘要

1. Introduction

This course is one of the core courses for major majors in the field of integrated circuits, and also a fundamental course for undergraduate majors in the first level discipline of integrated circuit science and engineering. Integrated circuit reliability design and evaluation is not only a multidisciplinary and highly interdisciplinary course, but also a highly practical course.

Through the study of this course, one will be able to master the mathematical statistics of integrated circuit reliability design and evaluation, physical modeling of devices and processes, simulation of circuits and systems, and other engineering problem analysis and solution methods. You will have the ability to conduct material, device, process, circuit and system level simulation and testing analysis for reliability design and evaluation engineering problems, and improve the ability to effectively solve complex engineering problems using software and hardware tools for design and evaluation. The course content includes basic concepts of integrated circuit reliability, physical models of reliability and failure mechanism analysis, integrated circuit reliability design, integrated circuit manufacturing and packaging process assurance, semiconductor devices and integrated circuit reliability testing and evaluation techniques, covering basic theories, design methods, and engineering practices of integrated circuit reliability.

2. Goals

(1) Understand the basic concepts and theories of integrated circuit reliability, and master the basic knowledge related to integrated circuit reliability, such as the basic concepts, mathematical foundations, and failure mechanisms of integrated circuit reliability.

(2) Understand the quantitative characterization of integrated circuit reliability, commonly used failure distribution functions, reliability block diagrams and mathematical models, master the basic methods and skills of integrated circuit reliability design simulation, and proficiently use EDA

simulation tool.

(3) Be able to conduct material, device, process, circuit and system level simulation, testing and analysis for specific integrated circuit reliability engineering problems, and improve the ability to effectively solve complex engineering problems using software and hardware tools for design and evaluation.

(4) Be able to propose corresponding integrated circuit reliability design and evaluation solutions for specific requirements of different electronic systems(or electronic products)in the research and development process of integrated circuit equipments, electronic information systems, etc.

3. Covered Topics

Modules	List of topics	Suggested Hours
1. Introduction	Integrated Circuit Reliability Technology(1), Evaluation and Assessment of Integrated Circuit Reliability(1)	2
2. Fundamentals of Reliability Mathematics	Product Fault Model and Reliability Indicators(2), Common Life Distribution Functions(2), Reliability System Model(2)	6
3. Failure Mechanisms	Wafer Level Failure Mechanism(2), Failure Mechanisms Related to Packaging(1), Failure Mechanisms Related to Application(2), Failure Mechanisms Related to Wide Bandgap Semiconductors(4), Failure Mechanism Related to New Materials and New Processes(1)	10
4. Fundamentals of Integrated Circuit Reliability Design	The Basic Concept of Reliability Design(0.5), Reliability Design Based on Failure Physics(1), Conventional Reliability Design Techniques(2)	3.5
5. Methods of Integrated Circuit Reliability Simulation	Overview of Reliability Simulation Methods (1), Methods of Reliability Design Simulation(1), Device Aging Model(2), Typical Reliability Simulation Tools(2)	6
6. Reliable Process Assurance	Product Reliability and Process Control(2), Process Parameter Monitoring and Testing Structures(2), Process Capability Analysis and 6σ Design(1.5), Statistical Process Control(1.5)	7
7. Failure Analysis	The Contents and Procedures of Failure Analysis(2), Failure Models(2), Microanalytical Techniques(0.5), Examples of Integrated Circuit Failure(0.5)	5
8. Reliability Experiment	Fundamentals of Reliability Experiment(1), Methods of Reliability Experiment(1), Development of Reliability Experiment Plan(1), Examples of Product Reliability Experiment(0.5)	3.5
9. Integrated Circuit Reliability Evaluation	Common Reliability Evaluation Standards and Specifications for Integrated Circuits(1), Reliability Evaluation of the Main Failure Mechanisms of Integrated Circuits(2), Product Level/Packaging Reliability Evaluation(2)	5

第 3 部分

高等学校集成电路类专业人才培养方案

微电子科学与工程专业(教改班)培养方案

一、培养目标

本专业全面贯彻党的教育方针,以学生发展为中心,坚持德育为先、知识为基、能力为重、素质为要、全面发展的人才培养理念,聚焦国家战略急需,对接国家产业布局,培养爱国进取、基础厚实、术业精湛、求是创新、身心健康,具有国际视野的微电子行业拔尖人才和未来引领者。

微电子科学与工程专业(教改班)的学生毕业 5 年后,应达到以下培养目标:

(1) 具有优良的政治素质和深厚的家国情怀,坚定"四个自信",树立和践行社会主义核心价值观,具有高度社会责任感和良好职业道德。

(2) 具有扎实的微电子与集成电路基础理论及专业技能,具备在本专业及相关专业领域从事科学研究、技术开发、工程设计、技术应用及管理等方面工作的能力。

(3) 养成科学严谨的思维方式,具有较强的学习和研究新理论、新技术、新工艺的能力,具备继续深造提升的能力。

(4) 具有较强的竞争和团队合作意识,具有良好的组织、协调和管理能力,能够成为团队的技术核心和管理骨干。

(5) 践行终身学习理念,具有开阔的国际视野,能够主动阅读、独立思考、准确表达,不断增强创新能力和开拓精神。

(6) 适应新时代微电子行业快速发展,创新能力强,能够发现并解决相关领域中的关键科学和工程难题,具备行业领军人才的潜质。

二、毕业要求

微电子科学与工程专业(教改班)以本硕博弹性培养为特色,通过通识教育、基础理论、专业理论和专业知识的系统学习,以及半导体材料、器件与集成电路设计制造工程技术的实验、实践和科学研究等多方面的综合训练,教改班本科毕业生应具备以下几方面的知识、能力与技能:

(1) 工程知识:能够将数学、自然科学、微电子基础和专业知识用于解决复杂工程问题。

(2) 问题分析:能够应用数学、自然科学和微电子科学的基本原理,识别、表达并通过文献研究分析微电子复杂工程问题,以获得有效结论。

(3) 设计 / 开发解决方案:能够设计针对微电子复杂工程问题的解决方案,设计满足特定需求的系统、单元(部件)或工艺流程,并能够在设计环节中体现创新意识,考虑社会、健

康、安全、法律、文化以及环境等因素。

(4) 研究：能够基于科学原理并采用科学方法对微电子复杂工程问题进行研究，包括设计实验、分析与解释数据、通过信息综合得到合理有效的结论。

(5) 使用现代工具：能够针对微电子复杂工程问题，选择、使用与开发恰当的技术、资源、现代工程工具和信息技术工具，包括对微电子复杂工程问题的预测与模拟，并能够理解其局限性。

(6) 工程与社会：能够基于工程相关背景知识进行合理分析，评价微电子工程实践和复杂工程问题解决方案对社会、健康、安全、法律以及文化的影响，并理解应承担的责任。

(7) 环境和可持续发展：能够理解和评价针对微电子复杂工程问题的专业工程实践对环境、社会可持续发展的影响。

(8) 职业规范：具有人文社会科学素养、社会责任感，能够在工程实践中理解并遵守工程职业道德和规范，履行责任。

(9) 个人和团队：能够在多学科背景下的团队中承担个体、团队成员以及负责人的角色。

(10) 沟通：能够就复杂工程问题与业界同行及社会公众进行有效沟通和交流，包括撰写报告和设计文稿、陈述发言、清晰表达或回应指令，并具备一定的国际视野，能够在跨文化背景下进行沟通和交流。

(11) 项目管理：理解并掌握工程管理原理与经济决策方法，并能在多学科环境中应用。

(12) 终身学习：具有自主学习和终身学习的意识，有不断学习和适应发展的能力。

三、学制与学位

基本学制：四年。

学位：工学学士。

四、毕业最低要求及学分分布

毕业最低须完成 181 学分，且通过体育能力达标测试、实验实践能力达标测试，并符合学校毕业要求相关规定。

毕业最低要求及学分分配表

课程类别		最低毕业要求		
		课内学分	总学分	占学分比例
通识教育课程	通识教育基础课	49.1	60.5	33%
	通识教育核心课	9	9	5%
	通识教育选修课	8	8	4%
大类基础课程		13.5	13.5	7%

续表

课程类别			最低毕业要求		
			课内学分	总学分	占学分比例
专业教育课程	专业核心课		34.5	34.5	19%
	专业选修课	学院任选课	13	13	7%
		学院限选课	6	6	3%
		海外交流课	1	1	1%
集中实践			0	23.5	13%
拓展提高			0	12	7%
合计			134.1	181	100%

注：课内学分不包含集中实践、课内实践、线上环节以及拓展提高学分。

五、教学进程计划表

微电子科学与工程专业（教改班）教学进程计划总表

课程类别		课程性质	课程编号	课程名称	总学分	课内学分	总学时	考核方式	开课学期	应修学分
通识教育课程	通识教育基础课	必修	MC006001	思想道德与法治	3	3	48	考试	1	17
		必修	MC006002	中国近现代史纲要	3	3	48	考试	2	
		必修	MC006003	马克思主义基本原理	3	3	48	考试	3	
		必修	MC006021	毛泽东思想和中国特色社会主义理论体系概论	2	2	32	考试	4	
		必修	MC006020	习近平新时代中国特色社会主义思想概论	3	3	48	考试	5	
		必修	MC006005	形势与政策	2	1	64	考查	1—8	
		必修	MC006022	思想政治理论实践课	1		16	考查	4	
		思想政治理论限选课	MC006015	中共党史	1	0.4	16	考查	1—6	1
			MC006016	新中国史	1	0.4	16	考查	1—6	
			MC006017	改革开放史	1	0.4	16	考查	1—6	
			MC006018	社会主义发展史	1	0.4	16	考查	1—6	
		必修	TS003011	新生研讨课	1	1	16	考查	1	42.5
		必修	AM006001	军事理论	2	1.5	32	考试	1	
		必修	AM006002	军事训练	1		2 周	考查	1	
		必修	MC006006	大学生心理健康教育	1	0.5	16	考查	2	

续表

课程类别		课程性质	课程编号	课程名称	总学分	课内学分	总学时	考核方式	开课学期	应修学分
通识教育课程	通识教育基础课	必修	FL006129	创新大学英语(Ⅰ)	2	1.5	32	考试	1	42.5
		必修	FL006130	创新大学英语(Ⅱ)	2	1.5	32	考试	2	
		必修	FL006131	创新大学英语(Ⅲ)	2	1.5	32	考试	3	
		必修		高级英语选修系列课程	2	2	32	考试	4	
		必修	HE006007~HE006014	大学体育(Ⅰ)~大学体育(Ⅷ)	4		120	考试	1—8	
		必修	MS006039	高等数学K(Ⅰ)	5.5	5.5	88	考试	1	
		必修	MS006040	高等数学K(Ⅱ)	5.5	5.5	88	考试	2	
		必修	MS006007	线性代数	2.5	2.5	40	考试	2	
		必修	MS006008	概率论与数理统计	2.5	2.5	40	考试	3	
		必修	PY006016	大学物理R(Ⅰ)	3.5	2.5	58	考试	2	
		必修	PY006017	大学物理R(Ⅱ)	4	2.5	62	考试	3	
		必修	PY006003	物理实验(Ⅰ)	1	1	27	考查	2	
		必修	PY006004	物理实验(Ⅱ)	1	1	27	考查	3	
		小计			63.5	49.1	1 110+2周			60.5
	通识教育核心课	必修	TS001001	工程概论(Ⅰ)	1	1	16	考查	2	9
		必修	TS001002-14	工程概论(Ⅱ)	1	1	16	考查	3	
		必修	TS001003-14	工程概论(Ⅲ)	1	1	16	考查	5	
		必修	TS001004-14	工程概论(Ⅳ)	1	1	16	考查	7	
		必修	MI014006	微电子导师大讲堂	2	2	32	考查	5	
		必修	MI014007	微电子专业英语	2	2	32	考试	6	
		必修	TS002011	学科导论	1	1	16	考查	2	
		小计			9	9	144			9
	通识教育选修课	学校任选		人文社科	8	8	根据学校课程列表选修,每个学生至少选修8学分并覆盖四个模块,美育课程须修满2学分。			8
		学校任选		自然科学						
		学校任选		国际双创						
		学校任选		美育课程						
		小计			8	8				8

续表

课程类别		课程性质	课程编号	课程名称	总学分	课内学分	总学时	考核方式	开课学期	应修学分
大类基础课程		必修	CS006003	计算机导论与程序设计	4.5	4.5	72	考试	1	13.5
		必修	ME006002	图学基础与计算机绘图	2	2	32	考试	1	
		必修	IB006001-14	电路分析基础	3	3	48	考试	3	
		必修	IB006002-14	信号与系统	3	3	48	考试	4	
		必修	IB006003/IB006004	电路、信号与系统实验(Ⅰ、Ⅱ)	1	1	16	考查	3—4	
		小计			13.5	13.5	216			13.5
专业教育课程	专业核心课	必修	MI014030	量子力学	2.5	2.5	40	考试	3	34.5
		必修	MI024050	场论与复变函数	2	2	32	考试	3	
		必修	MI204001	模拟电路与集成设计	3	3	48	考试	4	
		必修	MI024052	数字逻辑与集成设计	3	3	48	考试	4	
		必修	MI014002	固体物理	2	2	32	考试	4	
		必修	MI204022/MI204023/MI204024	电子线路与集成电路实验(Ⅰ、Ⅱ、Ⅲ)	3	3	48	考查	4—6	
		必修	MI014031	电动力学	2.5	2.5	40	考试	5	
		必修	MI014022	半导体物理基础	3	3	48	考试	5	
		必修	MI014032	现代半导体物理(双语)	2	2	32	考试	5	
		必修	MI204061	半导体物理实验	0.5	0.5	8	考查	5	
		必修	MI204062	微电子工艺检测实验	0.5	0.5	8	考查	7	
		必修	MI204006	硬件描述语言与可编程设计	2	2	32	考试	5	
		必修	MI204063	硬件描述语言与可编程设计实验	0.5	0.5	8	考查	5	
		必修	MI014033	Physics of Semiconductor Devices	2	2	32	考试	6	
		必修	MI014034	微纳米器件物理学	3	3	48	考试	6	
		必修	MI204064	半导体器件物理实验	0.5	0.5	8	考查	6	
		必修	MI014025	微纳集成电路工艺(双语)	2.5	2.5	40	考试	6	
		小计			34.5	34.5	552			34.5
	学院任选课	学院任选	MI202001	数值计算方法	2	2	32	考试	2	13
		学院任选	MI015001	热力学与统计物理	2	2	32	考试	3	
		学院任选	MI205002	数学物理方程	2	2	32	考试	3	

续表

课程类别	课程性质		课程编号	课程名称	总学分	课内学分	总学时	考核方式	开课学期	应修学分
专业教育课程	学院任选课	学院任选	MI015002	半导体化学	2	2	32	考试	4	13
		学院任选	MI015007	数字信号处理	2	2	32	考试	5	
		学院任选	MI205003	计算机原理与系统设计	4	4	64	考试	5	
		学院任选	MI205005	化合物半导体材料与器件	2	2	32	考试	6	
		学院任选	MI015013	EDA 设计方法学	2	2	32	考试	5	
		学院任选	MI205006	物联网技术	2	2	32	考查	6	
		学院任选	MI205007	集成电路可靠性	2	2	32	考试	7	
		学院任选	MI015004	微电子测试原理与技术	2	2	32	考试	7	
		学院任选	MI025002	集成电路测试技术与实践	3	3	48	考查	7	
		学院任选	MI205009	半导体光电子器件	2	2	32	考试	7	
		学院任选	MI015005	微电子新视野(名师讲座)	1	1	16	考查	7	
		学院任选	MI205010	专用集成电路设计(研讨课)	2	2	32	考查	7	
		学院任选	MI205011	纳米电子学基础	2	2	32	考查	7	
		学院任选	MI015006	功率半导体器件基础	2	2	32	考查	7	
		学院任选	MI205015	有机半导体材料与器件	2	2	32	考查	7	
		学院任选	MI205016	Advanced Modern Semiconductor Electronic Devices	2	2	32	考查	5、7	
	学院限选课	学院限选(至少选修2门)	MI014019	模拟集成电路	3	3	48	考试	6	6
			MI014020	数字集成电路	3	3	48	考试	6	
			MI014015	射频微电子学	3	3	48	考试	6	

续表

课程类别		课程性质	课程编号	课程名称	总学分	课内学分	总学时	考核方式	开课学期	应修学分
专业教育课程	海外交流课	学院限选（至少选修 1 门）	MI205004	Digital and Analog Electronics	1	1	16	考查	5	1
			MI205012	Advanced Nano-mosfet Devices	1	1	16	考查	7	
			MI205013	Methods to Write Research Papers	1	1	16	考查	7	
	小计				52	52	832			20
集中实践		必修	MI014017	嵌入式微处理器应用实践	2		2 周	考查	3	23.5
		必修	MI014018	移动通信芯片应用实践	1		1 周	考查	5	
		必修	MI204015	半导体器件课程设计	0.5		0.5 周	考查	7	
		必修	MI204017	集成电路设计实践	2		2 周	考查	7	
		必修	MI204018	集成电路制造生产实习	2		2 周	考查	7	
		必修	MI204045	毕业设计（论文）	16		16 周	考查	7—8	
		小计			23.5		23.5 周			23.5
拓展提高		必修	TS006010	新生网上前置教育	1		16	考查	1	1
	素质能力拓展课程	必修	TS006011	写作与沟通	1		16	考查	1—6	10
		必修	TS006029	劳动教育	1		16	考查	1—8	
		必修	TS006028	劳动教育实践	1		16	考查	1—6	
		必修	TS006013	“红色筑梦”实践基础 Ⅰ	0.5		8	考查	4—8	
		必修	TS006019	“红色筑梦”实践基础 Ⅱ	1		16	考查	5—8	
		必修	EM001001	创业基础	2		32	考查	3—4	
		必修	TS006025	大学生职业发展	1		16	考查	1—8	
		必修	TS006026-14	就业指导	1.5		24	考查	6	
		必修	MI204046	本科生科研训练计划	1		16	考查	3—8	
	达标模块	必修	II006020–II006025	实验实践能力达标测试	0.5			考查	2—8	1
		必修	FL007003	国家英语四级	0.3			考试	2—8	
		必修		国家英语六级				考查	3—8	
		必修	HE006016	体育能力达标测试	0.2			考查	1—8	
		小计			12		176			12

集成电路设计与集成系统本科专业培养方案(2024 级)

一、培养目标

集成电路学院致力于培养有坚定的理想信念、高尚的道德情操、坚强的意志品质、扎实的知识基础、深厚的人文素养和卓越的创新素质的未来集成电路领域学术大师,努力造就具有较强的思辨力、学习力、创造力和领导力,具有家国情怀和国际视野,担当引领未来和造福人类的德智体美劳全面发展的集成电路行业领军人才。

预期学生毕业 5 年左右能达到下列目标:

(1) 主动承担工程技术骨干或领导的职责,能应用最新技术及工程工具鉴定和分析、凝练和解决集成电路工程及相关领域的技术难题和复杂工程问题。

(2) 综合考虑社会、法律、人文、生态、环境、安全等多方面因素,从系统、多学科视角进行决策、管理。

(3) 把家国情怀融入工作生活中,积极履行社会责任,在工作领域表现出良好道德品质和职业素养。

(4) 能与国内外同行及社会公众有效沟通,独立或团队协作完成项目,有效进行团队管理。

(5) 秉承“止于至善”精神,自主更新和调整核心知识及能力,对专业及新兴技术敏感,能洞察和预测其前瞻影响。

二、毕业生应具有的知识、能力、素质

(1) 工程知识:具有从事电子工程所需的扎实的数学、自然科学、工程基础和专业知识,并能够综合应用这些知识解决集成电路工艺、设计与制造等电子工程领域的复杂工程问题。

(2) 问题分析:能够应用数学、自然科学和工程科学的基本原理,识别、表达并通过文献研究分析集成电路工艺、设计与制造等电子工程领域的复杂工程问题,以获得有效结论。

(3) 设计 / 开发解决方案:能够设计针对集成电路工艺、设计与制造或微电子 / 电子工程领域复杂工程问题的解决方案,设计满足特定需求的单元、模块、系统或工艺流程,并能够在设计环节中体现创新意识,考虑社会、健康、安全、法律、文化以及环境等因素。

(4) 研究:能够基于科学原理并采用科学方法对集成电路工艺、设计与制造或微电子 / 电子工程领域复杂工程问题进行研究,包括设计实验、分析与解释数据、通过信息综合得到合理有效的结论等。

(5) 使用现代工具:能够开发、选择与使用恰当的技术、资源、现代工程工具和信息技术

工具，针对集成电路工艺、设计与制造或微电子 / 电子工程领域的复杂工程问题进行预测与模拟，并能够理解其局限性。

(6) 工程与社会：能够基于集成电路相关背景知识进行合理分析，评价专业工程实践和电子工程领域复杂工程问题解决方案对社会、健康、安全、法律以及文化的影响，并理解应承担的责任。

(7) 环境和可持续发展：能够理解和评价针对集成电路工艺、设计与制造以及微电子 / 电子工程领域复杂工程问题的工程实践对环境、社会可持续发展的影响。

(8) 职业规范：具有人文社会科学素养、社会责任感，能够在集成电路等电子工程实践中理解并遵守工程职业道德和规范，履行责任。

(9) 个人和团队：能够在多学科背景下的团队中承担个体、团队成员以及负责人的角色。

(10) 沟通：能够围绕集成电路领域问题与业界同行及社会公众进行有效的沟通和交流，包括撰写报告和设计文稿、陈述发言、清晰表达或回应指令，具备国际视野，能够在跨文化背景下进行交流。

(11) 项目管理：理解并掌握工程管理原理与经济决策方法，并能在多学科环境中应用。

(12) 终身学习：具有自主学习和终身学习的意识，有不断学习和适应发展的能力。

三、毕业学分要求及学士学位学分绩点要求

根据《东南大学学士学位授予管理办法(修订)》，在学校规定的学习年限内，修满本专业培养方案规定的全部学分，满足“平均学分绩点 ≥ 2.0”等相关要求，可向学校申请授予工学学士学位。

四、各类课程学分与学时分配

课程类型	学分	学时	学分比例
通识教育基础课程	77	1 452	47.53%
专业相关课程	54	848	33.33%
集中实践环节(含课外实践) & 暑期学校课程	31	247 + 课程周数:8	19.14%
总计	162	2 547 + 课程周数:8	100%

1. 通识教育基础课

(1) 思政类

课程编号	课程名称	学分	授课学时	实验学时	讨论学时	课外学时	周学时	授课学年	授课学期	备注
B15M0030	中国近现代史纲要	3	48	0	0	0	3	一	2	
B15M0070	形势与政策(1)	0.25	8	0	0	0	2	一	2	
B15M0080	形势与政策(2)	0.25	8	0	0	0	2	一	3	

续表

课程编号	课程名称	学分	授课学时	实验学时	讨论学时	课外学时	周学时	授课学年	授课学期	备注
B15M0190	思想道德与法治	3	48	0	0	0	3	一	3	
B15M0011	马克思主义基本原理	3	48	0	0	0	3	二	2	
B15M0090	形势与政策(3)	0.25	8	0	0	0	2	二	2	
B15M0100	形势与政策(4)	0.25	8	0	0	0	2	二	3	
B15M0160	毛泽东思想和中国特色社会主义理论体系概论	3	48	0	0	0	3	二	3	
B15M2001	习近平新时代中国特色社会主义思想概论	3	48	0	0	0	3	二	3	
B15M0110	形势与政策(5)	0.25	8	0	0	0	2	三	2	
B15M0120	形势与政策(6)	0.25	8	0	0	0	2	三	3	
B88M0010	就业导论	0.5	16	0	0	0	1	三	3	
B15M0130	形势与政策(7)	0.25	8	0	0	0	2	四	2	
B15M0140	形势与政策(8)	0.25	8	0	0	0	2	四	3	
合计		17.5	320	0	0	0				

(2) 军体类

课程编号	课程名称	学分	授课学时	实验学时	讨论学时	课外学时	周学时	授课学年	授课学期	备注
B18M0010	体育Ⅰ	0.5	32	0	0	0	2	一	2	
B18M0020	体育Ⅱ	0.5	32	0	0	0	2	一	3	
B18M0030	体育Ⅲ	0.5	32	0	0	0	2	二	2	
B18M0040	体育Ⅳ	0.5	32	0	0	0	2	二	3	
B18M0050	体育Ⅴ	0.5	0	0	0	0	0	三	2	
B18M0060	体育Ⅵ	0.5	0	0	0	0	0	三	3	
B15M0060	军事理论	2	32	0	0	0	2	一	3	
合计		5	160	0	0	0				

(3) 外语类

课程编号	课程名称	学分	授课学时	实验学时	讨论学时	课外学时	周学时	授课学年	授课学期	备注
B17M0011	大学英语Ⅱ	2	32	0	32	0	4	一	2	2 级起点
B17M0021	大学英语Ⅲ	2	32	0	32	0	4	一	3	
B17M0031	大学英语Ⅳ	2	32	0	32	0	4	二	2	

续表

课程编号	课程名称	学分	授课学时	实验学时	讨论学时	课外学时	周学时	授课学年	授课学期	备注
B17M0021	大学英语Ⅲ	2	32	0	32	0	4	一	2	3 级起点
B17M0031	大学英语Ⅳ	2	32	0	32	0	4	一	3	
B17M0040	大学英语高级课程 1	2	32	0	0	32	2	二	2	
B17M0031	大学英语Ⅳ	2	32	0	32	0	4	一	2	4 级起点
B17M0040	大学英语高级课程 1	2	32	0	0	32	2	一	3	
B17M0050	大学英语高级课程 2	2	32	0	0	32	2	二	2	
合计		6	96	0	96	32				

“大学英语”课程实行分级教学，学生根据分级考试成绩分别学习“2 级起点”“3 级起点”“4 级起点”系列课程，共修满 6 学分。

(4) 计算机类

课程编号	课程名称	学分	授课学时	实验学时	讨论学时	课外学时	周学时	授课学年	授课学期	备注
B6300080	计算机科学基础Ⅰ	2	36	28	0	0	4	一	2	
B6300090	计算机科学基础Ⅱ	2	36	28	0	0	4	一	3	
合计		4	72	56	0	0				

(5) 自然科学类

课程编号	课程名称	学分	授课学时	实验学时	讨论学时	课外学时	周学时	授课学年	授课学期	备注
B07M1051	工科数学分析Ⅰ	5	64	0	32	0	6	一	2	
B07M1061	工科数学分析Ⅱ	5	64	0	32	0	6	一	3	
B07M2041	线性代数	3.5	48	0	16	0	4	一	2	
B07M3031	概率统计与随机过程	3	32	0	32	0	4	一	3	
B07M4021	数学物理方法	2	16	0	32	0	4	二	2	
B07M4010	复变函数	2	32	0	0	0	2	二	3	
B07M4040	计算方法	2	24	0	16	0	4	二	3	
B10M0241	大学物理(B)Ⅰ	3	48	0	16	0	4	一	3	大学物理(A)和大学物理(B)二选一，其中大学物理(A)由物理学院进行选拔
B10M0251	大学物理(B)Ⅱ	3	48	0	16	0	4	二	2	
B10M0010	大学物理(A)Ⅰ	4	64	0	0	0	4	一	3	
B10M0020	大学物理(A)Ⅱ	4	64	0	0	0	4	二	2	

续表

课程编号	课程名称	学分	授课学时	实验学时	讨论学时	课外学时	周学时	授课学年	授课学期	备注
B10M0140	大学物理实验（理工）Ⅰ	1	0	32	0	0	2	一	3	
B10M0150	大学物理实验（理工）Ⅱ	1	0	32	0	0	2	二	2	
合计		30.5	376	64	192	0				

（6）通识选修课程

课程编号	课程名称	学分	授课学时	实验学时	讨论学时	课外学时	周学时	授课学年	授课学期	备注
B00TL070	自然科学类通识选修课	2	32	0	0	0	0			
B00TL080	人文社科类通识选修课	2	32	0	0	0	0			
B00TL090	创新创业类通识选修课	2	32	0	0	0	0			
B00TL100	心理健康类通识选修课	2	32	0	0	0	0			
B00TL150	美育类通识选修课	2	32	0	0	0	0			
合计		10	160	0	0	0				

（7）导论类

课程编号	课程名称	学分	授课学时	实验学时	讨论学时	课外学时	周学时	授课学年	授课学期	备注
B6300010	集成电路导论	1	16	0	0	0	2	一	2	
B6300020	领导力素养（集成电路）	1	16	0	0	0	2	二	3	
B6300030	批判性思维	1	16	0	0	0	2	三	2	
合计		3	48	0	0	0				

（8）四史教育

课程编号	课程名称	学分	授课学时	实验学时	讨论学时	课外学时	周学时	授课学年	授课学期	备注
B13M0020	新中国史	1	16	0	0	0	2	二	2 3	四选一
B13M0030	社会主义发展史	1	16	0	0	0	2	二	2 3	

续表

课程编号	课程名称	学分	授课学时	实验学时	讨论学时	课外学时	周学时	授课学年	授课学期	备注
B15M1001	中共党史	1	16	0	0	0	2	二	2 3	四选一
B15M1002	改革开放史	1	16	0	0	0	2	二	2 3	
合计		1	16	0	0	0				

2. 专业相关课程

(1) 大类学科基础课

课程编号	课程名称	学分	授课学时	实验学时	讨论学时	课外学时	周学时	授课学年	授课学期	备注
B6300600	半导体器件(双语)	3	48	0	0	0	3	二	3	
B6300100	电路基础	4	64	0	0	0	4	一	3	
B6300200	数字电路基础	4	64	0	0	0	4	二	2	
B6300300	半导体物理基础	3	48	0	0	0	3	二	2	
B6300401	模拟电子线路	4	64	0	0	0	4	二	3	
B6300500	信号与系统	4	64	0	0	0	4	二	3	
合计		22	352	0	0	0				

(2) 专业主干课

课程编号	课程名称	学分	授课学时	实验学时	讨论学时	课外学时	周学时	授课学年	授课学期	备注
B6301000	固体物理基础	2	32	0	0	0	2	二	2	
B6301100	集成电路封装基础	3	48	0	0	0	3	三	2	
B6301200	集成电路制造基础	2	32	0	0	0	2	三	2	
B6301300	微机电系统基础	3	48	0	0	0	3	三	2	
B6301400	纳米材料与器件	2	32	0	0	0	2	三	2	
B6302100	集成电路电子设计自动化	3	16	48	0	16	4	三	2	
B6302200	数字集成电路	3	46	4	0	0	3	三	2	
合计		18	254	52	0	16				

(3) 专业方向及跨学科选修课

课程编号	课程名称	学分	授课学时	实验学时	讨论学时	课外学时	周学时	授课学年	授课学期	备注
B6303101	微机电系统加工(双语、研讨)	2	30	0	18	0	3	三	3	器件工艺制造方向，至少选修6学分
B6303200	集成电路可靠性(研讨)	2	16	4	16	0	3	三	3	
B6303300	新材料与新器件(研讨)	2	24	0	8	0	2	三	3	
B6303701	微芯片上的实验室(全英文、研讨)	2	16	32	0	0	3	三	3	
B6303000	MEMS 基础及应用(全英文、研讨)	2	16	0	16	0	0	四	2	
B6303400	先进材料表征技术	2	16	0	16	0	2	四	2	
B6303500	新型微纳电子器件(双语、研讨)	2	16	0	16	0	2	四	2	
B6303600	纳微光机电系统基础(研讨)	2	32	0	0	0	2	四	2	
B6303800	光电子器件与芯片	2	32	0	0	0	2	四	2	
B6305000	高能效集成电路(研讨)	2	32	0	0	0	0	三	3	集成电路设计方向，至少选修4学分
B6305100	通信电子线路	2	28	8	0	0	2	三	3	
B6305200	射频集成电路(研讨)	2	16	0	16	0	0	三	3	
B6305300	存储器电路	2	30	4	4	0	3	四	2	
B6305400	集成电路版图设计	2	16	32	0	0	3	四	2	
B6305500	微处理器及 AI 芯片	2	16	32	0	0	3	四	2	
B6305600	功率集成电路设计(研讨)	2	16	0	16	0	2	四	2	
B6307000	计算机视觉基础(全英文、研讨)	2	12	4	16	0	2	三	3	跨学科选修课，至少选修4学分
B6307100	计算机网络概论	2	16	0	16	0	2	三	3	
B6307200	电磁场理论	2	24	0	8	0	2	三	3	
B6307600	通信原理	2	32	0	0	0	2	三	3	
B6307700	自动控制原理	2	32	12	0	0	2	三	3	
B6307800	数字信号处理	2	16	10	16	0	2	三	3	

续表

课程编号	课程名称	学分	授课学时	实验学时	讨论学时	课外学时	周学时	授课学年	授课学期	备注
B6307300	嵌入式系统设计	2	16	32	0	0	3	四	2	跨学科选修课，至少选修 4 学分
B6307400	计算机体系架构	2	24	0	16	0	2	四	2	
B6307500	数字通信系统及应用(研讨)	2	16	0	32	0	3	四	2	
合计		14	128	144	32	0				

3. 集中实践环节(含课外实践)& 暑期学校课程

课程编号	课程名称	学分	授课学时	实验学时	讨论学时	课外学时	周学时	授课学年	授课学期	备注
B81M0070	工业系统认知	0.5	0	16	0	0	16	一	2	
B6309070	工程图学	1	0	32	0	0	8	二	1	
B6309080	计算机综合课程设计	1	0	32	0	0	8	二	1	
B63L0010	劳动教育与实践	1	6	26	0	0	3	二	1	
B84M0170	电路实验	1	0	32	0	32	4	二	1	
B6309010	科技论文写作(研讨)	1	8	0	8	8	4	二	3	
B84M0040	数字逻辑电路实验 A	1	0	32	0	0	3	二	3	
B6309020	信号与系统实验	1	2	28	0	0	2	三	1	
B84M0030	电子工艺实践 A	0.5	0	16	0	0	4	三	1	
B84M0060	模拟电子电路实验	1	0	32	0	0	3	三	1	
B81M0010	机械制造基础实践	1	8	32	0	0	4	三	2	
B6309030	科研与工程实践	2	0	0	0	0	(1)	四	1	
B6309040	社会实践	1	0	0	0	0	(1)	四	3	
B6309050	文化素质教育实践	1	0	0	0	0	(1)	四	3	
B6309060	大学生课外研学	2	0	0	0	0	(1)	四	3	
B6309990	毕业设计	8	0	0	0	0	(1)	四	3	
B6307770	集成电路制造 / 封装 / 微纳器件综合课程设计	5	16	96	32	0	5	三	3	二选一
B6308880	集成电路设计综合课程设计	5	16	96	32	0	5	三	3	
B85M0020	军训	2	0	0	0	0	(3)	一	1	
合计		31	40	374	40	40	(8)			

【2024 级培养方案授课学期编号说明】

1 代表暑期,2 代表秋季学期,3 代表春季学期。

五、课程体系导图

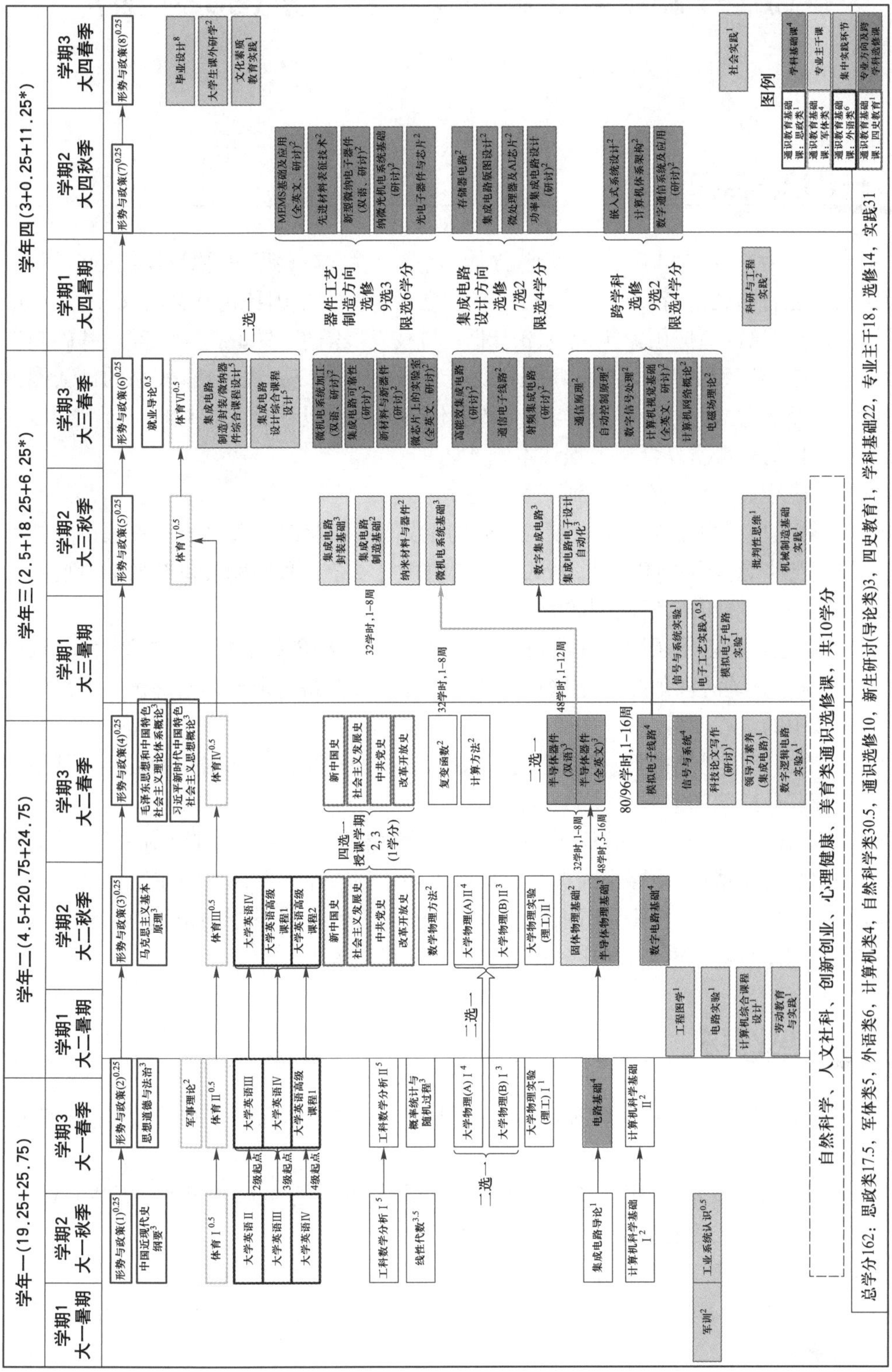

学年一(19.25+25.75)	学期1 大一暑期	军训[2]
	学期2 大一秋季	形势与政策(1)[0.25] 中国近现代史纲要[3] 体育Ⅰ[0.5] 大学英语Ⅱ（2级起点） 大学英语Ⅲ（3级起点） 大学英语Ⅳ（4级起点） 工科数学分析Ⅰ[5] 线性代数[3.5] 集成电路导论[1] 计算机科学基础Ⅰ[2] 工业系统认识[0.5]
	学期3 大一春季	形势与政策(2)[0.25] 思想道德与法治[3] 军事理论[2] 体育Ⅱ[0.5] 大学英语Ⅲ 大学英语Ⅳ 大学英语高级课程1 工科数学分析Ⅱ[5] 概率统计与随机过程[3] 二选一：大学物理(A)Ⅰ[4]、大学物理(B)Ⅰ[3] 大学物理实验(理工)Ⅰ[1] 电路基础[4] 计算机科学基础Ⅱ[2]
学年二(4.5+20.75+24.75)	学期1 大二暑期	工程图学[1] 电路实验[1] 计算机综合课程设计[1] 劳动教育与实践[1]
	学期2 大二秋季	形势与政策(3)[0.25] 马克思主义基本原理[3] 体育Ⅲ[0.5] 大学英语Ⅳ 大学英语高级课程1 大学英语高级课程2 新中国史、社会主义发展史、中共党史、改革开放史（四选一，授课学期2，3（1学分）） 数学物理方法[2] 二选一：大学物理(A)Ⅱ[4]、大学物理(B)Ⅱ[3] 大学物理实验(理工)Ⅱ[1] 固体物理基础[2]（32学时，1–8周） 半导体物理基础[3]（48学时，5–16周） 数字电路基础[4]
	学期3 大二春季	形势与政策(4)[0.25] 毛泽东思想和中国特色社会主义理论体系概论[3] 习近平新时代中国特色社会主义思想概论[3] 体育Ⅳ[0.5] 新中国史、社会主义发展史、中共党史、改革开放史 复变函数[2]（32学时，1–8周） 计算方法[2] 二选一：半导体器件(双语)[3]、半导体器件(全英文)[3]（48学时，1–12周） 模拟电子线路[4]（80/96学时，1–16周） 信号与系统[4] 科技论文写作(研讨)[1] 领导力素养(集成电路)[1] 数字逻辑电路实验A[1]
学年三(2.5+18.25+6.25*)	学期1 大三暑期	信号与系统实验[1] 电子工艺实践A[0.5] 模拟电子电路实验[1]
	学期2 大三秋季	形势与政策(5)[0.25] 体育Ⅴ[0.5] 集成电路封装基础[3]（32学时，1–8周） 集成电路制造基础[2] 纳米材料与器件[2] 微机电系统基础[3] 数字集成电路[3] 集成电路电子设计自动化[3] 批判性思维[1] 机械制造基础实践[1]
	学期3 大三春季	形势与政策(6)[0.25] 就业导论[0.5] 体育Ⅵ[0.5] 二选一：集成电路制造/封装/微纳器件综合课程设计[5]、集成电路设计综合课程设计[5] 微机电系统加工(双语、研讨)[2] 集成电路可靠性(研讨)[2] 新材料与新器件(研讨)[2] 微芯片上的实验室(全英文、研讨)[2] 高能效集成电路(研讨)[2] 通信电子线路[2] 射频集成电路(研讨)[2] 通信原理[2] 自动控制原理[2] 数字信号处理[2] 计算机视觉基础(全英文、研讨)[2] 计算机网络概论[2] 电磁场理论[2]
学年四(3+0.25+11.25*)	学期1 大四暑期	器件工艺制造方向选修，9选3，限选6学分 集成电路设计方向选修，7选2，限选4学分 跨学科选修，9选2，限选4学分 科研与工程实践[2]
	学期2 大四秋季	形势与政策(7)[0.25] MEMS基础及应用(全英文、研讨)[2] 先进材料表征技术[2] 新型微纳电子器件(双语、研讨)[2] 纳微光机电系统基础(研讨)[2] 光电子器件与芯片[2] 存储器电路[2] 集成电路版图设计[2] 微处理器及AI芯片[2] 功率集成电路设计(研讨)[2] 嵌入式系统设计[2] 计算机体系架构[2] 数字通信系统及应用(研讨)[2]
	学期3 大四春季	形势与政策(8)[0.25] 毕业设计[8] 大学生课外研学[2] 文化素质教育实践[1] 社会实践[1]

自然科学、人文社科、创新创业、心理健康、美育类通识选修课，共10学分

总学分162：思政类17.5，军体类5，外语类6，计算机类4，自然科学类30.5，通识选修10，新生研讨(导论类)3，四史教育1，学科基础22，专业主干18，选修14，实践31

图例

通识教育基础课：思政类[1]	学科基础课[4]
通识教育基础课：军体类[4]	专业主干课
通识教育基础课：外语类[6]	集中实践环节
通识教育基础课：四史教育[1]	专业方向及跨学科选修课

深圳大学

微电子科学与工程主修培养方案(2024级)

一、培养目标

本专业努力培养“宽口径、厚基础、强能力、重个性、求创新”的德智体美劳全面发展的社会主义事业合格建设者和可靠接班人,专业立足于深圳中国特色社会主义先行示范区和粤港澳大湾区,培养适应国家集成电路产业和科技发展需求,具备扎实的数理基础知识,通晓微电子科学与工程的基本原理,掌握相关专业技能和研究方法,具有较强的创新能力,能够在微电子领域,尤其是集成电路与半导体器件方向从事设计、测试、封装、应用以及经营管理等方面工作的高素质复合型工程技术人才。

预期学生毕业5年左右能达到下列目标:

(1) 能够适应微电子领域的发展,有效运用数理基础知识和微电子相关理论及技术,能对集成电路与半导体器件的设计、测试、封装、应用等复杂工程问题提供有效的、创新性的系统解决方案,并成功实施,解决问题。

(2) 能够跟踪微电子领域的前沿技术,具备较强的工程创新能力,以技术、经济、法律、伦理、人文等宽广系统的视角开发、组织、管理并实施集成电路与半导体器件设计、测试、封装、应用等领域中的工程项目。

(3) 具有开阔的科学视野、积极的创新精神、较高的人文素养和强烈的社会责任感,具有良好的工程职业道德和追求卓越的态度。

(4) 能与国内外同行、专业客户和社会公众就微电子领域的专业问题进行有效沟通,具备强烈的团队合作精神,能够作为核心成员融入团队的工作并发挥引领作用。

(5) 具备宽阔的国际视野,牢固树立终身学习的理念,通过不断的自主学习和技术交流,对现有的知识体系进行更新,强化并提升自己的职场竞争力。

二、毕业要求

(1) 工程知识:具备数学、物理和微电子科学与工程基础和专业知识,并用于解决微电子领域的复杂工程问题。

(2) 问题分析:能够应用数学、自然科学和工程科学的基本原理,识别、表达并通过文献研究分析微电子领域的复杂工程问题,以获得有效结论。

(3) 设计/开发解决方案:能够针对复杂微电子工程问题,设计满足特定需求的集成电路、器件或工艺流程,并能够在设计环节中体现创新意识,考虑社会、健康、安全、法律、文化以及环境等因素。

(4) 研究:能够基于科学原理并采用科学方法对微电子领域复杂工程问题进行研究,包

括设计实验、分析与解释数据、通过信息综合得到合理有效的结论。

(5) 使用现代工具：能够针对复杂微电子工程问题，选择与使用恰当的技术、资源、现代工程工具和信息技术工具，包括对复杂工程问题的预测与模拟，并能够理解其局限性。

(6) 工程与社会：能够基于微电子工程相关背景知识进行合理分析，评价专业工程实践和复杂工程问题解决方案对社会、健康、安全、法律以及文化的影响，并理解应承担的责任。

(7) 环境和可持续发展：能够理解和评价针对复杂微电子工程问题的工程实践对环境、社会可持续发展的影响。

(8) 职业规范：具有人文社会科学素养、社会责任感，能够在微电子工程实践中理解并遵守工程职业道德和规范，履行责任。

(9) 个人和团队：能够在多学科背景下的团队中承担个体、团队成员以及负责人的角色。

(10) 沟通：能够就复杂微电子工程问题与业界同行及社会公众进行有效的沟通和交流，包括撰写报告和设计文稿、陈述发言、清晰表达或回应指令，并具备一定的国际视野，能够在跨文化背景下进行沟通和交流。

(11) 项目管理：理解并掌握微电子工程管理原理与经济决策方法，并能在多学科环境中应用。

(12) 终身学习：具有自主学习和终身学习的意识，有不断学习和适应发展的能力。

(13) 国际视野：要求学生毕业时具备一定的国际视野，并能够在跨文化背景下进行沟通和交流。

(14) 创新创业：具备创新意识和创业能力，勇于面对风险和挑战，有相对理性的创业思维和务实的创业精神。

(15) 思政素养：具备正确的政治方向和价值观，能够正确理解和把握国家的基本政策、制度和发展方向，能够自觉维护国家的利益和尊严，积极投身于社会主义建设事业。

三、授予学位

工学。

四、毕业学分要求

课程类别	最低学分要求	比例	课程子类别	最低学分要求	备注
通识模块	39	25%	基本通识课(必修)	29	
			基本通识课(英语选修)	4	
			扩展通识选修课	6	包括公共选修课及非本专业开设的专业课程，涵盖人文艺术、社会科学、自然科学、生命科学、创新创业和中华文化六大类。学生须自主选修不少于 6 学分的扩展通识课，其中公共艺术教育课程选修不少于 2 学分，思想政治理论选择性必修课程不少于 1 门。

续表

课程类别	最低学分要求	比例	课程子类别	最低学分要求	备注
专业模块	96.5	61%	大类平台课	31.5	
			专业核心课	48.5	
			专业选修课	16.5	
实践模块	19	12%	实践类课程	19	
创新创业模块	3	2%	创新创业（必修）	2	
			创新创业（选修）	1	
通识模块 + 专业模块				135.5	
总学分要求				157.5	

备注：课程收费学分 135.5，总学分 157.5。

五、专业教育课程设置

1. 通识模块

（1）基本通识课（必修）

序号	课程总号	课程名称	学分	理论周学时 – 实践周学时	总学时	开课学期		建议修读学期	备注
						秋季开课	春季开课		
1	3401000001	大学生心理健康	2	2–0	36	√	√	1，2	
2	5001990002	思想道德与法治	2.5	2–1	54	√		1	
3	5100030001	军事理论	2	2–0	36	√		1	
4	5201890010	大学英语（1）	4	3–2	90	√		1	
5	5300040001	体育课（1）	0.5	0–1	36	√		1	
6	9901860008	大学生国家安全教育	1	1–0	18	√	√	1，2，3，4，5，6	
7	5001990005	中国近现代史纲要	2.5	2–1	54		√	2	
8	5300050001	体育课（2）	0.5	0–1	36		√	2	
9	5001990012	毛泽东思想和中国特色社会主义理论体系概论	3	3–0	54	√		3	
10	5300060001	体育课（3）	0.5	0–1	36	√		3	
11	5001990003	形势与政策	1.5	1–1	36		√	4	
12	5001990013	习近平新时代中国特色社会主义思想概论	3	3–0	54		√	4	
13	5300070001	体育课（4）	0.5	0–1	36		√	4	
14	5001990007	马克思主义基本原理	2.5	2–1	54		√	6	
15	1300860011	大学计算机	3	2–2	72		√	2	
合计			29	/	702	/	/	/	/

（2）基本通识课（英语选修）

序号	课程总号	课程名称	学分	理论周学时－实践周学时	总学时	开课学期		建议修读学期	备注
						秋季开课	春季开课		
1	5201890011	大学英语（2）	4	3–2	90		√	2	
2	5201890012	通用学术英语（写作篇）	2	2–0	36		√	2	
3	5201890013	英语演讲：思辨与表达	2	2–0	36		√	2	
4	5201890014	新编英语报刊选读	2	2–0	36		√	2	
5	5201890017	西方文化精要	2	2–0	36		√	2	
合计			12	/	234	/	/	/	/

（3）扩展通识选修课

包括公共选修课及非本专业开设的专业课程，涵盖人文艺术、社会科学、自然科学、生命科学、创新创业和中华文化六大类。学生须自主选修不少于 6 学分的扩展通识课，其中公共艺术教育课程选修不少于 2 学分，思想政治理论选择性必修课程不少于 1 门。

公共艺术教育选修课见下表。

序号	课程总号	课程名称	学分	理论周学时－实践周学时	总学时	开课学期		建议修读学期	备注
						秋季开课	春季开课		
1	1208040001	音乐欣赏	2	2–0	36	√	√	1,2,3,4,5,6	
2	1229920001	中国传统音乐赏析	2	2–0	36	√	√	1,2,3,4,5,6	
3	6300090001	中国艺术鉴赏与美学分析	2	2–0	36	√	√	1,2,3,4,5,6	
4	6301000002	大学艺术核心素养十八讲	2	2–0	36	√	√	1,2,3,4,5,6	
5	9900470001	艺术设计鉴赏	2	2–0	36	√	√	1,2,3,4,5,6	
6	9900990001	艺术与生活	2	2–0	36	√	√	1,2,3,4,5,6	
7	9901760001	艺术的星空：艺术美学十二讲	2	2–0	36	√	√	1,2,3,4,5,6	
合计			14	/	252	/	/	/	/

2. 专业模块

（1）大类平台课

序号	课程总号	课程名称	学分	理论周学时－实践周学时	总学时	开课学期		建议修读学期	备注
						秋季开课	春季开课		
1	1300050010	C 语言程序设计	3	2–2	72	√	√	1,2	
2	1300680002	线性代数	4	4–0	72	√		1	
3	1900600001	高等数学 A(1)	5	4–2	108	√		1	
4	2801000052	电子与信息工程导论(新生)	1	1–0	18	√		1	
5	1300350001	电路分析	3.5	3–1	72		√	2	
6	1800300001	大学物理 A(1)	4	4–0	72		√	2	
7	1800440001	大学物理实验(1)	1	0–2	36		√	2	
8	1900640001	高等数学 A(2)	5	4–2	108		√	2	
9	1800320001	大学物理 A(2)	4	4–0	72	√		3	
10	1800450001	大学物理实验(2)	1	0–2	36	√		3	
合计			31.5	/	666	/	/	/	/

（2）专业核心课

序号	课程总号	课程名称	学分	理论周学时－实践周学时	总学时	开课学期		建议修读学期	备注
						秋季开课	春季开课		
1	1600900002	模拟电子技术	4	3–2	90	√		3	
2	1601010001	数字电子技术	3	3–0	54	√		3	
3	2801000010	信号与系统	3	3–0	54	√		3	
4	2801000044	单片机原理	3	3–0	54	√		3	
5	1300530001	概率论与数理统计	3	3–0	54		√	4	
6	1600130001	半导体物理	3	3–0	54		√	4	
7	1600330002	数字电子技术实验	1	0–2	36		√	4	
8	1601810001	半导体材料	2	2–0	36		√	4	
9	1602230001	计算机组成与体系结构	3	3–0	54		√	4	
10	1101530001	金工实习	1	0–2	36	√		5	
11	1600730001	集成电路工艺原理	3	3–0	54	√		5	
12	1601890001	数字集成电路设计	3	3–0	54	√		5	
13	1602080001	硬件描述语言与逻辑综合	2.5	2–1	54	√		5	
14	1602220001	半导体器件原理	3	3–0	54	√		5	
15	2801000013	电子工艺实习	2	1–2	54	√		5	
16	1600720001	集成电路 CAD	3	3–0	54		√	6	
17	1601290005	微电子科学与工程专业基础实验	1.5	0–3	54		√	6	

续表

序号	课程总号	课程名称	学分	理论周学时－实践周学时	总学时	开课学期		建议修读学期	备注
						秋季开课	春季开课		
18	1601420002	CMOS 模拟集成电路设计	3	3–0	54		√	6	
19	1601700002	微电子科学与工程专业综合实验	1.5	0–3	54	√		7	
合计			48.5	/	1 008	/	/	/	/

(3) 专业选修课

序号	课程总号	课程名称	学分	理论周学时－实践周学时	总学时	开课学期		建议修读学期	备注
						秋季开课	春季开课		
1	1601750001	数据结构与算法	3	3–0	54	√		3	
2	1602280001	电子材料表征方法	2	2–0	36	√		3	
3	1303030001	嵌入式系统	2.5	2–1	54		√	4	
4	1600080001	MATLAB 语言	2	2–0	36		√	4	
5	1601000001	数理方程与特殊函数	3	3–0	54		√	4	
6	1601930001	高频电子线路	3	3–0	54		√	4	
7	1302440001	面向对象程序设计	2.5	2–1	54	√		5	通信工程开课
8	1600270001	电磁场与电磁波	3	3–0	54	√		5	
9	1600890001	量子力学	3	3–0	54	√		5	
10	1602180001	射频识别原理与应用	2.5	2–1	54	√		5	电子科学与技术开课
11	2801000006	工业设计基础	1	0–2	36	√		5	电子信息工程开课
12	2801000080	半导体封装材料和封装技术	3	3–0	54	√		5	
13	1300650002	初级智能硬件设计	2	1–2	54		√	6	通信工程开课
14	1301740001	数字图像处理	2.5	2–1	54		√	6	电子信息工程开课

续表

序号	课程总号	课程名称	学分	理论周学时－实践周学时	总学时	开课学期		建议修读学期	备注
						秋季开课	春季开课		
15	1301780001	数字信号处理	3	3–0	54		√	6	
16	1302410002	自动控制原理	3	3–0	54		√	6	通信工程开课
17	1600940001	纳米电子学	2	2–0	36		√	6	
18	1601230001	现代通信原理	3	3–0	54		√	6	
19	1602110001	微波射频测量技术基础	2	2–0	36		√	6	电子科学与技术开课
20	1602250001	可编程 ASIC 设计	2	1–2	54		√	6	
21	2801000001	天线技术	2	2–0	36		√	6	通信工程开课
22	28190001	人工智能	3	2–2	72		√	6	电子信息工程开课
23	1303440001	机器学习	2.5	2–1	54	√		7	通信工程开课
24	1600770002	集成光学与器件	2	2–0	36	√		7	电子科学与技术开课
25	1602010001	MEMS 技术	2	2–0	36	√		7	
26	1602200001	射频集成电路设计	2.5	2–1	54	√		7	
合计			64	/	1 278	/	/	/	/

3. 实践模块

实践类课程

序号	课程总号	课程名称	学分	理论周学时－实践周学时	总学时	开课学期		建议修读学期	备注
						秋季开课	春季开课		
1	5601000005	军事技能	2	0–4	72	√		1	

续表

序号	课程总号	课程名称	学分	理论周学时－实践周学时	总学时	开课学期		建议修读学期	备注
						秋季开课	春季开课		
2	8001710003	思政与社会实践	2	2–0	36	√	√	1,2,3,4,5,6,7,8	
3	9901860007	大学生劳动教育	1	0–2	36	√	√	2,3,4,5,6	
4	2801000011	专业实习	4	0–8	144		√	6	
5	0000050001	毕业论文（设计）	10	0–20	360	√	√	7,8	
合计			19	/	648	/	/	/	/

4. 创新创业模块

（1）创新创业（必修）

序号	课程总号	课程名称	学分	理论周学时－实践周学时	总学时	开课学期		建议修读学期	备注
						秋季开课	春季开课		
1	8001710002	创新领航讲座	1	1–0	18	√	√	1,2	
2	2601000005	面向未来的创新创业概论	1	1–0	18		√	4	
合计			2	/	36	/	/	/	/

（2）创新创业（选修）

序号	课程总号	课程名称	学分	理论周学时－实践周学时	总学时	开课学期		建议修读学期	备注
						秋季开课	春季开课		
1	2601000001	云计算行业与创新创业对接范式	1	1–0	18	√		3	
2	2601000003	区块链行业与创新创业对接范式	1	1–0	18	√		3	
3	8001710005	创新创业自主实践	1	0–2	36		√	4	
4	2601000002	大数据行业与创新创业对接范式	1	1–0	18	√		5	
5	2601000004	人工智能行业与创新创业对接范式	1	1–0	18	√		5	
6	8001710004	创新创业短课	1	1–0	18		√	4,6	
合计			6	/	126	/	/	/	/

微电子科学与工程“2+X”教学培养方案

一、培养目标及培养要求

本专业致力于培养德智体美劳全面发展，掌握微电子科学与工程专业所必需的基础知识、基本理论和基本实验技能，具有一定的微电子行业实践经验，能在微电子科学与工程及相关领域从事科研、教学、科技开发、工程技术、生产管理与行政管理等工作的高级专门人才。培养学生运用数学、科学和工程知识的能力，设计和实施实验及分析和解释数据的能力，在团队中从不同学科角度发挥作用的能力，发现、提出和解决工程问题的能力，对所学专业的职业责任和职业道德的理解，有效沟通的能力，综合运用技术、技能和现代工程工具来进行工程实践的能力。紧密结合“2+X”培养体系，拓宽专业入口，推动集成电路领军人才培养。

要求学生具有良好素质、道德修养和创新能力，具备扎实的数学、物理、外语基础，掌握大规模集成电路及新型半导体器件的设计、制造及测试所必需的基本理论和方法，具有电路分析、工艺分析、器件性能分析和版图设计等基本能力。

二、毕业要求及授予学位类型

本专业学生毕业时须满足通识教育课程(含通识教育核心课程和专项教育课程)40 学分、专业培养课程 75 学分(含毕业论文 / 设计 6 学分)和多元发展路径课程的修读要求，总学分不低于 144 学分(实践学分不少于 36 学分；美育学分不少于 2 学分，其中至少在“美学和艺术史论类”或“艺术鉴赏和评论类”课程中修读 1 学分，并至少参与一项艺术实践活动；劳动教育学时不少于 32 学时，并满足劳动周教育要求)，达到学位要求者授予工学学士学位。

留学生和港澳台侨学生的通识教育课程修读要求，以及留学生的水平测试要求，参见相应修读说明。

三、课程设置与修读要求

(一) 通识教育课程(40 学分)

通识教育课程包括通识教育核心课程和专项教育课程。

1. 通识教育核心课程

要求修读 27 学分，含思想政治理论课 19 学分，七大模块课 8 学分(每模块最多修读 1

门课程，回避第五模块“科学探索与技术创新”，即修读第五模块将不计入七大模块8学分中），课程设置详见核心课程七大模块和微电子科学与工程专业修读建议。

2. 专项教育课程

要求修读13学分，课程设置详见专项教育课程和微电子科学与工程专业修读建议。

（二）专业培养课程（75学分）

专业培养课程包括大类基础课程和专业核心教育课程。

1. 大类基础课程

要求修读30学分，课程设置详见大类基础课程和微电子科学与工程专业修读建议。

2. 专业核心教育课程

要求修读45学分（部分课程学分可用荣誉课程学分替换），设置如下：

课程名称	课程代码	学分	周学时	含实践学分	含美育学分	含劳动教育总学时	开课学期	备注
模拟电子线路	MICR130002	3	3	1	（该栏目学分由教务处统一填写）		3	
数字逻辑基础	MICR130003	4	4	1			3	
信号与系统概论	MICR130004	3	3	1			4	
半导体物理	MICR130005	4	4				4	
嵌入式处理器与芯片系统设计	MICR130006	5	3+2	2			4	产学融合课程
半导体器件原理	MICR130028	4	4				5	
数字集成电路设计原理	MICR130029	3	3	1			5	
集成电路工艺原理	MICR130007	3	2+1	1			6	
模拟集成电路设计原理	MICR130030	3	3	1			6	
专用集成电路设计方法	INFO130094	2	2	1			6	
集成电路实验（上）	INFO130027	3	3	3		10	7	
集成电路实验（下）	INFO130028	2	2	2		10	7	
毕业论文／设计	INFO130016	6		6			8	

（三）多元发展课程

多元发展包括专业进阶（含荣誉项目）、跨学科发展（含辅修学士学位项目）和创新创业等不同路径，要求在院系专业导师指导下选择一条发展路径，按路径要求修读课程。

1. 专业进阶路径

修满 29 学分。要求在本专业进阶课程或荣誉课程中修读 24 学分(其中专业进阶 I 修读 15 学分,专业进阶 Ⅱ 修读 9 学分),学分不足部分可在全校所有本科生课程中任意选修。

专业进阶课程设置如下:

(1) 专业进阶模块 I(15 学分)

专业进阶课程	课程名称	课程代码	学分	周学时	含实践学分	含美育学分	含劳动教育总学时	开课学期	备注
专业进阶 I	工程数学及概率方法	MICR130008	3	3				春秋	
	数据结构与算法	MICR130009	4	2+2	2			春秋	建议必修
	数字信号处理 A	INFO130010	3	3				春秋	
	计算机体系结构	INFO130038	3	3				春秋	建议必修
	新型微纳器件概论	MICR130010	2	2	1			春秋	
	集成电路设计实验	MICR130011	3	3	2			春秋	
	数模 / 模数转换器原理概论	INFO130270	2	2				春秋	

(2) 专业进阶模块 II(9 学分)

专业进阶课程	课程名称	课程代码	学分	周学时	含实践学分	含美育学分	含劳动教育总学时	开课学期	备注
工艺和器件	半导体材料	INFO130103	2	2				春秋	
	半导体光电子器件	INFO130112	2	2				春秋	
	前沿讲座	INFO130236	2	2				春秋	
	有机微电子技术	INFO130269	2	2				春秋	
	固体物理基础	MICR130013	3	3				春秋	
	器件可靠性原理与测试	MICR130014	3	3	0.2			春秋	
	量子力学	MICR130015	3	3				春秋	
	特色工艺与功率半导体技术	MICR130016	2	2	0.5			春秋	
	微机电系统应用	MICR130017	2	2				春秋	
	先进集成电路工艺技术	MICR130018	3	3	1			春秋	

续表

专业进阶课程	课程名称	课程代码	学分	周学时	含实践学分	含美育学分	含劳动教育总学时	开课学期	备注
工艺和器件	Principles and applications of modeling in IC manufacturing	MICR130021	2	2				春秋	全英语课程
	传感器原理及应用	MICR130032	3	3	0.1			春秋	
	半导体表面与界面	MICR130039	3	3				春秋	
	超低功耗半导体器件	MICR130042	2	2				春秋	
	现代集成电路光刻技术导论	MICR130043	4	4	0.1			春秋	
设计及方法	高频电子线路 A	INFO130004	4	5				春秋	
	Perl 语言入门和提高	INFO130098	2	2				春秋	
	前沿讲座	INFO130236	2	2				春秋	
	射频微波测试基础	INFO130257	2	2				春秋	
	电子标签与物联网	INFO130285	2	2				春秋	
	智能硬件创新方法概论与基础实践	INFO130326	2	2	1			春秋	
	模拟与数字电路实验	INFO130348	3	4	3			春秋	
	MATLAB 概论	MICR130022	3	3	1			春秋	
	射频集成电路基础	MICR130023	2	2				春秋	
	FPGA 结构原理和应用	MICR130024	3	3	0.4			春秋	全英语课程
	可编程逻辑结构与设计原理	MICR130025	2	2	0.3			春秋	
	模拟集成电路设计自动化基础	MICR130026	3	3	2			春秋	
	数字集成电路设计自动化基础	MICR130027	3	3	2			春秋	
	存储器电路设计导论	MICR130034	3	3	1			春秋	
	超大规模集成电路物理设计中的数学方法	MICR130035	2	2				春秋	

续表

专业进阶课程	课程名称	课程代码	学分	周学时	含实践学分	含美育学分	含劳动教育总学时	开课学期	备注
设计及方法	EDA系统软件分析和设计方法学	MICR130037	3	3				春秋	
	计算机软件基础	MICR130038	3	2+2	1			春秋	
	模拟信号处理	MICR130040	2	2				春秋	
	基于FPGA的人工智能算法加速及应用	MICR130045	2	2				春秋	
	数字电路逻辑综合及描述方法概论	MICR130047	2	2				春秋	
芯片集成与测试	微电子重要进展及研究方法	INFO130271	2	2				春秋	
	微电子封装材料及工艺	MICR130020	2	2				春秋	
	电子材料薄膜测试表征方法	MICR130031	2	2				春秋	
	闪存(flash)存储器技术与设计实现	MICR130033	3	3	0.5			春秋	
	集成电路高级硬件描述语言	MICR130036	3	3	1			春秋	
	集成电路版图设计基础	MICR130041	2	2				春秋	
	模拟测试原理与电路设计	MICR130044	3	3				春秋	
	智能计算芯片导论	MICR130046	2	2				春秋	

2. 荣誉项目路径

荣誉项目课程设置和修读要求请见微电子学院本科“荣誉项目”实施方案，下载地址：复旦大学教务处—专业培养—常用文档。

3. 跨学科发展路径

修满35学分。要求修读2个非本专业独立开设的学程，可选择专业学程或跨学科学程。学分不足部分可在全校所有本科生课程中任意选修。

学程课程详见教务处学程项目网页，下载地址：复旦大学教务处—专业培养—常用文档。完成学程修读要求的学生可获得相应的学程证书。

4. 辅修学士学位路径

要求至少修读1个本专业进阶模块(专业进阶Ⅰ或专业进阶Ⅱ)15学分和1个辅修学士学位项目，辅修学士学位应与主修学士学位归属不同的本科专业大类。

辅修学士学位项目课程设置详见教务处辅修学士学位项目网页,下载地址:复旦大学教务处—专业培养—常用文档。完成辅修学士学位项目修读要求,且达到学校毕业和学位授予要求的学生可获得相应的辅修学士学位证书。

5. 创新创业路径

修满35学分。要求修读1个创新创业学院开设的创新创业学程,以及1个非本专业独立开设的学程。修读学分不足部分可在全校所有本科生课程中任意选修。创新创业学程课程详见教务处学程项目网页,下载地址:复旦大学教务处—专业培养—常用文档。

6. 其他

(1) 第4学期结束,学生需确定选课路径,毕业时将按照所选择的路径对应的修读要求进行严格审核,不满足路径对应的修读要求将审核不通过。

(2) 多元发展路径中,辅修学士学位项目或专业进阶课程模块均可以冲抵学程,专业培养和多元发展路径共享的课程只计算一次学分。

(3) 完成1个本专业进阶模块(至少15学分)和1个非本专业独立开设的学程的学生,仍被视作选择跨学科发展路径。

清华大学

微电子科学与工程专业本科培养方案

一、培养目标

本专业致力于培养：掌握坚实的微电子科学与工程领域基础理论，具有发现科学问题和解决工程问题的能力，勇于创新探索，善于沟通，具有良好的团队协作能力、国际视野和优秀的人文与科学素养，能胜任教育教学、科学研究、工程技术、管理等工作的未来的杰出人才，满足社会对微电子工程及相关领域的高层次人才的需求。

二、培养成效

微电子科学与工程专业本科毕业生应具有以下知识和能力：

(1) 运用数学、科学和微电子领域工程知识的能力；

(2) 设计集成电路、半导体器件、集成电路工艺实验并实施的能力，能够分析和解释实验过程中产生的数据；

(3) 考虑经济、环境、法律、健康、安全、伦理等现实约束条件，设计集成电路、半导体器件、集成电路工艺的能力；

(4) 在团队中从不同学科角度发挥作用的能力；

(5) 发现、提出和解决微电子领域工程问题的能力；

(6) 对微电子科学与工程专业的职业责任和职业道德有清晰的理解；

(7) 有效沟通的能力；

(8) 具备宽广的知识面，能够在全球化、经济、环境和社会背景下认识工程解决方案的效果；

(9) 对于终身学习的认识和实施能力；

(10) 具备从专业角度理解当代社会和科技热点问题的知识；

(11) 综合运用技术、技能和现代工程工具来进行微电子领域工程实践的能力。

三、学制与授予学位

学制：按本科四年学制进行课程设置及学分分配。本科最长学习年限为专业学制加两年。授予学位：工学学士学位。

四、基本学分学时

本科培养总学分 162 学分，其中校级通识教育课程 46 学分，专业教育课程 111 学分，自由发展课程 5 学分。

五、课程设置与学分分布

1. 校级通识教育（46 学分）

（1）思想政治理论课（17 学分）

10610183	思想道德修养与法律基础	3 学分
10680011	形势与政策	1 学分
10610193	中国近现代史纲要	3 学分
10610204	马克思主义基本原理	4 学分
10680032	毛泽东思想和中国特色社会主义理论体系概论（1）	2 学分
10680042	毛泽东思想和中国特色社会主义理论体系概论（2）	2 学分
10680022	习近平新时代中国特色社会主义思想概论	2 学分

（2）体育（4 学分）

第 1—第 4 学期的体育（1）—（4）为必修，每学期 1 学分；第 5—第 8 学期的体育专项不设学分，其中第 5—第 6 学期为限选，第 7—第 8 学期为任选。学生大三结束申请推荐免试攻读研究生需完成第 1—第 4 学期的体育必修课程并取得学分。

本科毕业必须通过学校体育部组织的游泳测试。体育课的选课、退课、游泳测试及境外交换学生的体育课程认定等详见学生手册《清华大学本科体育课程的有关规定及要求》。

（3）外语（一外英语学生必修 8 学分，一外其他语种学生必修 6 学分）

<table>
<tr><th>学生</th><th>课组</th><th>课程</th><th>课程面向</th><th>学分要求</th></tr>
<tr><td rowspan="9">一外英语学生</td><td rowspan="6">英语综合能力课组</td><td>英语综合训练（C1）</td><td rowspan="2">入学分级考试 1 级</td><td rowspan="6">必修
4 学分</td></tr>
<tr><td>英语综合训练（C2）</td></tr>
<tr><td>英语阅读写作（B）</td><td rowspan="2">入学分级考试 2 级</td></tr>
<tr><td>英语听说交流（B）</td></tr>
<tr><td>英语阅读写作（A）</td><td rowspan="2">入学分级考试 3 级、4 级</td></tr>
<tr><td>英语听说交流（A）</td></tr>
<tr><td>第二外语课组</td><td colspan="2" rowspan="3">详见选课手册</td><td rowspan="3">限选
4 学分</td></tr>
<tr><td>外国语言文化课组</td></tr>
<tr><td>外语专项提高课组</td></tr>
<tr><td colspan="2">一外小语种学生</td><td colspan="2">详见选课手册</td><td>6 学分</td></tr>
</table>

公外课程免修、替代等详细规定见教学门户—清华大学本科生公共外语课程设置及修读管理办法。

(4) 写作与沟通课(必修,1~2学分)

(5) 通识选修课(限选,11~12学分)

通识选修课包括人文、社科、艺术、科学四大课组,要求学生每个课组至少选修2学分,与写作沟通课共13学分。

(6) 军事理论与技能训练(4学分)

12090052	军事理论	2学分
12090062	军事训练	2学分

2. 专业教育(111学分)

(1) 基础课程(45学分)

基础课程是微电子与纳电子学系对所属专业学生在数学及自然科学基础、学科基础及实践环节等方面的必修课程,这些课程和环节为学生提供在微电子与纳电子领域进行较为深入学习和研究所必需的基础理论、科学方法、基本能力和技能培养。

这些课程一般安排在一、二年级学习,少部分安排在三、四年级学习,学生可以在院系指导下按学分要求选修同类的高阶课程替代。

1) 数学(6门,不少于22学分)

10421055	微积分A(1)	5学分	二选一
10421305	微积分A(1)(英)	5学分	
10421065	微积分A(2)	5学分	二选一
10421315	微积分A(2)(英)	5学分	
10421324	线性代数	4学分	二选一
10421334	线性代数(英)	4学分	
40420393	离散数学	3学分	
10421133	复变函数与数理方程	3学分	
30230742	概率论与随机过程(1)	2学分	二选一
30231002	概率论与随机过程(1)(英)	2学分	

2) 自然科学基础(5门,不少于14学分)

10430934	大学物理A(1)	4学分	
10430944	大学物理A(2)	4学分	
10430782	物理实验A(1)	2学分	二选一
10430801	物理实验B(1)	1学分	

续表

10430792	物理实验 A(2)	2 学分	二选一
10430811	物理实验 B(2)	1 学分	
20430094	量子与统计	4 学分	

3) 学科基础课(6 门,不少于 9 学分)

30230931	电子信息科学与技术导引(1)	1 学分	
20120152	工程图学基础	2 学分	
30230812	电子电路与系统基础(1)	2 学分	
30230271	电子电路与系统基础实验(1)	1 学分	
30230672	计算机程序设计基础(1)	2 学分	
30230683	计算机程序设计基础(2)(1/3)	1 学分	

(2) 专业主修课程(38 学分)

1) 专业核心课组必修(12 门,不少于 28 学分)

40260291	微纳电子导引	1 学分	
30260153	信号与系统	3 学分	
30260143	集成电路基础(1)	3 学分	二选一
30260163	集成电路基础(1)(英)	3 学分	
30260193	集成电路基础(2)	3 学分	
30260184	半导体物理与器件(1)	4 学分	
30260072	微电子工艺技术	2 学分	二选一
30260112	微电子工艺技术(英)	2 学分	
40260251	微纳电子工艺实验	1 学分	
40260141	微纳电子实验 A	1 学分	
40260151	微纳电子实验 B	1 学分	
40260012	纳电子学导论	2 学分	
40260233	计算机原理与设计	3 学分	
30230964	通信与网络	4 学分	二选一
30231034	通信与网络(英)	4 学分	

2) 专业限选课(限选,不少于 10 学分,实验学分不小于 2 学分)

学生在专业指定的课组(或经系教学办公室批准的其他课组)中根据本人兴趣选修若干门课程,以便在所选专业领域获得较深入的知识或者拓展其他专业领域的相关知识。

30260203	数字集成电路与系统	3 学分	
40260313	模拟集成电路与系统	3 学分	
40260302	半导体物理与器件(2)	2 学分	
40260043	超大规模集成电路 CAD	3 学分	
	通信系统与电路	3 学分	
40260223	通信系统与电路(英)	3 学分	
	通信系统与电路实验	1 学分	
40260063	集成电路课程设计 (实验学分)	3 学分	
	计算机进阶课程	3 学分	
30260032	MEMS 与微系统	2 学分	
40260282	MEMS 实验 (实验学分)	2 学分	
40260243	数字信号处理	3 学分	
40260341	数字信号处理实验 (实验学分)	1 学分	
40260322	集成电路封装技术	2 学分	
30260212	先进微电子工艺实践 (实验学分)	2 学分	
40260012	量子信息学引论	2 学分	二选一
40260262	量子信息学引论(英)	2 学分	

3）专业任选课

学生可根据个人兴趣选修部分课程，作为完成通识教育和专业教育基本要求的补充。

40260082	专业英语	2 学分
40260092	集成传感器	2 学分
40260272	纳米科学实验技术基础与前沿进展	2 学分
40260162	微纳电子材料器件分析技术	2 学分
40260332	石墨烯二维微电子技术	2 学分
71020013	半导体器件物理进展	3 学分

经院系教务部门同意，也可以选修专业限选课。

(3) 夏季学期和实践训练(13 学分)

30230683	计算机程序设计基础(2) (2/3)	2 学分
20230292	电子系统专题设计与制作	2 学分
20230242	MATLAB 高级编程与工程应用	2 学分
30260172	集成电路基础实验	2 学分
40260185	专业实践	5 学分

(4) 综合论文训练要求(15 学分)

学生完成公共课程、基础课程、专业课程的学习并满足规定的学分要求之后,必须参加综合论文训练并达到合格要求方可申请本科毕业和学士学位。

综合论文训练要求学生在教师指导下完成一项工程设计(研究)任务,并独立完成一篇论文,是训练学生综合运用所学知识解决实际问题的基本能力,培养创新意识和能力的综合环节。

综合论文训练可由具有同等水平的项目训练成果或 SRT(student research training)计划项目以及其他课外科技活动成果经认定后代替。

3. 学生自主发展课程(5 学分,P/F 课程不超过 2 分)

学生自主发展课程是学生探索自己的兴趣,主动选择的课程,是学校为学生多样化发展设置的课程。自主发展课程包含:1) 本专业开设的选修课程,2) 深度的研究生层次课程,3) 其他专业的基础课程及专业主修课程,4) 学校教务部门认定的研究训练或者创新创业活动。建议选修本专业开设的选修课程或信息学院内其他院系开设的基础课程及专业主修课程。

浙江大学

微电子科学与工程专业培养方案(2023级)

一、培养目标

培养具有高度社会责任感,德智体美劳全面发展,人格健全,德才兼备,人文素养和职业道德优良,理论和工程基础宽厚扎实,实践能力强,具有批判精神和创新意识,能满足国家微电子与集成电路产业对高素质人才的需求,并具备优良的沟通合作能力以及全球竞争力的高素质创新型卓越工程技术人才和未来领导者。

本专业毕业生经过5年左右的工作实践,能够:

(1) 具有优良的政治素质和深厚的家国情怀,坚定"四个自信",具有高度社会责任感,是高水准社会道德的倡导者。

(2) 在快速变革的全球经济和技术环境中,具有学习主动性和创新意识,成为高水准工程技术的引领者,具备全球竞争力和服务国家战略的能力。

(3) 在综合考虑社会、健康、安全、法律、文化以及环境等方面的基础上,解决微电子与集成电路领域的复杂工程问题,成为具有独立分析能力的卓越工程师;跟踪前沿技术,解决企业管理或社会管理中的问题,成为该领域具有创新能力的卓越工程师、教育工作者、专家或管理者。

(4) 参与全球范围内合法的专业团体、学术团体和社会团体的活动,具有国际视野,并努力成为其中的组织者和领导者。

二、毕业要求

通过对微电子与集成电路基础知识的学习,以及对该领域技术实践和科学研究等多方面的综合训练,本专业毕业生应具备以下几方面的知识、能力与技能:

(1) 工程知识:能够将数学、自然科学、工程基础和专业知识用于解决复杂工程问题。

(2) 问题分析:能够应用数学、自然科学的基本原理,并通过文献研究,识别、表达、分析复杂工程问题的关键要素,以获得有效结论。

(3) 设计/开发解决方案:能够设计针对复杂工程问题的解决方案,设计满足特定需求的系统、单元(部件)或工艺流程,并能够在设计环节中体现创新意识,考虑法律、健康、安全、文化、社会以及环境等因素。

(4) 研究:能够基于科学原理并采用科学方法对复杂工程问题进行研究,包括设计实验、数据分析与解释、通过信息综合和分析得到合理有效的结论。

(5) 使用现代工具:能够在解决复杂工程问题时,开发、选择与使用恰当的技术、现代工

程工具和信息技术工具,包括对复杂工程问题的预测与模拟,并能够理解其局限性。

(6) 工程与社会:能够基于工程相关背景知识合理分析,评价专业工程实践和复杂工程问题解决方案对社会、健康、安全、法律以及文化的影响,并理解应承担的责任。

(7) 环境和可持续发展:能够理解和评价针对复杂工程问题的工程实践过程对环境、社会可持续发展的影响。

(8) 职业规范:具有人文社会科学素养、社会责任感,能够在工程实践中理解并遵守工程职业道德和规范,履行社会责任。

(9) 个人和团队:能够在多学科背景下的团队中承担个体、团队成员以及负责人的角色。

(10) 沟通:能够就复杂工程问题与业界同行及社会公众进行有效沟通和交流,包括撰写报告和设计文稿、陈述发言、清晰表达或回应指令,并具备一定的国际视野,能够在跨文化背景下进行沟通和交流。

(11) 项目管理:理解并掌握工程管理原理与经济决策方法,并能在多学科环境中应用。

(12) 终身学习:具有自主学习和终身学习的意识,有不断学习和适应发展的能力。

三、专业核心课程

半导体物理、电子电路基础、集成电路制造原理与实践、计算机组成与系统结构、模拟集成电路设计、数字集成电路设计、数字系统设计、微电子器件、芯片良率导论、信号与系统、信息与电子工程导论。

四、课程设置与学分分布

1. 通识课程(73.5 学分)

(1) 思政类(18.5 学分)

1) 必修课程(17 学分)

课程号	课程名称	学分	周学时	建议学年学期
371E0010	形势与政策Ⅰ	1.0	0.0–2.0	一(秋冬)+一(春夏)
551E0070	思想道德与法治	3.0	2.0–2.0	一(秋冬)
551E0020	中国近现代史纲要	3.0	3.0–0.0	一(春夏)
551E0100	马克思主义基本原理	3.0	3.0–0.0	二(秋冬)/二(春夏)
551E0110	习近平新时代中国特色社会主义思想概论	3.0	2.0–2.0	三(秋冬)/三(春夏)
551E0120	毛泽东思想和中国特色社会主义理论体系概论	3.0	3.0–0.0	三(秋冬)/三(春夏)
371E0020	形势与政策Ⅱ	1.0	0.0–2.0	四(春夏)

2）选修课程（1.5 学分）

课程号	课程名称	学分	周学时	建议学年学期
011E0010	改革开放史	1.5	1.5–0.0	二（秋）/ 二（冬）/ 二（春）/ 二（夏）
041E0010	新中国史	1.5	1.5–0.0	二（秋）/ 二（冬）/ 二（春）/ 二（夏）
551E0080	中共党史	1.5	1.5–0.0	二（秋）/ 二（冬）/ 二（春）/ 二（夏）
551E0090	社会主义发展史	1.5	1.5–0.0	二（秋）/ 二（冬）/ 二（春）/ 二（夏）

（2）军体类（10.5 学分）

体育Ⅰ、Ⅱ、Ⅲ、Ⅳ、Ⅴ、Ⅵ为必修课程，要求在前 3 年内修读；四年级修读体育Ⅶ——体测与锻炼。详细修读办法参见《浙江大学 2019 级本科生体育课程修读办法》。

课程号	课程名称	学分	周学时	建议学年学期
03110021	军训	2.0	+2	一（秋）
481E0030	体育Ⅰ	1.0	0.0–2.0	一（秋冬）
481E0040	体育Ⅱ	1.0	0.0–2.0	一（春夏）
031E0011	军事理论	2.0	2.0–0.0	二（秋冬）/ 二（春夏）
481E0050	体育Ⅲ	1.0	0.0–2.0	二（秋冬）
481E0060	体育Ⅳ	1.0	0.0–2.0	二（春夏）
481E0070	体育Ⅴ	1.0	0.0–2.0	三（秋冬）
481E0080	体育Ⅵ	1.0	0.0–2.0	三（春夏）
481E0090	体育Ⅶ——体测与锻炼	0.5	0.0–1.0	四（秋冬）/ 四（春夏）

（3）外语类（7 学分）

外语类课程最低修读要求为 7 学分，其中 6 学分为外语类课程选修学分，1 学分为“英语水平测试”或“小语种水平测试”必修学分。学校建议一年级学生的课程修读计划是“大学英语Ⅲ”和“大学英语Ⅳ”，并根据新生入学分级考试或高考英语成绩预置相应级别的“大学英语”课程，学生也可根据自己的兴趣爱好修读其他外语类课程（课程号带“F”的课程）；二年级起学生可申请学校“英语水平测试”或“小语种水平测试”。详细修读办法参见《浙江大学本科生“外语类”课程修读管理办法》（2018 年 4 月修订）（浙大本发〔2018〕14 号）。

1）必修课程（1 学分）

课程号	课程名称	学分	周学时	建议学年学期
051F0600	英语水平测试	1.0	0.0–2.0	

2）选修课程（6 学分）

修读以下课程或其他外语类课程（课程号带“F”的课程）。

课程号	课程名称	学分	周学时	建议学年学期
051F0020	大学英语Ⅲ	3.0	2.0-2.0	一(秋冬)
051F0030	大学英语Ⅳ	3.0	2.0-2.0	一(秋冬)/一(春夏)

(4) 计算机类(4 学分)

学校对计算机类通识课程实施分层教学。本专业根据培养目标,要求学生修读如下计算机类通识课程。

课程号	课程名称	学分	周学时	建议学年学期
211G0310	C 程序设计基础及实验	4.0	3.0-2.0	一(秋冬)

(5) 自然科学通识类(23 学分)

学校对自然科学类通识课程实施分层教学。本专业根据培养目标,要求学生修读如下自然科学类通识课程。

课程号	课程名称	学分	周学时	建议学年学期
821T0150	微积分(甲)Ⅰ	5.0	4.0-2.0	一(秋冬)
821T0190	线性代数(甲)	3.5	3.0-1.0	一(秋冬)
761T0010	大学物理(甲)Ⅰ	4.0	4.0-0.0	一(春夏)
821T0160	微积分(甲)Ⅱ	5.0	4.0-2.0	一(春夏)
761T0020	大学物理(甲)Ⅱ	4.0	4.0-0.0	二(秋冬)
761T0060	大学物理实验	1.5	0.0-3.0	二(秋冬)

(6) 通识选修课程(10.5 学分)

通识选修课程下设“中华传统”“世界文明”“当代社会”“文艺审美”“科技创新”“生命探索”及“博雅技艺”等 6+1 类。每一类均包含通识核心课程和普通通识选修课程。 满足以下三点修读要求后,在通识选修课程中自行选择修读其余学分,若 1)所修课程同时也属于 2)或 3),则该课程也可同时满足 2)或 3)的要求。

1) 至少修读 1 门通识核心课程。

2) 至少修读 1 门“博雅技艺”类课程。

3) 理工农医学生在“中华传统”“世界文明”“当代社会”“文艺审美”四类中至少修读 2 门。

2. 专业基础课程(23 学分)

以下课程必修。

课程号	课程名称	学分	周学时	建议学年学期
061B0010	常微分方程	1.0	1.0-0.0	一(春)
081C0130	工程图学	2.5	2.0-1.0	一(春夏)

续表

课程号	课程名称	学分	周学时	建议学年学期
85120150	数字系统 *	4.5	3.0–3.0	一(春夏)
851C0020	电子工程训练(甲) **	1.5	0.0–3.0	一(春夏)
851C0040	信号与系统 *	4.0	3.0–2.0	二(春夏)
061B0020	复变函数与积分变换	1.5	1.0–1.0	二(秋)
061B9090	概率论与数理统计	2.5	2.0–1.0	二(秋冬)
85190400	电子电路基础 *	4.0	4.0–0.0	二(秋冬)
671C0030	电子电路设计实验 Ⅰ **	0.5	0.0–1.0	二(冬)
671C0041	电子电路设计实验 Ⅱ **	1.0	0.0–2.0	二(春夏)

3. 专业课程(43.5 学分)

(1) 专业必修课程(22 学分)

以下课程必修。

课程号	课程名称	学分	周学时	建议学年学期
85120030	信息与电子工程导论 **	2.0	2.0–0.0	一(冬)/一(春)
85190290	集成电路导论	2.0	2.0–0.0	一(春)
67190040	人工智能	3.0	3.0–0.0	一(春夏)
85120080	半导体物理 *	3.0	3.0–0.0	二(春夏)
85190050	模拟集成电路设计 *	3.0	3.0–0.0	三(秋冬)
85190070	微电子器件 *	3.0	3.0–0.0	三(秋冬)
85190060	数字集成电路设计 *	3.0	3.0–0.0	三(春夏)
85190270	集成电路产业技术讲座	3.0	3.0–0.0	三(春夏)

(2) 专业方向 / 模块课程(11 学分)

在以下课程中修读至少 11 学分。

1) 集成电路制造

课程号	课程名称	学分	周学时	建议学年学期
85190360	集成电路制造原理与实践 *	3.0	2.0–2.0	三(秋冬)
85190310	薄膜沉积与材料改性	2.0	2.0–0.0	三(秋冬)
85190330	芯片良率导论 **	2.0	2.0–0.0	三(秋冬)
85190350	集成电路制造图形化技术	2.5	2.0–1.0	三(春夏)
85190320	先进互连技术	2.0	2.0–0.0	三(春夏)
85190300	集成电路设计与制造一体化	2.0	2.0–0.0	四(秋冬)

2) 集成电路设计

课程号	课程名称	学分	周学时	建议学年学期
85190080	硬件描述语言原理与应用	2.0	2.0-0.0	三(秋)
85120091	微控制器原理、接口与应用	3.5	3.0-1.0	三(秋冬)
11120280	专用集成电路设计技术基础	2.0	2.0-0.0	三(春)
85120100	计算机组成与系统结构 **	3.0	3.0-0.0	三(春夏)
85190130	CMOS 射频集成电路设计	2.0	2.0-0.0	三(夏)
85190120	片上系统接口与模块设计	2.0	2.0-0.0	三(夏)

(3) 实践教学环节(6 学分)

大一必修 2 学分,大二必修 2 学分,大三必修 2 学分。

1) 大一课程(2 学分)

课程号	课程名称	学分	周学时	建议学年学期
85188170	认知实践 **	2.0	+2	一(短)

2) 大二课程(2 学分)

课程号	课程名称	学分	周学时	建议学年学期
67188130	专业实习 **	2.0	+4	二(短)
67188140	智能移动系统设计实验 **	2.0	+2	二(短)
85188090	电子电路系统综合实验 ** △	2.0	+2	二(短)
85120230	信息电子产品创新创业实践Ⅰ ** △	2.0	0.5-3.0	二(春夏)

注:标记“△”的课程为创新创业类专业课程。

3) 大三课程(2 学分)

课程号	课程名称	学分	周学时	建议学年学期
85188031	片上系统实验 **	2.0	+2	三(短)
85188041	集成电路版图与射频 IC 实习 **	2.0	+2	三(短)
85188080	项目实习 **	2.0	+2	三(短)

(4) 毕业论文(设计)(8 学分)

课程号	课程名称	学分	周学时	建议学年学期
85188180	毕业论文(设计)**	8.0	+16	四(春夏)

4. 个性修读课程(15 学分)

学生可按照自身未来的发展方向,自主选择以下 3 个模块中的一个进行修读。

（1）本专业进阶模块

课程号	课程名称	学分	周学时	建议学年学期
67190190	固体物理基础	3.0	3.0–0.0	二（秋冬）
85120071	数字信号处理	3.0	2.0–2.0	二（春夏）
85120160	光电子学基础	3.0	3.0–0.0	二（春夏）
85190380	电子信息创新创业教育	2.0	2.0–0.0	三（秋）
85190020	机器学习基础	2.0	2.0–0.0	三（秋）
85190090	面向 ICCAD 的软件基础技术	2.5	2.5–0.0	三（秋冬）
67190030	数字图像处理	3.0	3.0–0.0	三（春夏）
67190300	嵌入式系统原理与设计	2.0	2.0–0.0	三（春）
85190370	IT 工程伦理和项目管理 **	1.5	1.0–1.0	三（夏）
85190410	RISC–V 应用开发	1.5	1.0–1.0	三（夏）
85190150	混合信号电路设计及其工业应用	2.0	2.0–0.0	四（秋）
85190160	模拟信号处理系统设计	2.5	2.5–0.0	四（秋冬）

（2）跨专业学习模块

学生可修读其他院系开设的微辅修项目，修读完成后，可获得微辅修证书。若修读的微辅修项目要求学分不足15学分，不足部分可用本专业“专业基础课程”“专业课程”或“本专业进阶模块”中的课程补足。

（3）学生自主修读模块

学生根据自身学业规划、职业规划等制定相应课程的修读计划。自主选择修读感兴趣的本科课程、研究生课程或经认定的境内外交流的课程。其中，通识选修课程不得多于2学分，并需至少修读1门由其他学院开设的课程类别为“专业基础课程”或“专业课程”且不在本专业培养方案内的课程。

5. 其他必修环节（认定型学分）

（1）美育类

学生应修读2学分美育类课程。可修读通识选修课程中的“文艺审美”类课程、“博雅技艺”类中艺术类课程、艺术类专业课程，详见本科生院公布的美育类课程清单。

（2）劳动教育类

学生应修读32学时劳动教育类课程。可修读学校设置的公共劳动平台课程或院系开设的专业实践劳动课程，详见本科生院公布的劳动教育类课程清单。

（3）创新创业类

学生应修读2学分创新创业类课程，详见本科生院公布的创新创业类课程清单。

（4）心理健康类

学生应修读2学分心理健康类课程，详见本科生院公布的心理健康类课程清单。

6. 第二课堂（4学分）

7. 第三课堂（2学分）

8. 第四课堂(2学分)

五、辅修培养方案

微辅修:11学分。修读:数字系统、信号与系统、模拟集成电路设计和数字集成电路设计二选一;或修读电子电路基础、信号与系统、半导体物理(课程名称后标记“*”的课程)。

辅修专业:27.5学分。修读:电子电路基础、数字系统、信号与系统、模拟集成电路设计、数字集成电路设计、半导体物理、微电子器件、集成电路制造原理与实践(课程名称后标记“*”的课程)。

辅修学位:53.5学分。修读:电子电路基础、电子电路设计实验I、电子电路设计实验II、数字系统、数字系统设计实验、信号与系统、信息与电子工程导论、电子工程训练(甲)、IT工程伦理和项目管理、集成电路制造原理与实践、芯片良率导论、模拟集成电路设计、数字集成电路设计、计算机组成与系统结构、半导体物理、微电子器件,并完成实践教学环节6学分和毕业设计8学分(课程名称后标记“*”“**”的课程)。

集成电路专业培养方案

集成电路学院计划构建涵盖本科、硕士、博士的全阶段人才培养体系，旨在培养适应社会主义现代化建设需要，德、智、体、美、劳全面发展，具备坚实的自然科学和人文社会科学基础，具有国际化视野、创新意识和团队精神的高素质复合型人才，使学生能在现代工业企业、科研院所等部门从事集成电路领域的集成电路设计、集成电路工艺与装备以及集成电路封装与测试等方面的工作，在集成电路科研、教学和实际应用中发挥重要作用，推动集成电路领域的持续发展。

一、培养目标

集成电路学院致力于培养具备坚定的理想信念、高尚的道德情操、坚强的意志品质、扎实的知识基础、深厚的人文素养和卓越的创新素质的未来集成电路领域学术大师；着力提升学生思辨力、学习力、创造力和领导力，努力造就具有家国情怀和国际视野、担当引领未来和造福人类重任的集成电路行业领军人才。

二、培养特色

学院依托整体科研实力，以系统能力培养为核心，以科技竞赛为牵引，以基地为平台，利用从学生自主科研、导师科研团队到国家级基地科研项目搭建的多层次科研实践环境，建设立体化的创新人才综合培养体系，培养具有开拓进取精神和创新创业能力、德智体美劳全面发展的一流集成电路人才。

三、学制与学位

学制：四年。

学位：工学学士学位。

四、主干课程

集成电路学院大类平台必修课程：新生研讨课、专业导论、电路理论、数字电子技术、模拟电子技术、信号与系统 A、半导体器件物理。

跨学院公共基础必修课程：电路设计。

专业必修课程：专业英语(电子信息类)、半导体制造工艺、数字图像处理、集成电路封装

与测试、数字集成电路设计、模拟集成电路设计、EDA 技术与应用。

五、主要实验和实践性教学要求

集成电路专业的实验和实践性教学环节主要有实验、实践和创新创业三种类型，并采用课间实验、集中实验和自主实践相结合的方式进行安排。其中课间实验与相应课程同步进行，集中实验一般在相应课程结束后集中进行，以综合性、设计型、创新型实验为主，旨在锻炼学生综合应用知识、创造性提出设计方案、解决实际问题的能力，并鼓励学生参加科研活动。推荐免试攻读硕士学位的学生直接进入导师的课题组，提前开始研究生阶段的学习和科研工作；对准备就业的学生，鼓励到用人单位或校外实习基地实习；同时鼓励学生通过创客实践课程自主创新创业，将其创意变为现实。

六、毕业学分要求及其他必要的说明

集成电路学院毕业要求达到的最低学分为：157 学分，其中包括：通识教育课程 12 学分(必修 6 学分、选修 6 学分)，公共基础课程 68 学分(公共基础必修课程 37 学分，公共基础选修课程 27 学分，跨学院公共基础课程 4 学分)，专业教育课程必修 43 学分(大类平台课程 23 学分，专业核心课程 20 学分)，专业选修课程 10 学分，专业实践课程 14 学分，专业任选课程 4 学分，跨学院选修课程 6 学分。毕业生毕业时必须修满 157 学分方可颁发本科毕业文凭，符合武汉大学学位授予条件的，可获得工学学士学位证书。

集成电路学院本科生教学计划

<table>
<tr><th colspan="3" rowspan="2">学院大类
(专业)教学计划
课程类别</th><th rowspan="2">课程名称</th><th colspan="3">学分数</th><th rowspan="2">修读学期</th><th rowspan="2">备注</th></tr>
<tr><th>总学分</th><th>理论课学分</th><th>实践课学分</th></tr>
<tr><td rowspan="7">通识教育课程</td><td rowspan="3">通识必修课程
(6 学分)</td><td rowspan="3">必修</td><td>人文社科经典导引</td><td>2</td><td>2</td><td></td><td>1–2</td><td rowspan="7">1. 所有学生必须修读“人文社科经典导引”“自然科学经典导引”“中国精神导引”。
2. 所有学生必须选修“中华文化与世界文明”和“艺术体验与审美鉴赏”模块课程，其中“艺术体验与审美鉴赏”模块课程至少选修 2 学分。
3. 所有学生必须至少修满 12 学分通识教育课程。</td></tr>
<tr><td>自然科学经典导引</td><td>2</td><td>2</td><td></td><td>1–2</td></tr>
<tr><td>中国精神导引</td><td>2</td><td>2</td><td></td><td>1–2</td></tr>
<tr><td rowspan="4">通识选修课程
(6 学分)</td><td rowspan="4">选修</td><td>中华文化与世界文明模块</td><td></td><td></td><td></td><td></td></tr>
<tr><td>科学精神与生命关怀模块</td><td></td><td></td><td></td><td></td></tr>
<tr><td>社会科学与现代社会模块</td><td></td><td></td><td></td><td></td></tr>
<tr><td>艺术体验与审美鉴赏模块</td><td></td><td></td><td></td><td></td></tr>
</table>

续表

学院大类（专业）教学计划课程类别				课程名称	学分数 总学分	理论课学分	实践课学分	修读学期	备注
公共基础课程	公共基础必修课程（37学分）		必修	马克思主义基本原理	3	2.5	0.5	2	1. 公共基础课程要求四年制哲、经、法、文、史、管理、艺术学科相关专业原则上至少修满48学分，四年制理、工、医科相关专业原则上至少修满60学分，五年制工、医科相关专业原则上至少修满65学分。 2. “四史”教育模块包括“中共党史”“新中国史”“改革开放史”“社会主义发展史”，要求至少选修1门课程。
				毛泽东思想和中国特色社会主义理论体系概论	3	2.5	0.5	3	
				中国近现代史纲要	3	2.5	0.5	4	
				思想道德与法治	3	2.5	0.5	1	
				习近平新时代中国特色社会主义思想概论	3	3		4	
				形势与政策	2	2		1–4	
				体育	4		4	1–4	
				大学英语	6	6		1–2	
				军事理论与技能	4	2	2	1–2	
				新时代中国特色社会主义劳动教育	2	0.5	1.5	3–4	
				大学生心理健康	2	2		1–2	
				国家安全教育	1	1		1	
				“四史”教育模块	1	1		1–2	
	公共基础选修课程（27学分）		选修	高等数学A1	6	6		1	公共基础选修课程包括高等数学、大学物理等，为必选课程，至少修满27学分。
				高等数学A2	6	6		2	
				线性代数A	3	3		2	
				概率论与数理统计A	3	3		3	
				大学物理B	7	7		2–3	
				大学物理实验	2		2	2–3	
	跨学院公共基础课程（4学分）		必修	电路设计	4	3	1	1	
专业教育课程	专业准出课程	大类平台课程（23学分）	必修	新生研讨课	2	2		1	学生必须修读大类平台课程和专业核心课程。
				专业导论㊂创	4	4		3	
				电路理论	3	2.5	0.5	2	
				数字电子技术	3.5	3	0.5	2	
				模拟电子技术	4	3.5	0.5	3	
				信号与系统A	3.5	3	0.5	4	
				半导体器件物理	3	3	0	5	

续表

学院大类（专业）教学计划课程类别				课程名称	学分数			修读学期	备注
					总学分	理论课学分	实践课学分		
专业教育课程	专业准出课程	集成电路专业核心课程（20学分）	必修	专业英语（电子信息类）	4	4		4	学生必须修读大类平台课程和专业核心课程。
				半导体制造工艺	1.5	1.5		4	
				数字图像处理	3.5	3	0.5	5	
				集成电路封装与测试	3	2	1	5	
				数字集成电路设计	4	3.5	0.5	6	
				模拟集成电路设计	1	1		7	
				EDA 技术与应用	3	2.5	0.5	7	
		集成电路专业选修课程（10学分）	选修	数据结构与算法	3	2.5	0.5	5	学生应根据自己所在专业选择对应的专业模块选修课。
				半导体工艺及器件仿真	2	2		6	
				基于 FPGA 的集成电路设计	3	2	1	6	
				纳米材料与器件	2	2		7	
		专业实践课程（14学分）	选修	创新创业	1		1	1暑	
				工程训练 D	1		1	1暑	
				物理实验	1		1	2暑	
				电路电子实验 A1	1		1	2暑	
				电路电子实验 A2	1		1	5	
				数字集成电路实验	1		1	6	
				模拟集成电路实验	1		1	3暑	
				毕业设计一（项目制教学综合设计）	1		1	3暑	
				毕业设计二（项目制毕业设计实践）	6		6	8	
	专业选修课程	专业任选课程（4学分）		半导体器件综合实验	1		1	1暑	学生至少选修4学分，科技写作为指定选修课程。
				集成电路封装与测试实验	1		1	2暑	
				半导体器件综合实验	1		1	7	
				嵌入式系统与应用课程设计	2		2	8	
				集成电路学院开设的其他专业课程					
跨学院选修课程（6学分）									至少选修6学分。

续表

学院大类 (专业)教学计划 课程类别	课程名称	学分数			修读学期	备注
		总学分	理论课学分	实践课学分		
毕业应取得 总学分:157 学分 总学时:3 228 学时	其中,通识教育课程学分:12 学分;公共基础课程学分:68 学分;专业教育课程学分:77 学分;实践教学学分:30 学分,占总学分的 19.1%(实践教学学时:1 216 学时,占总学时的 37.7%);选修课程学分:43 学分,占总学分的 27.4%。					

备注:

1. 带㊂字的课程为第三学期开设课程。
2. 带㊍字的课程为创新创业类课程。

华中科技大学

集成电路设计与集成系统专业培养方案

一、培养目标

培养具有科学、工程和人文素养，德、智、体、美、劳全面发展，具备集成电路设计基础知识及研究应用能力、工程实践能力、产品设计能力、团队协作能力、创新意识和国际视野，能够在集成电路设计及智能系统领域辨识社会需求，从事研究、设计、开发和管理的高素质创新型人才。

预期毕业 5 年以上的毕业生：

(1) 具备知识综合和技术集成能力，能有效运用学科专业知识和工程实践经验，分析和解决集成电路及相关交叉学科复杂工程问题的综合能力。

(2) 在跨职能团队中工作、交流并担任领导或重要角色，就专业技术问题与国内外同事、客户及公众进行有效沟通和协调。

(3) 在从事解决集成电路及智能系统相关复杂问题活动中，能全面考虑社会、健康、安全、法律、文化及环境等因素进行项目管理和开展创新创业工作。

(4) 在本学科及跨学科开展科学研究、技术革新，初步具备参与全球化创新竞争能力和终身学习能力。

二、培养要求

要求学生具有良好的素质、道德修养和创新能力，具备扎实的数学、物理、外语基础，掌握大规模集成电路及集成系统所必需的基本理论和方法，具有超大规模集成电路分析及设计、版图设计和系统集成等的基本能力。具体而言，毕业生应获得以下几个方面的知识和能力。

1. 工程知识：掌握从事本专业领域所需的数学、自然科学、工程基础和专业知识，形成专业知识体系，并能够用于解决集成电路设计领域中的复杂工程问题。

1.1　能将数学、自然科学知识用于工程问题的表述；

1.2　能将从事集成电路设计领域所需的工程基础知识用于集成电路设计领域复杂工程问题的建模与求解；

1.3　能将从事本领域所需的专业基础知识用于集成电路设计领域复杂工程问题的推演与分析；

1.4　能将从事本领域所需的专业知识用于集成电路设计领域复杂工程问题解决方案的比较与综合。

2. 问题分析：能够应用数学、自然科学和工程科学的基本原理和方法，识别与表达集成电路设计领域中的复杂工程问题，结合文献研究等方法，通过科学思维过程，获得有效结论。

2.1　能够运用相关科学原理，识别和判断集成电路设计领域中复杂工程问题的关键环节；

2.2　能够应用相关科学原理和数学模型方法，正确表达集成电路设计领域中的复杂工程问题；

2.3　能够综合运用基本原理，结合文献研究，分析集成电路设计领域中复杂问题的影响因素，获得有效结论。

3. 设计/开发解决方案：能够综合运用本专业工程基础知识与专业知识，针对集成电路设计领域的复杂工程问题设计解决方案，进行满足特定设计、制造或控制等要求的数字集成电路、模拟集成电路及数模混合集成电路的设计或开发，并能够在设计或开发过程中体现创新意识，考虑社会、健康、安全、法律、法规、文化以及环境等因素。

3.1　掌握集成电路设计全周期、全流程的基本设计/开发方法和技术，了解影响设计目标和技术方案的各种因素；

3.2　能够针对集成电路设计领域的复杂工程问题设计解决方案，进行集成电路的设计或开发；

3.3　能够在设计中体现创新意识，考虑社会、健康、安全、法律、法规、文化以及环境等因素。

4. 研究：能够基于科学原理并采用科学方法，对集成电路设计领域中的复杂工程问题进行研究，包括制定与实施实验方案、解释与分析实验数据，综合理论分析、文献研究和实验数据得到合理有效的结论。

4.1　能够综合运用科学原理，对集成电路设计领域的复杂工程问题，通过文献研究或相关方法进行调研和分析，设计问题的解决方案；

4.2　能够根据实验方案构建实验系统，安全地开展实验，能够正确地采集和处理实验数据；

4.3　能够对实验数据进行统计、分析和处理，与理论分析、文献研究相结合对数据信息进行综合和解释，获得合理有效结论。

5. 使用现代工具：能够针对集成电路设计领域复杂工程问题，开发、选择与使用恰当的技术、资源、现代工程工具和信息技术工具，包括对复杂工程问题的模拟与预测，并能够理解其局限性。

5.1　了解集成电路设计领域常用的现代仪器、信息技术工具、工程工具和模拟软件的使用原理和方法，并理解其局限性；

5.2　能恰当选择与使用现代仪器、信息技术工具、工程工具和模拟软件，对集成电路设计领域的复杂工程问题进行分析、计算与设计。

6. 工程与社会：能够基于集成电路相关背景知识进行合理分析，有针对性地评价集成电路设计专业工程实践和复杂工程问题解决方案对社会、健康、安全、法律以及文化的影响，并理解应承担的责任。

6.1　了解集成电路设计领域的技术标准、知识产权、法律法规和产业政策，能够认识到工程实践中涉及的社会、健康、安全、法律以及文化问题；

6.2　能分析和评价集成电路设计领域工程实践和复杂问题解决方案对社会、健康、安全、法律、文化的影响，以及这些制约因素对项目实施的影响，并理解应承担的责任。

7. 环境和可持续发展：能够理解和评价针对集成电路设计领域复杂工程问题的工程实践对环境、社会可持续发展的影响。

7.1　能够知晓和理解环境保护和社会可持续发展战略相关的理念和内涵，了解相关政策与法律法规；

7.2　能够从环境保护和可持续发展的角度，思考集成电路设计领域工程实践的可持续性，评价产品周期中可能对人类和环境造成的危害和隐患。

8. 职业规范：具有人文社会科学素养、社会责任感，能够在集成电路设计领域工程实践中理解并遵守工程职业道德和规范，履行责任。

8.1　了解中国国情，具有良好的人文、社会科学素养，树立正确的世界观、人生观和价值观；

8.2　掌握并遵守职业道德规范，能在工程实践中自觉履行责任。

9. 个人和团队：能够在多学科背景下的团队中承担个体、团队成员以及负责人的角色。

9.1　能够理解团队中不同角色的含义，能与其他学科的成员有效沟通，合作共事，在团队中独立或合作开展工作；

9.2　能够在多学科背景的软件工程实践中转换角色，进行合理的决策，能够组织、协调和指挥团队开展工作。

10. 沟通：能够就集成电路设计领域复杂工程问题与业界同行及社会公众进行有效沟通和交流，包括科技写作、报告撰写和文稿设计等技术语言的熟练表达和应用，并具备一定的国际视野，能够在跨文化背景下进行沟通和交流。

10.1　能够规范地撰写技术报告和设计文稿，表达集成电路设计领域复杂工程问题的解决方案、解决过程和结果；

10.2　能够阅读文献资料，了解国内外集成电路设计领域的发展动态，具备一定的国际视野，在跨文化背景下，与业界同行及社会公众进行有效沟通与交流。

11. 项目管理：理解并掌握工程管理原理与经济决策方法，并能在多学科环境中应用。

11.1　掌握工程项目中涉及的管理与经济决策方法，了解集成电路设计领域全周期、全流程的成本构成，理解所涉及的工程管理与经济决策问题；

11.2　能在多学科环境下运用工程管理与经济决策方法，解决集成电路设计领域中工程管理与经济决策相关问题。

12. 终身学习：具有自主学习和终身学习的意识、不断学习和适应发展的能力，能够适应集成电路设计相关领域技术的发展。

12.1　能认识不断探索和学习的必要性，具有自主学习和终身学习的意识；

12.2　掌握自主学习和拓展能力的方法，具有不断学习和适应发展的能力。

三、毕业要求及授予学位类型

完成学业最低课内学分（含课程体系与集中性实践教学环节）要求：159 学分。其中，学科基础课程、专业必修课程学分不允许用其他课程学分进行冲抵和替代。完成学业选修课程最低学分要求（不含人文社科类选修课程）：10 学分。其中，基础选修课程至少 2 学分，其余选修课程至少包含 2 个模块，且其中一个模块不少于 6 学分。达到学位要求者，授予工学学士学位。

课程体系学时与学分要求包括：

课程类别		课程性质	学时 / 学分	占课程体系学分比例
素质教育基础课程		必修	520/26	16.4%
		选修	160/10	6.3%
学科基础课程		必修	688/43	27.0%
专业课程	专业必修课程	必修	672/42	26.4%
	专业选修课程	选修	160/10	6.3%
专业实验和实践课程		必修	32w/28	17.6%
合计			2 200+32w/159	100%
其中，总实验和实践学时及占比			720/41	25.8%

注：w 代表周。

四、课程设置

（一）素质教育基础课程

素质教育基础课程分为必修和选修两类课程，采用“课内 + 课外”模式，涵盖德育、体育、美育、劳育、军事教育、心理健康、中国语文、综合英语等课程。素质教育基础必修课程由“思政与军事”“语言与文化”“体育与健康”三个课程模块组成，其中“思政与军事”模块包含课内必修的德育（思想政治理论课），课外必修的德育（思政课社会实践）、军事理论和军事训练；“语言与文化”模块包含课内必修的中国语文、综合英语；“体育与健康”模块含课内必修的体育、课外必修的心理健康和劳动教育系列课程。素质教育基础选修课程由“中国与世界”“人文与艺术”“社会与科学”“生命与健康”“思维与方法”五个课程模块组成，其中“人文与艺术”包含人文类和美育类课程，“社会与科学”和“思维与方法”中包含创新创业类课程。

课程类别	课程性质	课程名称	学时	学分	其中			课外	是否创新创业课程	是否校企合作课程	设置学期
					理论	实验	上机				
素质教育基础课程	必修	思想道德与法治	40	2.5	40	0	0				1
	必修	中国近现代史纲要	40	2.5	40	0	0				2
	必修	马克思主义基本原理	40	2.5	40	0	0				3
	必修	习近平新时代中国特色社会主义思想概论	48	3	48	0	0				3
	必修	毛泽东思想和中国特色社会主义理论体系概论	40	2.5	40	0	0				4
	必修	形势与政策	64	2	64	0	0				1—8
	必修	中国语文	32	2	32	0	0				1
	必修	综合英语(一)	40	2.5	40	0	0				1
	必修	综合英语(二)	40	2.5	40	0	0				2
	必修	大学体育(一)	60	1.5	60	0	0				1—2
	必修	大学体育(二)	60	1.5	60	0	0				3—4
	必修	大学体育(三)	24	1	24	0	0				5—6
	选修	从不同的课程模块中修读若干课程,美育类课程不低于2学分,总学分不低于10学分。	160	10	160	0	0				2—8

(二) 学科基础课程

课程类别	课程性质	课程名称	学时	学分	其中			课外	是否创新创业课程	是否校企合作课程	设置学期
					理论	实验	上机				
学科基础课程	必修	微积分(一)	88	5.5	88	0	0				1
	必修	微积分(二)	88	5.5	88	0	0				2
	必修	线性代数	40	2.5	40	0	0				1
	必修	复变函数与积分变换	40	2.5	40	0	0				3
	必修	概率论与数理统计	40	2.5	40	0	0				2
	必修	数理方程与特殊函数	40	2.5	40	0	0				3
	必修	大学物理(一)	64	4	64	0	0				2
	必修	大学物理(二)	64	4	64	0	0				3

续表

课程类别	课程性质	课程名称	学时	学分	其中			课外	是否创新创业课程	是否校企合作课程	设置学期
					理论	实验	上机				
学科基础课程	必修	物理实验(一)	32	2	0	32	0				2
	必修	物理实验(二)	24	1.5	0	24	0				3
	必修	计算机与程序设计基础	48	3	48	0	0				1
	必修	电子科学导论	24	1.5	24	0	0		是		1、5、7
	必修	电路理论(五)	64	4	64	0	0				2
	必修	电路测试实验	32	2	0	32	0				3

(三) 专业必修课程

课程类别	课程性质	课程名称	学时	学分	其中			课外	是否创新创业课程	是否校企合作课程	设置学期
					理论	实验	上机				
专业必修课程	必修	数字电路与逻辑设计	56	3.5	56	0	0				4
	必修	模拟电子技术(二)	56	3.5	56	0	0				3
	必修	电子测试与实验技术	48	3	0	48	0				4
	必修	信号与线性系统	56	3.5	52	0	4				3
	必修	微控制器原理及实践	56	3.5	32	24	0				4
	必修	量子力学(二)	48	3	48	0	0				4
	必修	热力学与统计物理	32	2	32	0	0				3
	必修	半导体物理(二)	40	2.5	40	0	0				5
	必修	半导体器件物理	40	2.5	40	0	0				5
	必修	数字集成电路基础(一)	56	3.5	56	0	0		是		5
	必修	集成电路专业基础实验	32	2	0	32	0				5
	必修	模拟集成电路基础	40	2.5	40	0	0			是	5
	必修	计算机组成原理	56	3.5	56	0	0		是		5
	必修	微电子工艺学	56	3.5	40	16	0				6

（四）专业选修课程

课程类别	课程性质	课程名称	学时	学分	其中			课外	是否创新创业课程	是否校企合作课程	设置学期
					理论	实验	上机				
	专业公共选修课程										
专业选修课程（一）	选修	工程制图（一）	40	2.5	40	0	0				1
	选修	现代化学基础（二）	32	2	32	0	0				4
	选修	固体物理	48	3	48	0	0				4
	选修	集成电路可靠性设计与评价	32	2	32	0	0				6
	选修	通信原理（二）	32	2	32	0	0				6
	射频模拟集成电路方向										
专业选修课程（二）	选修	射频 / 微波技术基础	32	2	32	0	0				5
	选修	射频集成电路基础	40	2.5	40	0	0				5
	选修	高级模拟集成电路设计	40	2.5	40	0	0		是		6
	选修	功率集成电路	32	2	32	0	0				7
	选修	混合信号集成电路设计	32	2	32	0	0				7
	选修	天线原理与雷达技术	32	2	32	0	0				7
	数字电路设计及 SoC 方向										
专业选修课程（三）	选修	硬件描述语言与数字系统设计	32	2	32	0	0				5
	选修	处理器体系结构	40	2.5	40	0	0				6
	选修	嵌入式系统原理与设计	40	2.5	40	0	0			是	6
	选修	信息存储技术基础	32	2	32	0	0				6
	选修	数字信号处理	32	2	32	0	0				6
	选修	量子信息学导论	32	2	32	0	0				7
	MEMS 及传感器方向										
专业选修课程（四）	选修	MEMS 系统与应用	32	2	32	0	0				6
	选修	传感器原理与设计基础	32	2	32	0	0				6
	选修	生物芯片技术	32	2	32	0	0				7

续表

课程类别	课程性质	课程名称	学时	学分	其中			课外	是否创新创业课程	是否校企合作课程	设置学期
					理论	实验	上机				
专业选修课程（四）	选修	芯粒技术与异质集成	32	2	32	0	0				6
	选修	光电子器件导论	32	2	32	0	0				7
	选修	化合物半导体器件	32	2	32	0	0				7
	类脑计算与人工智能方向										
专业选修课程（五）	选修	人工智能导论	32	2	32	0	0				3
	选修	类脑计算与器件	32	2	32	0	0				5
	选修	机器学习	32	2	32	0	0				5
	选修	智能计算系统	32	2	32	0	0				6
	选修	神经网络	32	2	32	0	0				6
	选修	自旋电子器件	32	2	32	0	0				7

（五）专业实验和实践课程

课程类别	课程性质	课程名称	学时	学分	其中			课外	是否创新创业课程	是否校企合作课程	设置学期
					理论	实验	上机				
实践环节	必修	专业认知实验	1w	1	0	1w	0		是		1
	必修	工程训练（七）	2w	2	0	2w	0				4
	必修	生产实习	3w	3	0	3w	0		是		6
	必修	软件课程设计	2w	2	0	2w	0				2
	必修	数字集成电路课程设计	2w	2	0	2w	0			是	5
	必修	模拟集成电路课程设计	2w	2	0	2w	0			是	6
	必修	微电子工艺创新实践	1w	1	0	1w	0				6
	必修	嵌入式系统创新实践	2w	2	0	2w	0		是		7
	必修	科研创新实践	1w	1	0	1w	0		是		3—7
	必修	毕业设计（论文）	16w	12	0	16w	0				7—8

注：w代表周。

五、集成电路设计与集成系统专业课程设置导图

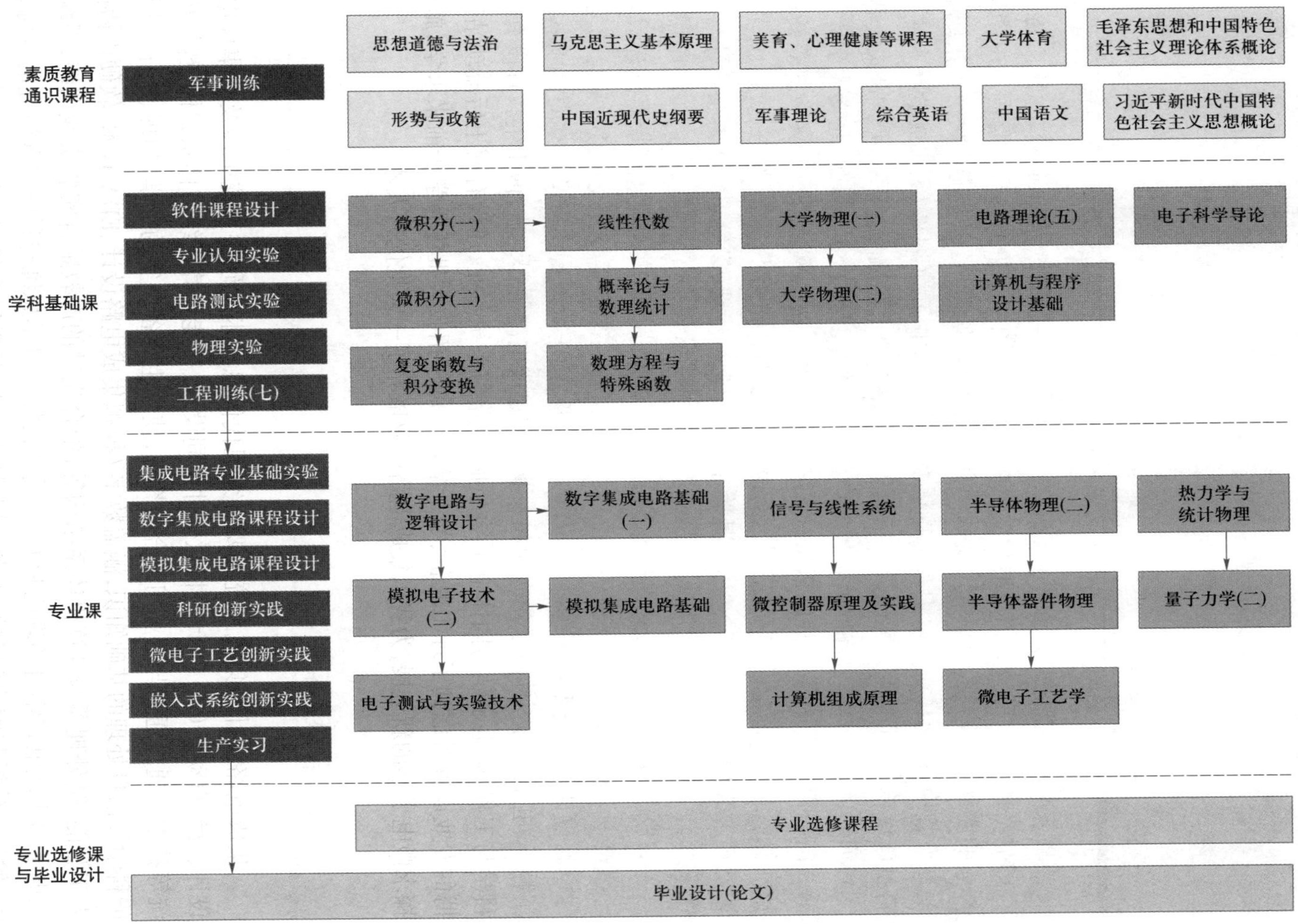

北京大学

集成电路设计与集成系统专业培养方案

一、专业简介

集成电路产业是信息技术的核心和强大基石，是影响国家经济、政治、国防等综合竞争力的战略性产业，已成为信息时代国家综合实力和国际竞争力的重要标志。中国集成电路产业的发展，关键是人才培养。集成电路人才的数量、质量、创新能力决定了集成电路产业的产业规模、产业核心竞争力和可持续发展能力。北京大学是国家集成电路人才培养基地首批建设单位，同时也是我国最早招收集成电路方向工程博士和工程硕士的试点单位之一。2019 年，北京大学成为首批国家集成电路产教融合创新平台。因此，北京大学立足国家当前"卡脖子"技术和未来战略需求，以培养人工智能、物联网、云计算、大数据等新一代信息技术所急需的集成电路和系统及其设计自动化工具的人才为目标，结合北京大学在计算机、智能科学、物理、数学、化学、生物、医学等方面的学科优势，设立了集成电路设计与集成系统专业。

集成电路设计与集成系统专业由信息科学技术学院和集成电路学院共同建设。北京大学微电子与集成电路学科设有完备的人才培养体系，本科生教育设有微电子科学与工程、集成电路设计与集成系统一理一工两个本科专业，硕士生教育设有学术型的集成电路科学与工程、微电子学与固体电子学专业和专业型的集成电路工程专业，博士生教育设有集成电路科学与工程、微电子学与固体电子学专业、电路与系统专业，还设有博士后流动站。本、硕、博的专业设置考虑到了理工兼备、学专结合。每年招收大批优秀学子前来求学，施展才华，探求微电子学的新进展，为我国集成电路产业培养了一大批优秀人才。

二、培养目标

集成电路设计与集成系统主要研究现代信息技术软硬件系统中涉及的集成电路芯片设计、设计自动化(EDA)、计算机软硬件协同设计、智能计算系统与体系架构、智能传感器系统等技术。通过通识与专业相结合的教育，使学生具备坚实的数学、物理、电子、计算机、智能科学等信息处理的基础知识，涵盖数字 / 模拟集成电路设计、EDA 技术、软硬件协同设计、人工智能、微处理器与计算机体系结构等，配合先进的产教融合实验实践训练，系统地掌握微电子与集成电路学科的理论和方法，受到良好的科学思维与科学实践研究的训练，具有探索、发现、分析和解决问题的能力，以及知识自我更新和不断创新的能力，为引领微电子与集成电路学科发展奠定基础。培养的学生具有正确的人生观和价值观，具有良好的人文和科学素养，具有独立思考、阅读、写作、表达等能力和国际化视野。

三、培养要求

本科毕业后可继续在国内和国际知名高校攻读集成电路科学与工程、微电子与固体电子学、电路与系统、计算机科学、智能科学及其他信息类专业的研究生学位，也可在科研机构、企事业单位从事集成电路、计算机、通信等相关学科和金融、管理等交叉学科的工作。具体要求包括以下各方面。

(1) 扎实的理论知识和实践能力：掌握微电子与集成电路领域所需要的数学、物理、计算机、电子等基础理论和基础知识，熟悉微电子与集成电路器件设计、工艺制造、芯片设计、封装测试、系统集成的实践技术。

(2) 发现、分析和解决问题的能力：能够基于科学原理，运用科学方法，发现工程科学应用中的问题；结合文献调研、原理探索和独立思考，分析问题可能的解决方法；通过专业培养获得实践能力，开发解决问题的方案并进行验证。

(3) 创新思维和可持续发展能力：面向科学技术趋势和产业发展需求，运用创新思维，能够提出新问题、新理论和新方法，体现创新能力；具有终身学习的意识和能力，具有较强的面向未知问题的主动探索精神，具备可持续发展能力。

(4) 团队合作精神和社会责任：具有较强的组织、沟通和表达能力，具备团队合作精神，具有承担项目管理和对团队负责的主动精神和能力；自觉以国家需求和社会发展为己任，自觉关注科学、技术和工程对人类社会可持续发展的影响，自觉遵守职业道德和规范，并履行应承担的责任。

四、毕业要求及授予学位类型

本专业学生在学期间，须修满培养方案规定的 148 学分，方能毕业。达到学位要求者授予工学学士学位。

具体毕业要求包括：

1. 公共基础课程：45~51 学分	1–1　公共必修课：33~39 学分
	1–2　通识教育课：12 学分
2. 专业必修课程：60 学分	2–1　专业基础课：24 学分
	2–2　专业核心课：30 学分
	2–3　毕业论文（设计）：6 学分
3. 选修课程：37 学分	3–1　专业选修课：20 学分
	3–2　自主选修课：17 学分

五、课程设置

1. 公共基础课程(45~51 学分)

1-1　公共必修课(33~39 学分)

课号	课程名称	学分	周学时	实践总学时	选课学期
03835 × × ×	大学英语	2~8			按大学英语教研室要求选课
—	思想政治理论必修课	19			按马克思主义学院要求选课
—	劳动教育课			32	按学校要求选课
04830041	计算概论 A	3	4	32	一上
04831420	数据结构与算法 B	3	4	32	一下
60730020	军事理论	2	2		一上
—	体育系列课程	4			全年,按体育教研室要求选课

可替代课程列表:

课程号	课程名称	学分	周学时	实践总学时	替代课程
04830530	计算概论 A(实验班)	3	4	32	计算概论 A
04830050	数据结构与算法 A	3	4	32	数据结构与算法 B
04833840	程序设计与算法	3	4	32	数据结构与算法 B

1-2　通识教育课(12 学分)

通识教育课程有四个系列(Ⅰ. 人类文明及其传统,Ⅱ. 现代社会及其问题,Ⅲ. 艺术与人文,Ⅳ. 数学、自然与技术),每个系列均包含通识教育核心课和通选课两类课程,修读总学分为 12 学分。具体要求如下:

(1) 至少修读一门"通识教育核心课程",且在四个课程系列中每个系列至少修读 2 学分;

(2) 原则上不允许以专业课替代通识教育课程学分;

(3) 本院系开设的通识教育课程不计入学生毕业所需的通识教育课程学分;

(4) 建议合理分配修读时间,每学期修读 1 门课程。

2. 专业必修课程(60 学分)

2-1　专业基础课(24 学分)

课号	课程名称	学分	周学时	实践总学时	选课学期
00132511	高等数学 A(Ⅰ)	5	6	32	一上
04833370	信息科学中的物理学(上)	3	4	16	一上

续表

课号	课程名称	学分	周学时	实践总学时	选课学期
00131460	线性代数 B	4	5	16	一上
00130202	高等数学 A(Ⅱ)	5	6	32	一下
04833371	信息科学中的物理学(下)	3	4	16	一下
04830010	信息科学技术概论	1	2	0	一上
04831770	微电子与电路基础	2	3	16	一下
04830450	电子系统基础训练	1	2	28	一下

可替代课程列表：

课号	课程名称	学分	周学时	实践总学时	替代课程
00132301	数学分析(Ⅰ)	5	6	32	高等数学 A(Ⅰ)
00132302	数学分析(Ⅱ)	5	6	32	高等数学 A(Ⅱ)
00132611	线性代数 A(Ⅰ)	4	5	32	线性代数 B
00132321	高等代数(Ⅰ)	5	6	32	线性代数 B
00431141	力学 B	3	5	32	信息科学中的物理学(上)
00431143	电磁学 B	3	4	16	信息科学中的物理学(下)
00431110	力学 A	4	6	32	力学 B、信息科学中的物理学(上)
00431155	电磁学 A	4	5	16	电磁学 B、信息科学中的物理学(下)

【说明】

1. 可替代课程说明：数学分析(Ⅰ)可以替代高等数学 A(Ⅰ)、数学分析(Ⅱ)可以替代高等数学 A(Ⅱ)、线性代数 A(Ⅰ)或高等代数(Ⅰ)可以替代线性代数 B、力学 A 或力学 B 可以替代信息科学中的物理学(上)、电磁学 A 或电磁学 B 可以替代信息科学中的物理学(下)。

2. 信息与工程科学部和理学部转入本专业，数学基础满足 14 学分，物理基础满足 6 学分即可，差额学分可以在自主选修里面补齐。

2-2　专业核心课(30 学分)

课号	课程名称	学分	周学时	实践总学时	选课学期
04834660	电路、信号与系统	3	3	0	二上
04833870	集成电路器件导论	4	4	0	二上
04835330	集成电路制造技术	3	3	0	三上
04835331	集成电路制造技术实践课	0	2	32	三上
04834960	计算系统建模、分析与优化	3	4	18	二下
04834790	数字逻辑电路	3	4	16	二下

续表

课号	课程名称	学分	周学时	实践总学时	选课学期
04834800	电子线路分析	3	4	16	二下
04834830	数字集成电路与系统	4	3	0	三上
04834831	数字集成电路与系统设计实验	0	2	32	三上
04834840	模拟集成电路与系统	4	5	32	三上
04834841	模拟集成电路与系统实践课	0	2	32	三上
04834810	微处理器设计与智能芯片	3	4	16	三下

【说明】集成电路器件(含研讨班)可替代集成电路器件导论。

课号	课程名称	学分	周学时	实践总学时	选课学期
04834670	集成电路器件	4	3	0	二下
04834671	集成电路器件研讨班	0	2	16	二下

2-3　毕业论文(设计)(6 学分)

3. 选修课程(37 学分)

3-1　专业选修课(20 学分)

要求第 1 至第 5 类课程中至少各选择 1 门。

课程号	课程	学分	周学时	实践总学时	开课学期
第 1 类：微电子科学与技术类					
00432149	量子力学 B	3	3	8	二下 / 三上
04834970	固体电子学	3	3	0	三上
04834680	微纳机电系统	3	4	16	二下
04834890	先进电子材料	3	3	4	三上
04834950	新型信息器件与未来计算	3	3	0	三下
04832200	纳电子器件导论	2	2	6	三上
04832730	现代集成电路中的器件与应用	3	3	0	三下
04803006	纳米离子学	3	3	0	四上
04831811	微纳尺度流体科学及应用	3	3	8	四上
04834540	先进集成电路工艺与制造	3	3	0	三下
04835140	功率半导体器件原理与应用	3	3	0	三下
04834270	柔性电子学	3	3	3	四上
第 2 类：集成电路设计类					
04832010	基于 HDL 的数字系统设计	3	3	18	三上
04832500	无线通信集成电路基础	2	2	2	三下
04831190	射频集成电路	3	3	16	四上

续表

课程号	课程	学分	周学时	实践总学时	开课学期
04835340	高等模拟集成电路	3	3	16	四上
第 3 类：设计自动化（EDA）与计算系统类					
04834590	芯片设计自动化与智能优化	3	3	0	三上
04834850	高层次芯片设计	3	3	0	三上
04831070	集成电路 CAD	3	3	0	三下
00136540	数值方法：原理、算法及应用	3	3	0	四上
第 4 类：计算机和人工智能类					
04835240	软件设计实践	3	4	32	一下
04834880	电子信息学中的机器学习	3	3		二下
04831320	脑与认知科学	2	2	0	二上
04833040	计算机系统导论	5	4	0	二上
04832363	计算机系统导论讨论班	0	2	32	二上
04831210	信息论	2	2	0	二下
04834210	计算机网络	4	5	32	三上 / 下
04831730	机器学习概论	3	3	8	二下 / 三下
第 5 类：实践与创新类					
04831080	微电子器件测试实验	2	4	64	三下
04830030	科技交流与写作	2	2	8	三下
04832850	创新工程实践	3	3	16	三下
04833310	集成电路逻辑综合实验	2	20	32	三暑期
04833720	基于 IP 的 SoC 设计实验	2	20	32	三暑期
04833730	集成电路的物理设计实验	2	20	32	三暑期
04833740	数字集成电路验证方法学	2	20	32	三暑期
04834440	智能计算系统	2	20	32	三暑期
04831180	PSoC 应用开发基础实验	2	4	18	四上
04831060	集成电路设计实习	2	4	64	三下

可替代课程列表：

课程号	课程名称	学分	周学时	实践总学时	替代课程
04832130	微电子物理基础	3	3	8	量子力学 B
04831750	程序设计实习	3	4	32	软件设计实践

3-2　自主选修课（17 学分）

含跨学科课程和辅修专业学分可替代学分。

六、其他

1. 荣誉学位要求

针对愿意充分发展个人兴趣、积极开阔国际视野、追求更高科学和工程学位或更好学习体验的同学，本专业提供了荣誉课程系列（Honor Track）。完成此系列课程学习，并达到以下相应要求的学生，可以申请荣誉学士学位。评定通过后，学生将获得学校统一颁发的荣誉证书。

(1) 思想品德好，在校期间没有受过任何纪律处分。

(2) 已获得所修专业的学士学位授予资格。

(3) 前7个学期总平均绩点位于本年度本专业本科毕业生的前30%。

(4) 前7个学期，完成以下全部荣誉课程学习要求，且成绩达到优秀（≥ 85分）。

类别	课程	学分	学时	开课学期
荣誉课程系列（主修）	微纳机电系统	3	4	二下
	新型信息器件与未来计算	3	3	三下
	高层次芯片设计	3	3	三上
	芯片设计自动化与智能优化	3	3	三上
	高等模拟集成电路	3	3	四上
	射频集成电路	3	3	四上
荣誉课程系列（科研）	本科生科研训练	2~6	—	三年级

2. 港澳台学生和留学生学分与选课要求

(1) 港澳台学生和留学生除免修课程外，学分完成要求均与本科生要求一致。

(2) 免修课程的替代要求为：免修全校公共必修课程中的政治类课程以及军事理论课，需选修“与中国有关课程”中的21学分替代。

3. 优秀毕业生（Honor Student Award）奖励要求

(1) 思想品德好，在校期间没有受过任何纪律处分。

(2) 已获得所修专业的学士学位授予资格。

(3) 前7个学期总平均绩点（由各院系自行确定统计标准）位于全院本科毕业生的前30%。

(4) 前7个学期，以下四门课程中至少选修三门，且每门达到优秀以上（≥ 85分）：微纳机电系统、新型信息器件与未来计算、芯片设计自动化与智能优化、高等模拟集成电路。

(5) 毕业论文获得优秀及以上评价。

注：优秀毕业生证书由信息科学技术学院与专业共建单位集成电路学院共同发放。

4. 其他课程方面规定

(1) 相同课名或者授课内容相近的课程为互斥课程，不能重复计算学分。外院系选修的同名课程也不能计算学分。如果有疑问，请提前和教务老师确认。

(2) 大学英语所修学分不足8学分（或免修）的同学需通过专业或通识选修课程补齐学分。

七、集成电路设计与集成系统专业课程导图

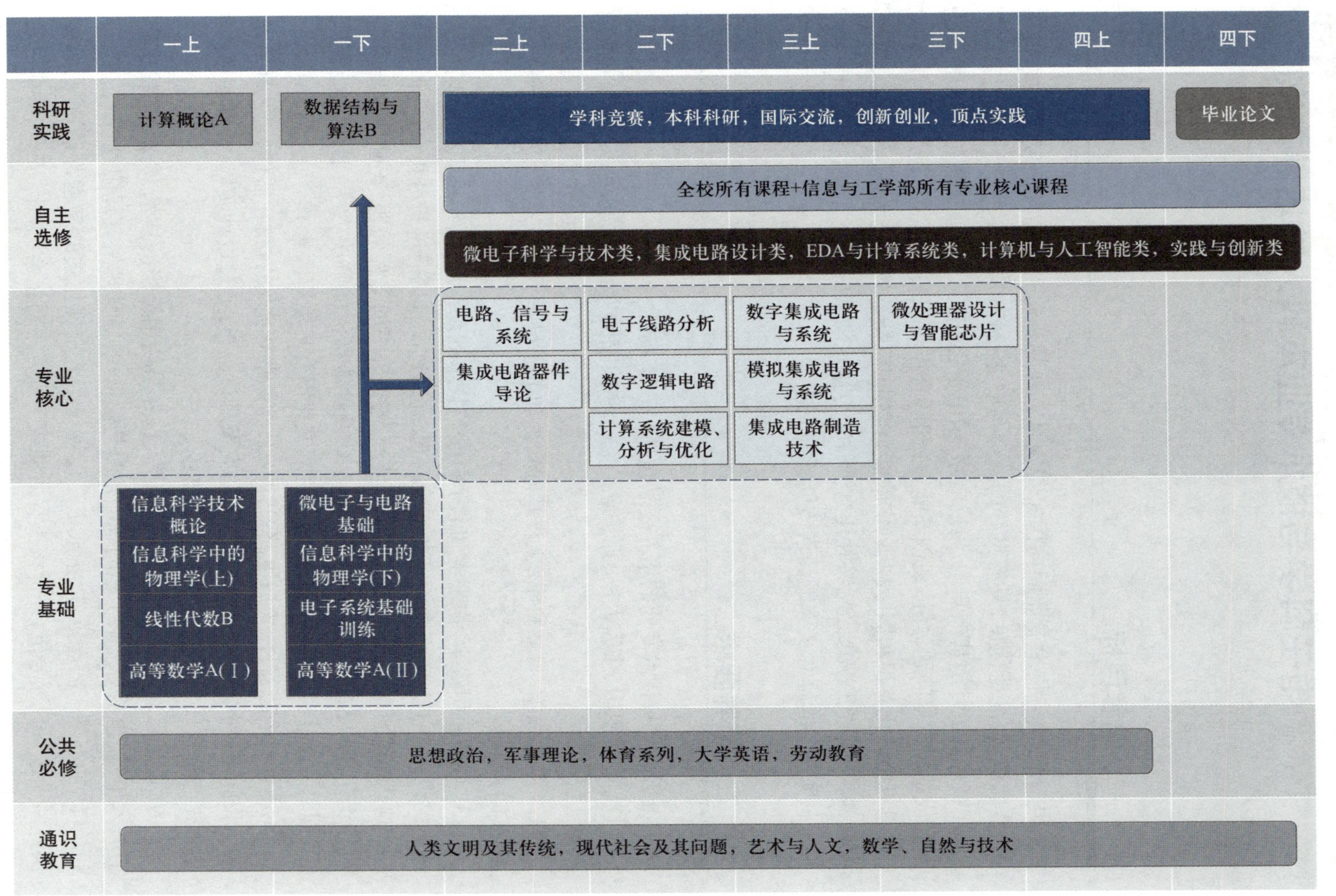

北京工业大学

电子科学与技术专业本科人才培养方案

一、培养目标

电子科学与技术专业面向国家特别是京津冀地区经济与社会发展需要，培养爱国、自信、信念执着、品德优良，具有良好的社会与职业道德；有宽广的学科视野与扎实的理论基础，能够将自然科学基本知识，集成电路、微电子、光电子专业基础理论知识用于解决复杂电子集成系统工程问题，并体现创新能力；团队合作意识与沟通表达能力强、具有独立思考能力；具有全球化意识和国际视野，实践能力突出、可持续发展能力强，有能力继续学习以适应专业领域不断发展需要；能够胜任电子科学与技术领域的研究开发、技术支持、测试分析、工程项目实施与管理等工作的高素质创新型人才。

二、培养要求

电子科学与技术专业的培养要求包括：

(1) 热爱祖国、热爱人民，拥护党的领导和国家的方针、政策，品行端正，遵纪守法，乐于奉献。

(2) 掌握数学、自然科学、工程基础知识和电子科学领域专业知识，并能够将其用于解决复杂工程问题。

(3) 能够应用数学、物理学和电子科学与技术的基本原理，正确识别与表达固态器件、集成电路设计与工艺实现中的复杂工程问题，并通过文献调研进行分析，以获得有效结论。

(4) 针对固态器件、集成电路设计与工艺实现中的工程问题，正确选择器件电路结构及设计工艺流程，能够设计出满足基本参数及性能指标的解决方案；该方案能够体现创新意识，同时考虑社会效益、健康、安全、法律、文化以及环境等因素。

(5) 针对固态器件、集成电路设计与工艺实现中涉及的材料、器件、工艺环节及电路的复杂工程问题，利用科学方法进行工程研究及理论分析，通过设计实验、合理使用仪器设备、分析数据与解释现象，得到合理有效的结论。

(6) 能够针对复杂的工程问题，开发、选择与使用恰当的技术、资源、现代工程工具和信息技术工具，包括对复杂工程问题的预测与模拟，并能够理解其局限性。

(7) 能够基于固态器件、集成电路设计与工艺实现相关的工程背景知识，对相关的工程实践活动进行合理分析，评价该工程活动或工程方案对社会、健康、安全、法律以及文化的影响，特别是对微电子工艺相关的化学药品使用、化学废气废液的排放对人身安全与环境污染等可能产生的影响有清醒认识，并理解应承担的社会责任。

(8) 能够理解和评价固态器件、集成电路设计与工艺实现中的工程实践对环境、社会可持续发展的影响,能够正确使用与回收工艺相关的化学药品,能够正确使用与处理电子耗材等。

(9) 具有人文社会科学素养、社会责任感,能够在工程实践中理解并遵守工程职业道德和规范,履行责任。

(10) 能够在多学科背景的团队中,根据团队需要承担个体、团队成员或负责人的角色,完成对应角色需要承担的任务。

(11) 能够就复杂工程问题与业界同行及社会公众进行有效沟通和交流,包括撰写报告、设计文稿、陈述发言、清晰表达和回应指令,并具备一定的国际视野,能够在跨文化背景下进行沟通和交流。

(12) 理解并掌握工程管理原理与经济决策方法,并能在多学科环境中应用。

(13) 具有自主学习和终身学习的意识,有不断学习和适应发展的能力。

(14) 掌握体育运动的一般知识和基本方法,形成良好的体育锻炼和卫生习惯。

三、学制与授予学位

电子科学与技术专业本科学制 4 年,最长不超过 6 年。授予工学学士学位。

四、基本学分要求

修满本培养方案规定 162.5 学分、专业自主课程 7.5 学分和《北京工业大学本科生第二课堂管理办法》要求的 12 学分,可获得电子科学与技术专业本科毕业证书。

五、课程设置与学分分布

课程类别	课程主题	主体课程	学分	
			必修	选修
通识教育 (69 学分,42.5%)	理想信念与家国情怀 (23 学分,14.2%)	思想政治课程 (不含 2 学分必修“形势与政策”)	15	
		军事理论	2	
		军事训练(实践)	2	
		体育课	4	
	大类基础与科学素养 (28.5 学分,17.5%)	数学与自然科学	26.5	
		计算机类	0	
		物理实验	2	
	国际视野与沟通表达 (8 学分,4.9%)	大学英语	8	

续表

<table>
<tr><th rowspan="2">课程类别</th><th rowspan="2">课程主题</th><th rowspan="2">主体课程</th><th colspan="3">学分</th></tr>
<tr><th>必修</th><th colspan="2">选修</th></tr>
<tr><td rowspan="6">通识教育
（69 学分，42.5%）</td><td rowspan="6">综合素质与公民责任
（9.5 学分，5.8%）</td><td>工程经济与项目管理</td><td></td><td>2</td><td rowspan="6">1.5</td></tr>
<tr><td>工程伦理</td><td></td><td>1</td></tr>
<tr><td>美学修养与艺术鉴赏</td><td></td><td>2</td></tr>
<tr><td>科学探索与创新发展</td><td></td><td></td></tr>
<tr><td>道德修养与身心健康</td><td></td><td>1</td></tr>
<tr><td>沟通表达与全球视野</td><td></td><td>2</td></tr>
<tr><td rowspan="9">专业教育
（93.5 学分，57.5%）</td><td rowspan="2">学科基础课程
（40.5 学分，24.9%）</td><td>专业大类课程</td><td>17.5</td><td colspan="2">3.5</td></tr>
<tr><td>专业核心课程</td><td>19.5</td><td colspan="2"></td></tr>
<tr><td>专业发展选修课程
（16 学分，9.8%）</td><td>专业选修课</td><td></td><td colspan="2">16</td></tr>
<tr><td>个性需求选修课程
（4 学分，2.5%）</td><td>“专业教育”中理论课程</td><td></td><td colspan="2">4</td></tr>
<tr><td rowspan="5">实践与创新
（33 学分，20.3%）</td><td>实验</td><td>5.5</td><td colspan="2"></td></tr>
<tr><td>实习</td><td>4</td><td colspan="2"></td></tr>
<tr><td>综合类课程设计</td><td>11.5</td><td colspan="2"></td></tr>
<tr><td>毕业设计</td><td>8</td><td colspan="2"></td></tr>
<tr><td>创新创业学分</td><td>4</td><td colspan="2"></td></tr>
<tr><td>合计</td><td>162.5 学分</td><td></td><td>129.5</td><td colspan="2">33</td></tr>
</table>

六、必修课程关系导图

第一学期
第二学期
第三学期
第四学期
第五学期
第六学期
第七学期
第八学期
中国近现代史纲要
习近平新时代中国特色社会主义思想概论
毛泽东思想和中国特色社会主义理论体系概论
马克思主义基本原理
思想道德与法治
经管、工程伦理、美育、“四史”类选修
军事理论
军事训练
大学英语(综合)
大学英语(高级)
双语选修
专业外语选修
双语教学专业课选修
固体物理
半导体器件原理
高等数学(工)1
高等数学(工)2
概率论与数理统计
半导体物理
集成电路分析与设计
复变函数与数学物理方程
统计物理
大学物理(Ⅰ)1
大学物理(Ⅰ)2
量子力学Ⅲ
电磁场理论
物理实验(工)1
物理实验(工)2
学科专业实验课、学科专业工程训练、课程设计
新生研讨课
专业教育选修课
电路分析基础2
电路分析基础1
模拟电子技术
通识教育选修课
线性代数(工)
数字电子技术
电子技术实验1
电子技术实验2
电子工程设计
工程图学基础与AutoCAD
机械工程训练A
工作实习
认识实习
高级语言程序设计
高级语言程序设计课设
计算机软件基础
计算机软硬件应用选修与实践训练
微机原理与应用
体育1
体育2
体育3
体育4
日常体育锻炼
第二课堂和实践选修
毕业设计

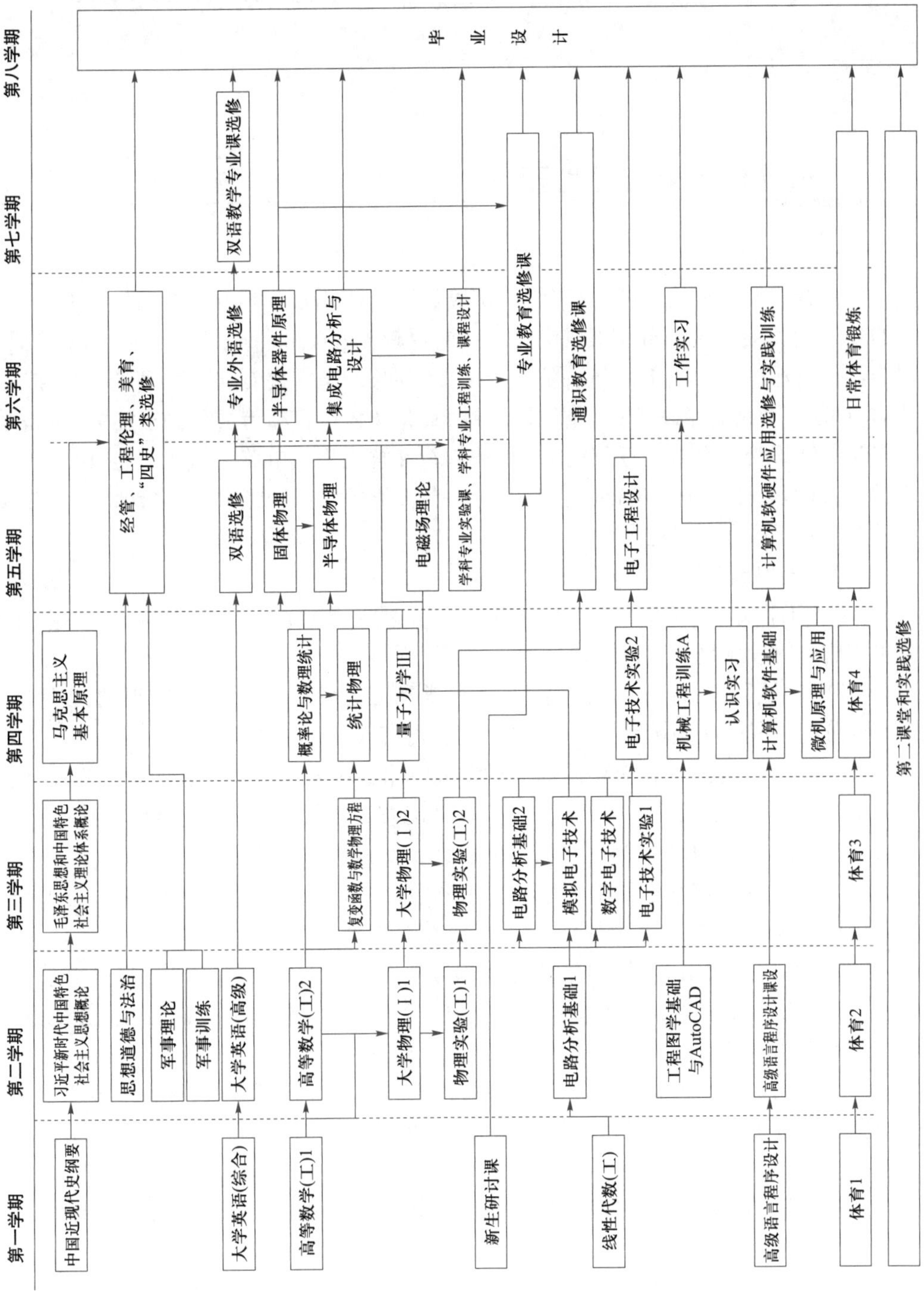

北京航空航天大学

微电子科学与工程专业本科培养方案

一、培养目标及毕业要求

1. 培养目标

结合学校人才培养的总体目标，培养德、智、体、美、劳等方面全面发展的社会主义事业的建设者和接班人。培养集成电路领域的卓越工程师和行业领军人才，围绕集成电路材料与器件、设计与工具、工艺与装备三个主要方向，系统掌握专业基础理论知识和工程实践能力，打通产业链各个环节；理解国际规则，具有文化包容和跨文化沟通能力；具备系统思维、多学科知识交叉融合和迁移能力；具备创新性解决集成电路领域不确定环境下复杂工程问题能力；具备工程伦理道德责任和尊重社会价值的意识和能力；具备组织及协作领导能力，具有批判思维和反思能力。

2. 毕业要求

⑴ 工程知识：能够将数学、自然科学、工程基础和微电子科学与工程专业知识用于解决集成电路领域复杂工程问题。

⑵ 问题分析：能够应用数学、自然科学和工程科学的基本原理，识别、表达并通过文献研究分析集成电路领域复杂工程问题，以获得有效结论。

⑶ 设计开发：具有能够设计针对集成电路领域复杂工程问题的解决方案，设计满足特定需求的系统、单元（部件）或工艺流程，并能够在设计环节中体现创新意识，考虑社会、健康、安全、法律、文化以及环境等因素的设计开发解决方案的能力。

⑷ 研究：能够基于科学原理并采用科学方法对集成电路领域复杂工程问题进行研究，包括设计实验、分析与解释数据、通过信息综合得到合理有效的结论。

⑸ 使用现代工具：针对集成电路领域复杂工程问题，能够开发、选择与使用恰当的技术、资源、现代工程工具和信息技术工具，包括对集成电路领域复杂工程问题的预测与模拟，并理解其局限性。

⑹ 工程与社会：能够基于工程相关背景知识进行合理分析，评价专业工程实践和集成电路领域复杂工程问题解决方案对社会、健康、安全、法律以及文化的影响，并理解应承担的责任。

⑺ 环境和发展：能够理解和评价针对集成电路领域复杂工程问题的工程实践对环境、社会可持续发展的影响。

⑻ 职业规范：具有坚定正确的政治方向，良好的思想品德、社会公德和职业道德；具有人文社会科学素养、社会责任感，以及对航空航天的高度使命感；具有良好的身体素质和心理素质，达到国家规定的大学生体育和军事训练合格标准，能履行建设祖国和保卫祖国的神

圣义务。

(9) 个人和团队：能够在多学科背景下的团队中承担个体、团队成员以及负责人的角色。

(10) 沟通：能够就集成电路领域复杂工程问题与业界同行及社会公众进行有效沟通和交流，包括撰写报告和设计文稿、陈述发言、清晰表达个人见解；熟练掌握一门外语，具有较强的听说读写能力，并具有国际视野和跨文化的交流、竞争与合作的能力。

(11) 项目管理：理解并掌握工程管理原理与经济决策的方法，能在多学科环境中应用。

(12) 终身学习：具有自主学习和终身学习的意识，有不断学习和适应发展的能力，能及时了解集成电路最新理论、技术及国际前沿动态。

3. 核心课程与核心能力规划关联图

	A 工程 知识	B 问题 分析	C 设计 开发	D 研究 能力	E 使用 工具	F 工程 社会	G 环境 发展	H 职业 规范	I 个 人和 团队	J 沟通	K 项目 管理	L 终身 学习
电路分析	√	√	√									
数字集成电路基础		√	√	√								
工科量子力学		√		√								√
复变函数		√										√
模拟集成电路基础	√	√	√		√							
数字集成电路设计	√	√	√		√							
微电子器件物理		√	√	√								
信号与系统	√	√		√								√
模拟集成电路设计原理	√	√	√	√	√							√
数字系统设计与验证	√	√	√	√	√							√
微电子器件实验		√	√		√							
集成电路工艺原理	√			√	√							
数模混合 IC 设计实训	√	√	√	√	√				√	√	√	√
微纳器件制备实训		√	√	√								
生产实习						√	√	√		√		
毕业设计				√	√	√				√	√	√

本专业课程体系按照集成电路学科发展和产业需求，参照国际工程专业认证的相关要求，结合我院专业特色设计，突出不同学科的交叉融合，兼顾课程体系的系统化和个性化，兼顾学术型和工程型人才的培养。

在具体的课程设计上，大一的课程采用北京航空航天大学信息大类的通用课程，采用大类宽口径培养的模式。大一的课程在信息大类课程的基础上添加了“集成电路导论”概论性基础课程。大二上学期在信息大类课程的基础上添加了“工科量子力学”“工科基工程热力学”“物理光学”等基础课程，并逐步开展微电子科学与工程的专业课程。从大三开始，针对微电子科学与工程专业，设置相应的专业课程，从微纳器件与工艺、数字集成电路与模拟集成电路三个方面，进行全面的培养，在这三个方面，学生应掌握基础理论知识，并在具体的实训课程中掌握具体的工程实践知识。在大四的课程中，考虑到本研一体化的课程需求，专门设计了本科研究生的衔接课程；设立了“三个一”的培养目标，即在大四毕业之前，每位毕业生将自己制备一个微纳器件、验证一款数字芯片、流片一款模拟芯片。

二、学制、授予学位、最低毕业学分框架表

本专业基本学制为 4 年，学生在学校规定的学习年限内，修完培养方案规定的内容，成绩合格，达到学校毕业要求的，准予毕业，学校颁发毕业证书；符合学士学位授予条件的，授予学士学位。

毕业总学分：156 学分。

授予学位类型：微电子科学与工程学士学位。

微电子科学与工程专业本科指导性最低学分框架表

课程模块	课程类别	最低学分要求		
		1 年级	2—4 年级	学分小计
基础课	数理基础课	22	14	53
	工程基础课	9	0	
	外语课	4	4	
通修课	思政课	9.5	10.5	38.5
	军理课	2	2	
	体育课	1	2.5	
	素质教育理论必修课	0.9	3.6	
	素质教育实践必修课	0.5	1.5	
	综合素养课	1.5	3	

续表

课程模块	课程类别	最低学分要求		
		1 年级	2—4 年级	学分小计
专业课	核心专业类课程	0	52.5	64.5
	一般专业类课程	0	12	
学分小计		50.4	105.6	156
毕业最低总学分		156		

注：外语课、思政课、军理课、体育课、美育课、劳动教育课程、心理健康课程、国家安全课程、素质教育实践必修课等修读要求见相关文件。

(1) 劳动教育课程要求：选修劳动教育必修课或劳动教育模块学时总数≥ 32 学时，并参加劳动月等活动，详见每学期劳动教育课程清单。

(2) 创新创业课程要求：至少选修 3 学分，详见每学期创新创业课程清单，修读要求见相应创新创业学分认定办法。

(3) 全英文课程要求：至少选修 2 学分全英文课程(外语类课程除外)。

(4) 跨学科专业课要求：本科学生毕业前至少修读 3 学分的跨学科专业课。

三、课程设置与学分分布

课程模块	课程类别	课程代码	中文课程名称	总学分	总学时	理论学时	实验学时	实践学时	开课学期		课程性质及学习要求	考核方式	授课语言
									学年	学期			
基础课	数理基础课	B090011001	工科数学分析(1)	6	96	96	0	0	一	秋	必修	考试	全汉语
		B090011010	工科高等代数	6	96	96	0	0	一	秋	必修	考试	全汉语
		B090011003	工科数学分析(2)	6	96	96	0	0	一	春	必修	考试	全汉语
		B190011004	基础物理学A(1)	4	64	64	0	0	一	春	必修	考试	全汉语
		B420011001	物理光学	2	32	32	0	0	二	秋	必修	考试	全汉语
		B420011002	工程热力学	2	32	32	0	0	二	秋	必修	考试	全汉语
		B420011003	复变函数	3	48	48	0	0	二	秋	必修	考试	全汉语
		B420011004	工科量子力学	3	48	48	0	0	二	秋	必修	考试	全汉语
		B190011007	基础物理实验(1)	1	32	0	32	0	二	秋	必修	考试	全汉语
		B420011005	应用概率与统计	2	32	32	0	0	二	春	必修	考试	全汉语

续表

课程模块	课程类别	课程代码	中文课程名称	总学分	总学时	理论学时	实验学时	实践学时	开课学期		课程性质及学习要求	考核方式	授课语言
									学年	学期			
基础课	数理基础课	B190011008	基础物理实验(2)	1	32	0	32	0	二	春	必修	考查	全汉语
	工程基础课	B060012003	程序设计基础	2	48	16	32	0	一	秋	必修	考试	全汉语
		B020012001	电子设计基础训练	2	56	8	48	0	一	春	必修	考查	全汉语
		B060012004	离散数学(信息类)	2	32	32	0	0	一	春	必修	考试	全汉语
		B060012005	数据结构与程序设计(信息类)	3	64	32	32	0	一	春	必修	考试	全汉语
	外语课	B120013001	大学英语 A(1)	2	32	32	0	0	一	秋	必修	考试	全英文
		B120013002	大学英语 A(2)	2	32	32	0	0	一	春	必修	考试	全英文
		B120013003	大学英语 B(1)	2	32	32	0	0	一	秋	必修	考试	全英文
		B120013004	大学英语 B(2)	2	32	32	0	0	一	春	必修	考试	全英文
		B120013007	英语阅读(3)	2	32	32	0	0	二	秋	必修	考试	全英文
		B120013008	英语写作(3)	2	32	32	0	0	二	春	必修	考试	全英文
通修课	思政课	B280021001	思想道德与法治	3	48	48	0	0	一	秋	必修	考试	全汉语
		B280021002	习近平新时代中国特色社会主义思想概论	3	48	48	0	0	一	秋	必修	考试	全汉语
		B280021003	中国近现代史纲要	3	48	48	0	0	一	春	必修	考试	全汉语
		B280021004	毛泽东思想和中国特色社会主义理论体系概论	3	48	48	0	0	二	秋	必修	考试	全汉语
		B280021005	社会实践	2	80	0	0	80	三	秋	必修	考查	全汉语
		B280021006	马克思主义基本原理	3	48	48	0	0	二	春	必修	考试	全汉语
		B280021007	形势与政策(1)	0.2	8	4	0	4	一	秋	必修	考查	全汉语
		B280021008	形势与政策(2)	0.3	8	4	0	4	一	春	必修	考查	全汉语
		B280021009	形势与政策(3)	0.2	8	8	0	0	二	秋	必修	考查	全汉语
		B280021010	形势与政策(4)	0.3	8	8	0	0	二	春	必修	考查	全汉语

续表

课程模块	课程类别	课程代码	中文课程名称	总学分	总学时	理论学时	实验学时	实践学时	开课学期		课程性质及学习要求	考核方式	授课语言
									学年	学期			
通修课	思政课	B280021011	形势与政策(5)	0.2	8	8	0	0	三	秋	必修	考查	全汉语
		B280021012	形势与政策(6)	0.3	8	8	0	0	三	春	必修	考查	全汉语
		B280021013	形势与政策(7)	0.2	8	8	0	0	四	秋	必修	考查	全汉语
		B280021014	形势与政策(8)	0.3	8	8	0	0	四	春	必修	考查	全汉语
		B280021015	中共党史	1	16	16	0	0	一至四	秋、春	限修≥1学分	考试	全汉语
		B280021016	新中国史	1	16	16	0	0	一至四	秋、春		考试	全汉语
		B280021017	改革开放史	1	16	16	0	0	一至四	秋、春		考试	全汉语
		B280021018	社会主义发展史	1	16	16	0	0	一至四	秋、春		考试	全汉语
	军理课	BA20022001	军事技能	2	112	0	0	112	一	秋	必修	考查	全汉语
		BA20022002	军事理论	2	36	32	0	4	二	春	必修	考试	全汉语
	体育课	B310023001	体育(1)	0.5	32	32	0	0	一	秋	必修	考试	全汉语
		B310023002	体育(2)	0.5	32	32	0	0	一	春	必修	考试	全汉语
		B310023003	体育(3)	0.5	32	32	0	0	二	秋	必修	考试	全汉语
		B310023004	体育(4)	0.5	32	32	0	0	二	春	必修	考试	全汉语
		B310023005	体育(5)	0.5	16	16	0	0	三	秋	必修	考试	全汉语
		B310023006	体育(6)	0.5	16	16	0	0	三	春	必修	考试	全汉语
		B310023007	体质健康标准测试	0.5	0	0	0	0	四	秋	必修	考试	全汉语
	素质教育实践必修课	BA20025001	素质教育(博雅课程)(1)	0.2	16	4	0	12	一	秋	必修	考查	全汉语
		BA20025002	素质教育(博雅课程)(2)	0.3	16	4	0	12	一	春	必修	考查	全汉语
		BA20025003	素质教育(博雅课程)(3)	0.2	16	4	0	12	二	秋	必修	考查	全汉语
		BA20025004	素质教育(博雅课程)(4)	0.3	16	4	0	12	二	春	必修	考查	全汉语
		BA20025005	素质教育(博雅课程)(5)	0.2	16	4	0	12	三	秋	必修	考查	全汉语
		BA20025006	素质教育(博雅课程)(6)	0.3	16	4	0	12	三	春	必修	考查	全汉语

续表

课程模块	课程类别	课程代码	中文课程名称	总学分	总学时	理论学时	实验学时	实践学时	开课学期		课程性质及学习要求	考核方式	授课语言
									学年	学期			
通修课	素质教育实践必修课	BA20025007	素质教育(博雅课程)(7)	0.2	16	4	0	12	四	秋	必修	考查	全汉语
		BA20025008	素质教育(博雅课程)(8)	0.3	16	4	0	12	四	春	必修	考查	全汉语
	素质教育理论必修课	美育类课程(1.5 学分),各类课程见各学期开课清单		1.5					一至四	秋、春	必修		
		劳动教育课程(至少 32 学时),劳动教育必修课或劳动教育模块,详见每学期劳动教育课程清单			32				一至四	秋、春	必修		
		B140024001	国家安全(1)	0.1	2	2	0	0	一	秋	必修	考查	全汉语
		B140024002	国家安全(2)	0.2	4	4	0	0	一	春	必修	考查	全汉语
		B140024003	国家安全(3)	0.1	2	2	0	0	二	秋	必修	考查	全汉语
		B140024004	国家安全(4)	0.2	4	4	0	0	二	春	必修	考查	全汉语
		B140024005	国家安全(5)	0.1	2	2	0	0	三	秋	必修	考查	全汉语
		B140024006	国家安全(6)	0.3	2	2	0	0	三	春	必修	考查	全汉语
		BA70024037	心理健康(1)	0.3	6	2	0	4	一	秋	必修	考查	全汉语
		BA70024038	心理健康(2)	0.3	6	2	0	4	一	春	必修	考查	全汉语
		BA70024039	心理健康(3)	0.3	6	2	0	4	二	秋	必修	考查	全汉语
		BA70024040	心理健康(4)	0.3	6	2	0	4	二	春	必修	考查	全汉语
		BA70024041	心理健康(5)	0.2	2	2	0	0	三	秋	必修	考查	全汉语
		BA70024042	心理健康(6)	0.2	2	2	0	0	三	春	必修	考查	全汉语
		BA70024043	心理健康(7)	0.2	2	2	0	0	四	秋	必修	考查	全汉语
		BA70024044	心理健康(8)	0.2	2	2	0	0	四	春	必修	考查	全汉语
	综合素养课	概论课(大类内部)包含以下七门											
		B020026001	电子信息工程导论	1.5	24	24	0	0	一	秋	限修,≥ 1.5 学分	考查	全汉语
		B030026001	自动化科学与电气工程导论	1.5	24	24	0	0	一	秋		考查	全汉语
		B060026001	计算机导论与伦理学	1.5	24	24	0	0	一	秋		考查	全汉语
		B170026001	仪器科学概览	1.5	24	24	0	0	一	秋		考查	全汉语
		B210026001	走进软件	1.5	24	24	0	0	一	秋		考查	全汉语

续表

课程模块	课程类别	课程代码	中文课程名称	总学分	总学时	理论学时	实验学时	实践学时	开课学期		课程性质及学习要求	考核方式	授课语言
									学年	学期			
通修课	综合素养课	B390026001	网络空间安全导论	1.5	24	24	0	0	一	秋	限修，≥ 1.5 学分	考查	全汉语
		B420026001	集成电路导论	1.5	24	24	0	0	一	秋		考查	全汉语
		人文、经典、社科、科技文明4类综合素养课		1						秋、春	限修，≥ 1 学分	考查	全汉语
		B050026002	航空航天概论A	2	32	22	10	0	二至四	秋、春	必修	考试	全汉语
专业课	核心专业类课程	B420031001	电路分析	4.5	80	64	16	0	二	秋	必修	考试	全汉语
		B420031005	数字集成电路基础	3	48	48	0	0	二	秋	必修	考试	全汉语
		B420031002	信号与系统	4	64	64	0	0	二	春	必修	考试	全汉语
		B420031003	模拟集成电路基础	4.5	80	64	16	0	二	春	必修	考试	全汉语
		B420031009	微电子器件物理	4.5	80	64	16	0	二	春	必修	考试	全汉语
		B420031010	数字系统设计与验证	3	64	32	32	0	二	春	必修	考试	全汉语
		B420031011	模拟集成电路设计原理	2.5	48	32	16	0	三	秋	必修	考试	全汉语
		B420031012	集成电路工艺原理	3	48	48	0	0	三	秋	必修	考试	全汉语
		B420031013	数字集成电路设计	3	48	48	0	0	三	秋	必修	考试	全汉语
		B420031015	计算机组成与系统结构	3	56	40	16	0	三	秋	必修	考试	全汉语
		B420031017	微纳器件制备实训	2.5	64	16	48	0	三	春	必修	考查	全汉语
		B420031007	科研课堂	2	32	0	0	32	二、三	春、秋	必修	考查	全汉语
		B420031018	社会课堂(生产实习)	5	320	0	0	320	三、四	夏、春、秋	必修	考查	全汉语
		B420031019	毕业设计	8	640	0	0	640	四	春	必修	考查	全汉语

续表

课程模块	课程类别	课程代码	中文课程名称	总学分	总学时	理论学时	实验学时	实践学时	开课学期		课程性质及学习要求	考核方式	授课语言
									学年	学期			
专业课	一般专业类课程	B420032009	量子力学研讨与实训	1	24	8	16	0	二	秋	限修	考查	全汉语
		B020031005	电磁场理论	4	64	64	0	0	二	春	限修	考试	全汉语
		B420032001	固体物理 A	2	32	32	0	0	三	秋	限修	考试	全汉语
		B420032002	集成电路设备原理	2	32	32	0	0	三	秋	限修	考试	全汉语
		B020031011	数字信号处理	3.5	64	48	16	0	三	秋	限修	考试	全汉语
		B420032016	数模混合 IC 设计实训	2	48	16	32	0	三	春	限修	考查	全汉语
		B420032003	射频集成电路设计	3	48	48	0	0	三	春	限修	考查	全汉语
		B420032004	神经网络处理器	3	64	32	32	0	三	春	限修	考查	全汉语
		B420032005	集成电路设计自动化技术基础	3	48	48	0	0	三	春	限修	考试	全汉语
		B420032006	自旋电子原理	2	32	32	0	0	三	春	限修	考试	全汉语
		以下本研一体课程至多选择 2 门											
		T420041001	现代微纳电子学	3	48	48	0	0	四	秋	限修	考试	全汉语
		T420041002	现代半导体器件物理	3	48	48	0	0	四	秋	限修	考试	全汉语
		T420041003	集成电路与系统分析设计方法	3	48	48	0	0	四	秋	限修	考试	全汉语
		T420051001	高级数字集成电路设计	3	48	48	0	0	四	秋	限修	考试	全汉语
		T420051002	磁学理论	3	48	48	0	0	四	秋	限修	考试	全汉语

四、课程先修逻辑关系图

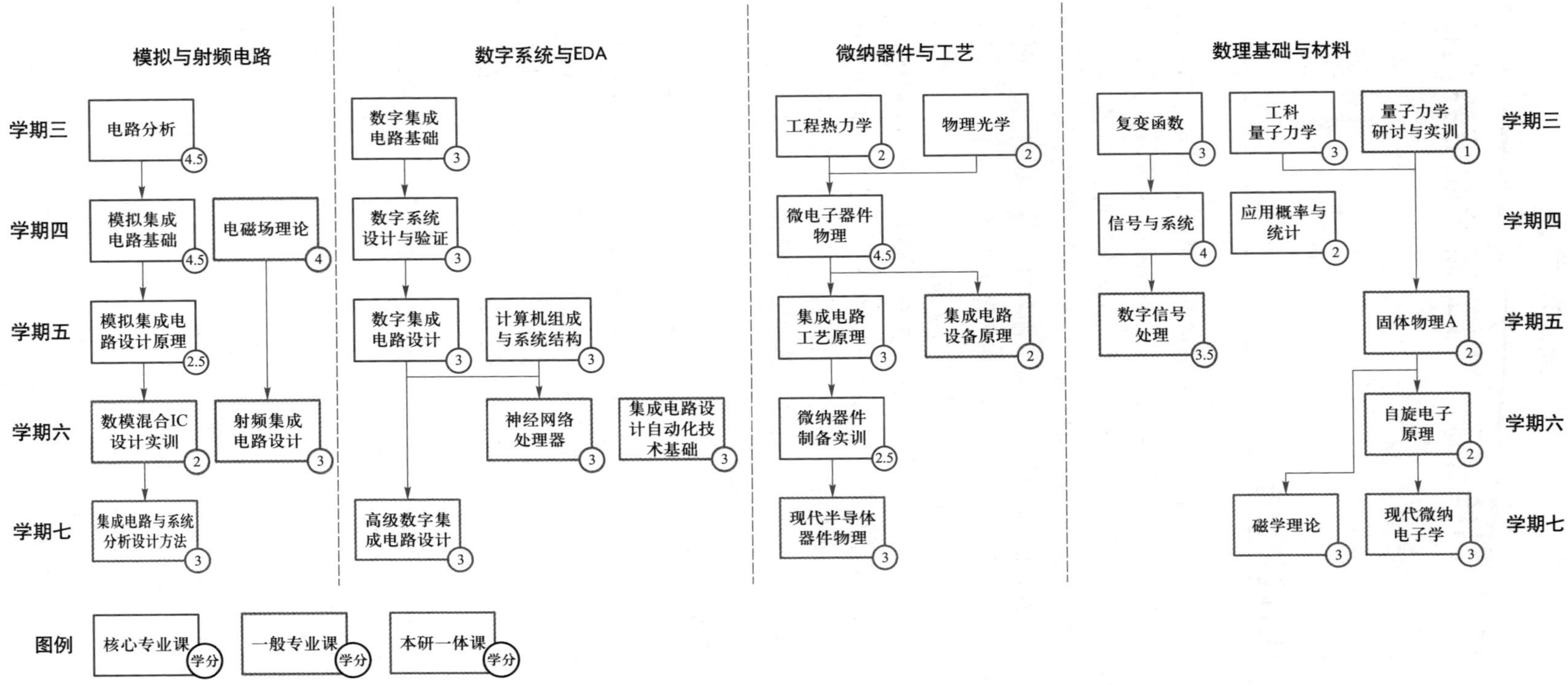
模拟与射频电路
数字系统与EDA
微纳器件与工艺
数理基础与材料
学期三
学期四
学期五
学期六
学期七
电路分析 4.5
模拟集成电路基础 4.5
电磁场理论 4
模拟集成电路设计原理 2.5
数模混合IC设计实训 2
射频集成电路设计 3
集成电路与系统分析设计方法 3
数字集成电路基础 3
数字系统设计与验证 3
数字集成电路设计 3
计算机组成与系统结构 3
神经网络处理器 3
集成电路设计自动化技术基础 3
高级数字集成电路设计 3
工程热力学 2
物理光学 2
微电子器件物理 4.5
集成电路工艺原理 3
集成电路设备原理 2
微纳器件制备实训 2.5
现代半导体器件物理 3
复变函数 3
工科量子力学 3
量子力学研讨与实训 1
信号与系统 4
应用概率与统计 2
数字信号处理 3.5
固体物理A 2
自旋电子原理 2
磁学理论 3
现代微纳电子学 3
图例
核心专业课 学分
一般专业课 学分
本研一体课 学分

北京理工大学

微电子科学与工程专业培养方案

一、专业培养目标

本专业以培养电子信息领域、集成电路领域复合型人才为目标，以“强交叉”“重实践”“宽口径”“厚基础”为培养特色，实行多学科交叉背景下、通识教育实践教育并重的宽口径专业教育，培养具有高远的理想信念、精湛的专业学识、健全的身心人格、深厚的人文素养、开阔的国际视野、活跃的创新思维的人才。培养能够用系统的观点提出、分析和解决复杂的工程问题，能够胜任微电子科学与工程领域的科学研究、技术研究、产品开发、教育教学或管理工作，具有终身自主学习和自我完善能力的领军领导人才，成为德智体美劳五育并举全面发展的社会主义事业合格建设者和可靠接班人。

整合培养方案，进一步将学科交叉范围扩大到专业核心课程体系，专业课程与研究生课程实现纵向融通和交叉联通，为学生提供更加灵活的选课机制和更加宽广的专业空间。拓展纵横贯通培养体系，鼓励学生敢于面对挑战、不断探索、努力创造、持续发展、追求卓越，打造一流自立自强人才培养方阵，加快培养国家急需的微电子科学与工程专业人才。

二、毕业要求

毕业要求是描述本科生毕业并获得学士学位时的职业准备能力。在本科毕业时，微电子科学与工程专业毕业要求应包括以下十二个方面的知识、技能和素养。

(1) 工程知识：具有从事微电子科学与工程专业领域工程技术工作所需的数学、自然科学知识，能够熟练应用工程和专业知识完成微电子科学领域复杂工程的分析、设计和综合论证。

(2) 问题分析：能够应用数学、自然科学、工程科学的基本原理，并通过文献研究识别、表达和分析微电子科学与工程领域复杂工程的核心问题，以获得有效结论。能通过文献检索与学术写作、资料查询及运用现代信息技术获取相关信息，提取、整理、分析和归纳资料，为问题分析过程提供有益参考。

(3) 设计 / 开发解决方案：能够针对典型复杂的微电子科学领域相关工程问题提出综合解决方案，设计满足特定需求的单元（部件）、系统或工艺流程，能够通过设计性实践环节检验设计的合理性。同时，可以综合考虑社会、健康、安全、法律、文化以及环境等因素，在设计环节中体现与时俱进的创新意识。

(4) 研究：能够基于科学原理并采用科学方法对微电子科学与工程领域设计及工程问题进行研究，包括系统分析与设计、建模与仿真以及综合集成与试验验证等，并通过对各种

技术手段获取的信息进行综合，得到合理有效的结论，具备系统设计、论证和工程实践的能力。

(5) 使用现代工具：能够针对微电子科学与工程领域中复杂工程问题，选择与使用恰当的技术、资源、现代工程工具和信息技术工具，进行系统开发、系统仿真和系统实验，包括新概念系统设计、复杂工程问题的预测与模拟等，并能够理解其局限性。

(6) 工程与社会：能够基于工程相关背景知识进行合理分析，评价专业工程实践和微电子科学与工程领域复杂工程问题解决方案对社会、健康、安全、法律以及文化的影响，从军民融合的角度理解技术进步对社会发展的促进作用和贡献，具备将所学知识拓展应用于其他工程技术领域的能力，并理解应承担的社会责任。

(7) 环境和可持续发展：了解微电子科学与工程领域有关环境保护和可持续发展等方面的方针、政策和法律、法规，能够理解和评价针对微电子科学与工程领域内复杂工程问题的工程实践对环境、社会可持续发展的影响。

(8) 职业规范：具有坚定正确的政治方向，良好的思想品德、社会公德和职业道德；具有人文社会科学素养、社会责任感，了解国家有关微电子科学与工程领域相关的职业和行业的生产、设计、研究与开发的法律、法规，以及国内外相关的标准、规范和技术变化，能够在工程实践中理解并遵守工程职业道德和规范，履行责任，实现个人价值。

(9) 个人和团队：能够在多学科背景下的团队中承担个体、团队成员以及负责人的角色。

(10) 沟通：能够就微电子科学与工程领域复杂工程问题与业界同行及社会公众进行有效沟通和交流，包括撰写报告和设计文稿、陈述发言、清晰表达个人见解。熟练掌握一门外语，具有较强的听说读写能力，并具有国际视野和跨文化的交流、竞争与合作的能力。

(11) 项目管理：理解并掌握工程管理原理与经济决策方法，并能在多学科环境中应用。

(12) 终身学习：具有自主学习和终身学习的意识，有不断学习和适应发展的能力，能及时了解微电子科学与工程领域最新理论、技术及国际前沿动态。

三、毕业合格标准与学分分布

1. 毕业准出课程（专业基础课与核心课）

课程名称	学分	建议修读学期	说明
信息电子与光电子导论	2	1	包含理论认知、实践认知等多方面的专业内涵引导以及劳动教育
C 语言程序设计	3	1	
1. 数据结构与算法设计（C 描述） 2. 数据结构与算法设计（C++ 描述）	3	2	限选组一，2 选 1
1. 电路分析基础 + 模拟电路基础 2. 电路与模拟电子学	6	3	限选组二，2 选 1

续表

课程名称	学分	建议修读学期	说明
EECS 实习	3	3	多组题目选择其一，各组容量设上限
信号与系统	4	4	
数字电路与系统	4	4	在原数字电路讲授内容基础上增加 FPGA 内容
数字信号处理与通信	3	5	
课程设计： 1. 电路与电子线路课程设计 2. 人工智能技术课程设计 3. 信号与信息处理课程设计 4. 电磁场与微波课程设计	3	5	限选组三，4 选 1，不受专业约束，课程容量设上限
电子综合设计（课赛结合） 1. 电子综合设计 2. 射频电路综合设计	3	6	限选组四，2 选 1，不受专业约束，课程容量设上限
1. 微纳制造工艺（双语） 2. 芯片的材料、器件与工艺 3. 控制理论基础 4. 电磁场与电磁波 / 电磁理论、计算、应用 I 5. 微波工程 6. 嵌入式系统原理与应用	6	4/5/6/7	限选组五，至少修满 6 学分，课程容量设上限
集成电路前沿与进展	2	6	提供企业行业专家视角
创新创业实践	1	7	
专业实习	3	7	多支实习队伍选择其一
毕业设计（论文）	8	8	师生双选
微电子科学与工程专业核心课群	14	4—6	必选

毕业准出标准：不低于 145 学分。

2. 专业核心课程设置

课程名称	学分	学时	开课学期
理论物理导论	2	32	4
半导体物理	3	48	4
集成电路设计实践	1	32	5
微电子器件原理与模拟	2	32	5
微电子工艺	2	32	5
集成电路工程	4	64	6
合计	14	240	

3. 专业学分结构

课程类别		最低毕业要求		
		总学分	总学时	学分比例
通识课程	必修	71	1 252	48.3%
	选修	8	160	5.4%
专业基础课	必修	33	800	22.5%
	限定选修	21	432	14.3%
专业核心课	必修	14	240	9.5%
合计		147	2 884	100%

4. 各学期公共课程设置

各学期的课程如下列各表所示。第 1 学期课程如下表所示。

课程名称	学分	学时	备注
大学生心理素质发展	0	32	
国家安全概论	1	16	
思想道德与法治	3	48	
军事理论	2	2 周	
军事技能	2	36	
体育 I	0.5	32	
形势与政策 I	0.25	4	
学术用途英语一级	3	48	
工科数学分析 I	6	96	
工程制图 C	2	32	
信息电子与光电子导论	2	64	理论结合实践
C 语言程序设计	3	48	
合计	24.75	456+2 周	

温馨提示：

除了“校公选课”、体育等课程需要同学们自己在选课系统里在线选课，本学期全体同学的课程一致，直接预置课表。

本学期要确定下一学期的课表，因此第 2 学期涉及的本学院开设课程（限选组一）要在第 1 学期内完成选择。

课程名称	学分	学时	备注
习近平新时代中国特色社会主义思想概论	3	48	
中国近现代史纲要	3	48	
体育Ⅱ	0.5	32	
形势与政策Ⅱ	0.25	4	
制造技术基础训练 D	1	32	
工科数学分析Ⅱ	6	96	
线性代数 A	4	64	
大学物理 A Ⅰ	4	64	
物理实验 B Ⅰ	1	32	
1. 数据结构与算法设计(C 描述) 2. 数据结构与算法设计(C++ 描述)	3	48	限选组一,2 选 1
合计	25.75	468	

温馨提示:

“校公选课”、体育等课程需要同学们自己在选课系统里在线选课。

本学期要确定下一学期的课表,因此第 3 学期涉及的本学院开设课程(限选组二)要在第 2 学期内完成选择。

课程名称	学分	学时	备注
马克思主义基本原理	3	48	
体育Ⅲ	0.5	32	
形势与政策Ⅲ	0.25	4	
概率与数理统计	3	48	
复变函数与数理方程	3	48	
大学物理 A Ⅱ	4	64	
物理实验 B Ⅱ	1	32	
1. 电路分析基础 + 模拟电路基础 2. 电路与模拟电子学	6	96	限选组二,2 选 1
EECS 实习	3	96	多组选 1,小学期
合计	23.75	468	

温馨提示:

“校公选课”、体育等课程需要同学们自己在选课系统里在线选课。

本学期要确定下一学期的课表,因此第 4 学期涉及的本学院开设课程要在第 3 学期内完成选择。

课程名称	学分	学时	备注
毛泽东思想和中国特色社会主义理论体系概论	3	48	
体育Ⅳ	0.5	32	
形势与政策Ⅳ	0.25	4	
理论物理导论	2	32	
半导体物理	3	48	
信号与系统	4	64	
数字电路与系统	4	64	
合计	16.75	292	

温馨提示：

“校公选课”、体育等课程需要同学们自己在选课系统里在线选课。

本学期要确定下一学期的课表，因此第 5 学期涉及的本学院开设课程要在第 4 学期内完成选择。

课程名称	学分	学时	备注
形势与政策Ⅴ	0.25	4	
社会实践	2	2 周	
课程设计	3	96	限选组三，4 选 1，第 2 小学期（后）
集成电路设计实践	1	32	
微电子器件原理与模拟	2	32	
微电子工艺	2	32	
数字信号处理与通信	3	48	
合计	13.25	244+2 周	

温馨提示：

“校公选课”、体育等课程需要同学们自己在选课系统里在线选课（如已经修够则可不再选课）。

本学期要确定下一学期的课表，因此第 6 学期涉及的本学院开设课程要在第 5 学期内完成选择。

自查社会实践、创新创业实践等不定学期的环节是否达到毕业要求（结合创新创业实践教学大纲）。

课程名称	学分	学时	备注
形势与政策Ⅵ	0.25	4	
管理学概论Ⅰ（网络课堂）	1	16	

续表

课程名称	学分	学时	备注
经济学概论 I（网络课堂）	1	16	
集成电路前沿与进展	2	32	
集成电路工程	4	64	
电子综合设计（课赛结合）	3	96	限选组四，2 选 1
合计	11.25	228	

温馨提示：

“校公选课”、体育等课程需要同学们自己在选课系统里在线选课（如已经修够则可不再选课）。

本学期要确定下一学期的课表，因此第 7 学期涉及的本学院开设课程（专业实习）要在第 6 学期内完成选择（分组，对应不同的专业领域）。

自查社会实践、创新创业实践等不定学期的环节是否达到毕业要求（结合创新创业实践教学大纲）。

课程名称	学分	学时	备注
形势与政策Ⅶ	0.25	4	
创新创业实践	1	32	竞赛 / 论文 / 专利 / 科创
复杂工程与技术沟通	4	64	就某项技术与不同角色的受众进行有效沟通
专业实习	3	96	各专业（方向）组织学生赴企业实习，本课程的分组与专业选择无关，小学期
合计	8.25	196	

温馨提示：

“校公选课”、体育等课程需要同学们自己在选课系统里在线选课（如已经修够则可不再选课）。

本学期要确定下一学期的课表，因此第 8 学期涉及的毕业设计要在第 7 学期内完成师生双选。

自查社会实践、创新创业实践等不定学期的环节是否达到毕业要求（结合创新创业实践教学大纲）。

第 7 学期为自主学习学期，建议同学们提前制定学习计划，包括：补充完成所有必修课程和完成不指定开课学期的课程学习，参加各种创新创业实践，参加国（境）外交换学习，提前修习研究生课程，在导师指导下参加科研实践，在校外企业行业导师指导下参加工程实践或科研实践，在导师指导下提前开始毕业设计（论文）等。

学期末盘点计算自己应得学分和实得学分，进行总学分的统计和培养路线符合情况的梳理。

课程名称	学分	学时	备注
形势与政策Ⅷ	0.25	4	
毕业设计(论文)	8	256	持续16周。由各专业的教师指导学生开展。本课程的师生双选结果与专业选择无关,一般在双选前学生已经确定了专业并上报给学院,可允许学生跨专业在全学院范围与任意教师双选(由学生对应的专业责任教授根据选题决定是否允许)。
合计	8.25	260	

温馨提示:

“校公选课”、体育等课程需要同学们自己在选课系统里在线选课(如已经修够则可不再选课)。

第8学期的学习任务主要是完成毕业设计(论文),此外还可以补充完成所有必修课程和完成不指定开课学期的课程学习,参加各种创新创业实践,参加海外交换学习和毕业设计,提前修习研究生课程,在导师指导下参加科研实践。

学期末配合学院进行毕业资格审核,完成自己的学业总结。

不定学期公共课程与限选组五课程如下表所示。

课程名称	学分	学时	备注
文化素质类通识课	6	96	任选3门
实践训练类通识课	2	64	任选2门
思政限选课	1	16	中共党史、新中国史、改革开放史、社会主义发展史课程必选一门
微波工程	3	48	限选组五,至少修满6学分,课程容量设上限
控制理论基础	3	48	
电磁场与电磁波/电磁理论、计算、应用Ⅰ	4	64	
嵌入式系统原理与应用	4	64	
芯片的材料、器件与工艺	2	32	
微纳制造工艺(双语)	3	48	
合计	≥15	≥272	

四、学制与授予学位

学制 4 年，合格后授予工学学士学位。

五、贯通培养课程设置及要求

第四学年获得推免研究生资格的学生，可在第七学期提前选修研究生阶段的课程，实现贯通培养，选修学分不作要求，学生可自由选择，可选课程见下表。

课程名称	学分	建议修读学期	说明
数值分析	2	7	二选一
矩阵分析	2	7	
自然辩证法概论	1	7	
中国特色社会主义理论与实践研究	2	7	
学术道德与科研诚信	0.5	7 或 8	
信息检索与科技写作	1	7 或 8	
心理健康	0.5	7 或 8	
集成电路设计与先进封装	2	7	
硕士（博士）公共英语中级	2	7	三选一
硕士（博士）公共英语高级	2	7	
英语科技论文写作	2	7	

电子科技大学

集成电路设计与集成系统专业本科人才培养方案

一、培养目标

以“塑造价值、启迪思想、唤起好奇、激发潜能、探究未知、发展个性”六位一体为培养理念，坚持立德树人，旨在培养具有社会主义核心价值观，符合国家战略需求，适应现代科技发展，扎实掌握集成电路设计与集成系统方向的专业知识，具有解决实际复杂工程问题的能力、良好的管理能力和国际化视野，服务国家和集成电路产业的创新性卓越工程人才。

本专业毕业生毕业五年左右达到以下目标：

(1) 理解并坚守职业道德规范，具有社会责任感，有意愿并有能力服务国家和社会。

(2) 能独立胜任电子信息技术领域中集成电路与系统的研发、管理和技术服务等工程实践或教学科研工作。

(3) 能够与国内外同行、专业客户和公众有效沟通。

(4) 能够在集成电路与系统领域的科学研究或设计开发团队中担任组织管理角色或骨干成员角色。

(5) 具有全球化意识和国际视野，拥有终身学习的习惯和能力，主动适应行业国际化发展要求。

二、学制与授予学位

学制：四年。

授予学位：工学学士学位。

三、毕业要求

学生通过本专业学习，在毕业时能满足如下要求：

(1) 工程知识：能够将数学、自然科学和专业知识等相关基础理论，用于解决集成电路与系统中设计、制造、测试以及应用中的复杂工程问题。

(2) 问题分析：能够应用数学、自然科学和工程科学的基本原理，识别、表达并通过文献研究分析集成电路以及集成系统领域的复杂工程问题，并给出有效结论。

(3) 设计与开发：能够针对集成电路与系统领域的复杂工程问题设计解决方案，设计满足特定需求的系统、器件（部件）或工艺流程，并能够在设计环节中体现创新意识，考虑社会、健康、安全、法律、文化以及环境等因素的影响。

(4) 研究：能够基于集成电路与系统领域的基本原理并采用科学方法对复杂工程问题进行研究，包括设计实验，分析与解释数据，并通过信息综合得到合理有效的结论。

(5) 使用现代工具：能够针对集成电路与系统领域的复杂工程问题，开发、选择与使用恰当的技术、测试设备和现代化软硬件开发工具，对复杂工程问题进行分析与模拟仿真，并能够理解理论与工程实际之间的差异及局限性。

(6) 工程与社会：能够基于集成电路与系统领域的工程相关背景知识，进行合理分析，评价相关专业工程实践和复杂工程问题解决方案对社会、健康、安全、法律以及文化的影响，并理解承担的社会责任。

(7) 环境与发展：能够理解和评价集成电路与系统领域的复杂工程问题实践对环境、社会可持续发展的影响。

(8) 职业规范：具有人文社会科学素养、社会责任感，能够在集成电路与系统领域的工程实践中理解并遵守工程职业道德和规范，履行责任。

(9) 个人与团队：能够在多学科背景下的学习与研究团队中承担个体、团队成员以及负责人的角色。

(10) 沟通：能够就集成电路与系统领域中的复杂工程问题与业界同行及社会公众进行有效沟通和交流，包括撰写报告和设计文稿、陈述发言、清晰表达或回应指令，并具备一定的国际视野，能够在跨文化背景下进行沟通和交流。

(11) 项目管理：理解并掌握工程管理的原理与经济决策方法，并能在多学科环境中应用。

(12) 终身学习：具有自主学习和终身学习的意识，有不断学习和适应社会及集成电路产业与技术发展的能力。

四、学分修读要求

课程大类	课程类别	学分
通识教育	公共必修课	34
	通识必修课	12
专业教育	专业必修课	71
	专业选修课	17
	集中实践教学	14
	自主选修课	8
毕业总学分：不低于 156 学分		

五、课程设置与要求

（一）通识教育

1. 公共必修课（34 学分）

（1）思想政治理论课（18 学分）

课程代码	课程名称	学分	总学时	理论	实践	开课学期
M1801030	思想道德与法治	3	48	40	8	1
M1801130	中国近现代史纲要	3	48	40	8	2
M1801230	马克思主义基本原理	3	48	40	8	4
M1801430	毛泽东思想和中国特色社会主义理论体系概论	3	48	40	8	5
M1801330	习近平新时代中国特色社会主义思想概论	3	48	40	8	5
M1800220	形势与政策	2	32	32	/	1—6
/	“四史”教育与理论创新课	1	16	16	/	2—6

说明:(1)“四史”教育与理论创新课至少选修 1 门课程,课程清单见“‘四史’教育与理论创新课一览表”。

(2) 形势与政策为第 1—第 6 学期专题讲座。

（2）军事理论、军事训练（4 学分）

课程代码	课程名称	学分	总学时	理论	实践	开课学期
M9800120	军事理论	2	36	16	20	1
S9800120	军事训练	2	/	/	/	1

（3）体育（4 学分）

课程代码	课程名称	学分	总学时	理论	实践	开课学期
B2000110	大学体育Ⅰ	1	32	32	/	1
B2000210	大学体育Ⅱ	1	32	32	/	2
B2000310	大学体育Ⅲ	1	32	32	/	3
B2000410	大学体育Ⅳ	1	32	32	/	4
M2003300	大学生体质测试	0	/	/	/	/

说明：本科生大学期间须通过学校体育部组织的四次“大学生体质测试”，必修，不计学分。

(4) 外语课(8 学分)

课程代码	课程名称	学分	总学时	理论	实践	开课学期
/	通用英语	4	64	56	8	1
/	通识英语	2	32	32	/	2
/	专用外语	2	32	32	/	4

通用英语课程采用分类教学,分为通用英语(拓展)、通用英语(提高)、通用英语(基础)三门课程。

第 2、第 4 学期从通识英语课程、专用外语课程中分别修读一门,课程清单见“电子科技大学大学外语课程一览表”。

2. 通识必修课(12 学分)

(1) 核心通识课(10 学分)

所有学生需修读 10 学分,其中,“文史哲学与文化传承”“社会科学与行为科学”“自然科学与数学”“工程教育与实践创新”“艺术鉴赏与审美体验”和“创新创业教育”六个模块 6 学分;“电子科技史”必修 1 学分;“人类文明经典赏析”必修 1 学分;“心理健康与创新能力”必修 2 学分。

课程清单见“电子科技大学大学核心通识课一览表”。

可通过“成电讲坛”“成电舞台”“成电辩坛”认定核心通识课学分,但总共不超过 2 学分。学分认定均以学校最新发布的认定办法为准。

建议合理分配修读时间,每学期可修读 1 门课程。

(2) 新生研讨课(必修,1 学分)

新生研讨课面向全校学生开放。所有学生从学校审定的全校新生研讨课清单中修读 1 学分。本学院开课清单如下:

课程代码	课程名称	学分	总学时	理论	实践	开课学期
R3401310	集成电路设计基础	1	16	16	0	1
U3102110	分子电子材料与器件	1	16	16	0	1
U3101410	电子工程师眼中的咖啡	1	16	16	0	1

(3) 专业写作基础(必修,1 学分)

“专业写作基础”课程面向全校学生开放。

课程代码	课程名称	学分	总学时	理论	实践	开课学期
A6200810	专业写作基础	1	16	16	0	4

(二) 专业教育

1. 专业必修课(71 学分)

(1) 数学与自然科学基础课(必修,26.5 学分)

课程代码	课程名称	学分	总学时	理论	实验	开课学期
D1100160	微积分Ⅰ	6	96	96	0	1
D1100540	线性代数与空间解析几何Ⅰ	4	64	64	0	1
D1200340	大学物理Ⅰ	4	64	64	0	2
D1100250	微积分Ⅱ	5	80	80	0	2
D1100735	概率论与数理统计	3.5	56	56	0	2
D1200440	大学物理Ⅱ	4	64	64	0	3

可替代微积分Ⅰ、Ⅱ的高阶课程:

课程代码	课程名称	学分	总学时	理论	实验	开课学期
D1102160	数学分析Ⅰ	6	96	96	0	1
D1102260	数学分析Ⅱ	6	96	96	0	2

说明:希望更高要求的学生可选“高阶课程”。

(2) 专业核心课(组)(必修,31.5 学分)

课程代码	课程名称	学分	总学时	理论	实验	开课学期
G3100140	半导体器件与物理 B-Ⅰ	3	48	48	0	2
G0104535	信号与系统	3.5	56	48	8	3
G0201130	电磁场与波 C	3	48	42	6	3
G3100240	半导体器件与物理 B-Ⅱ	3	48	48	0	3
G3100640	模拟集成电路原理与设计Ⅰ	4	64	64	0	3
G3100740	模拟集成电路原理与设计Ⅱ	4	64	64	0	4
G3100830	微电子工艺与封装	3	48	48	0	4
G3100940	数字集成电路与系统设计Ⅰ	4	64	64	0	4
G3101040	数字集成电路与系统设计Ⅱ	4	64	64	0	5

(3) 专业实验课(组)(必修,13 学分)

课程代码	课程名称	学分	总学时	开课学期
K3403740	IC 综合实验 1(物理、器件、工艺、封测)	4	80	5
K3400250	IC 综合实验 2(IC 设计)	5	100	5
K3403640	IC 综合实验 3(系统集成与应用,包含 FPGA 应用、嵌入式应用、物联网应用等)	4	80	7

2. 专业选修课(17 学分)

(1) 新生项目课程(限选,1 学分)

课程代码	课程名称	学分	总学时	理论	实验	开课学期
F3100210	柔性导电薄膜的性能仿真与设备	1	16	0	16	2
F3400410	FPGA 系统设计	1	16	0	16	2
F3400710	基于 FPGA 的乐曲演奏应用设计实践	1	16	4	12	2
F3400110	基于功率 MOSFET 的简易手机充电器的实现	1	16	0	16	2
F3400510	芯片在手机里的功能及其封装解析	1	16	0	16	2
F3100110	芯动力:智能微纳能源技术	1	16	16	0	2
F3100310	5G 射频声学谐振器和滤波器技术	1	16	12	4	2
R3400910	基于集成电路 EDA 的程序设计实践	1	16	0	16	2

(2) 专业方向选修课(10 学分)

课程代码	课程名称	学分	总学时	理论	实验	开课学期
E0400120	现代工程设计制图	2	32	24	8	1
E3404920	高级语言程序设计	2	32	20	12	3
W3400520	5G/6G 无线射频集成电路(挑战性课程)	2	32	20	12	3
W3400120	微处理器与片上系统设计(挑战性课程)	2	32	32	0	4
W3401220	数字时代的滤波器设计(挑战性课程)	2	32	18	14	5
W3404520	高性能计算单元的设计与验证(挑战性课程)	3	48	16	32	5
W3401120	具有高效热管理技术的集成电路封装(挑战性课程)	2	32	20	12	5
H3401220	射频集成电路原理	2	32	32	0	5
H3401520	集成电路 CAD	2	32	32	0	7
H3100410	微电子技术学科前沿(一)	1	16	16	0	7
H3100510	微电子技术学科前沿(二)	1	16	16	0	7
H3101710	功率集成电路和微电子封装前沿技术	1	16	16	0	7

续表

课程代码	课程名称	学分	总学时	理论	实验	开课学期
W3400130	FPGA 音频信号处理系统(挑战性课程)	3	48	24	24	7
W3404420	电子微系统设计与实现(挑战性课程)	3	48	0	48	7
/	功率半导体芯片设计[高峰体验项目(课程)]	/	/	/	/	7
/	高精度低功耗 CMOS 温度传感器芯片设计及应用[高峰体验项目(课程)]	/	/	/	/	7

(3) 专业实验限选课(组)(限选,3 学分)

课程代码	课程名称	学分	总学时	开课学期
K0200210	电子电路实验 I	1	20	2
S1115020	系统建模与仿真实验	2	40	4

(4) 跨学科领域选修课(限选,3 学分)

课程代码	课程名称	学分	总学时	理论	实验	开课学期
U3404710	集成电路导论	1	16	16	0	2
U3404610	类脑系统初探	1	16	16	0	2
U3101210	初识半导体产业	1	16	16	0	2
U3101610	集成电路与微系统	1	16	16	0	2
U3100615	纳米科学初探	1.5	16	16	0	2

注:学生可根据兴趣爱好选修外学院提供的跨学科选修课程。

3. 集中实践教学(14 学分)

课程代码	课程名称	学分	总学时	开课学期
L0201210	电装实习	1	16	3
L0400510	基础工程训练	1	72	4
L3100260	集成电路工程项目实训	6	16 周	6
L3403860	工程实践研究(毕业设计)	6	16 周	8

4. 自主选修课(8 学分)

学生根据自己的兴趣爱好,自主选择的课程或活动,包括:创新实践与拓展项目,文史、社科、艺体类素质教育选修课等。

(1) 创新实践与拓展项目是本科生在校期间以我校学生名义参加的各级各类学科竞赛、学术活动、创新创业训练等,学分认定以学校发布的认定办法为准。

(2) 文史、社科、艺体类素质教育选修课以学校每年开出的课程清单为准,修读不超过 2

学分。

(3) 所有学生须在美育类课程(核心通识模块“艺术鉴赏与审美体验”课程、大学生文化素质教育中心主办的“成电舞台”、艺术类素质教育选修课)中修读2学分。

(4) 所有学生在校期间须参加劳动教育,具体见“电子科技大学劳动教育认定细则”。

(5) 学生在本专业培养方案中其他课程模块要求学分之外的所修学分可以计入自主选修课学分。

(6) 校企共建课程。

课程代码	课程名称	学分	总学时	理论	实验	开课学期
R3400810	专业拓展论坛(成电芯论坛)	1	10次	/	/	1—5
H3400210	SoC验证方法学(校企课程)	1	16	16	0	5
H3400310	高性能计算程序开发(校企课程)	1	16	16	0	5

六、本科指导性教学计划

特别提示:* 标注课程请参见当期开出的课程目录。

第1学期

课程代码	课程名称	学分	理论平均周学时	备注
M1801030	思想道德与法治	3	2.5	必修
M9800120	军事理论	2	1	必修
S9800120	军事训练	2	/	必修
B2000110	大学体育Ⅰ	1	/	必修
/	通用英语	4	3.5	必修
A7302210	人类文明经典赏析 *	1	1	建议第一学年修读
M1800220	形势与政策	/	/	1—6学期专题讲座
M2003300	大学生体质测试	/	/	每学年测试1次,4次测试合格获取学分
D1100160	微积分Ⅰ	6	6	必修
D1100540	线性代数与空间解析几何Ⅰ	4	4	必修
H3100310	电子科技史	1	1	必修
E0400120	现代工程设计制图	2	1	限选
/	新生研讨课 *	1	1	限选

第 2 学期

课程代码	课程名称	学分	理论平均周学时	备注
M1801130	中国近现代史纲要	3	2.5	必修
B2000210	大学体育Ⅱ	1	/	必修
/	通识英语 *	2	2	必修
A9700220	心理健康与创新能力	2	0.5	建议第一学年修读
M1800220	形势与政策	/	/	1—6 学期专题讲座
D1100250	微积分Ⅱ	5	5	必修
D1200340	大学物理Ⅰ	4	4	必修
K0200210	电子电路实验Ⅰ	1	/	必修
D1100735	概率论与数理统计	3.5	3.5	必修
G3100140	半导体器件与物理 B-Ⅰ	3	2.5	必修
/	跨学科领域选修课	3	3	限选
/	新生项目课程	1	1	限选

第 3 学期

课程代码	课程名称	学分	理论平均周学时	备注
B2000310	大学体育Ⅲ	1	/	必修
/	核心通识课 *	2	2	必修
M1800220	形势与政策	/	/	1—6 学期专题讲座
M2003300	大学生体质测试	/	/	每学年测试 1 次,4 次测试合格获取学分
D1200440	大学物理Ⅱ	4	4	必修
G0104535	信号与系统	3.5	3	必修
G0201130	电磁场与波 C	3	2.5	必修
L0201210	电装实习	1	/	必修
G3100240	半导体器件与物理 B-Ⅱ	3	3	必修
G3100640	模拟集成电路原理与设计Ⅰ	4	4	必修
E3404920	高级语言程序设计	2	1	限选
W3400520	5G/6G 无线射频集成电路(挑战性课程)	2	1	限选

第 4 学期

课程代码	课程名称	学分	理论平均周学时	备注
M1801230	马克思主义基本原理	3	2.5	必修
B2000410	大学体育Ⅳ	1	/	必修

续表

课程代码	课程名称	学分	理论平均周学时	备注
/	专用外语 *	2	2	必修
/	核心通识课 *	2	2	必修
/	“四史”教育与理论创新课	1	/	可 2—6 学期任一学期修读
A6200810	专业写作基础	1	1	必修
M1800220	形势与政策	/	/	1—6 学期专题讲座
L0400510	基础工程训练	1	/	必修
G3100740	模拟集成电路原理与设计Ⅱ	4	4	必修
G3100940	数字集成电路与系统设计Ⅰ	4	4	必修
G3100830	微电子工艺与封装	3	2.5	必修
S1115020	系统建模与仿真实验	2	/	限选
W3400120	微处理器与片上系统设计(挑战性课程)	2	1.5	限选

第 5 学期

课程代码	课程名称	学分	理论平均周学时	备注
M1801430	毛泽东思想和中国特色社会主义理论体系概论	3	2.5	必修
M1801330	习近平新时代中国特色社会主义思想概论	3	2.5	必修
/	核心通识课 *	2	2	必修
M2003300	大学生体质测试	/	/	每学年测试 1 次,4 次测试合格获取学分
M1800220	形势与政策	/	/	1—6 学期专题讲座
G3101040	数字集成电路与系统设计Ⅱ	4	4	必修
K3403740	IC 综合实验 1(物理、器件、工艺、封测)	4	/	必修
K3400250	IC 综合实验 2(IC 设计)	5	/	必修
W3401220	数字时代的滤波器设计(挑战性课程)	2	1	限选,至少选 1 门
W3404520	高性能计算单元的设计与验证(挑战性课程)	3	1	
W3401120	具有高效热管理技术的集成电路封装(挑战性课程)	2	1	
H3400310	高性能计算程序开发(校企课程)	1	1	限选
H3400210	SoC 验证方法学(校企课程)	1	1	限选

第 6 学期

课程代码	课程名称	学分	理论平均周学时	备注
M1800220	形势与政策	2	/	1—6 学期专题讲座
L3100260	集成电路工程项目实训	6	/	必修
/	自主选修课	2	1	必修

第 7 学期

课程代码	课程名称	学分	理论平均周学时	备注
M2003300	大学生体质测试	/	/	每学年测试 1 次，4 次测试合格获取学分
K3403640	IC 综合实验 3（系统集成与应用，包含 FPGA 应用、嵌入式应用、物联网应用等）	4	/	必修
/	核心通识课	2	2	必修
W3400130	FPGA 音频信号处理系统（挑战性课程）	3	1.5	限选，至少 1 门
W3404420	电子微系统设计与实现（挑战性课程）	3	/	
H3100410	微电子技术学科前沿（一）	1	1	选修
H3100510	微电子技术学科前沿（二）	1	1	选修
H3101710	功率集成电路和微电子封装前沿技术	1	1	选修
H3401520	集成电路 CAD	2	2	选修
/	自主选修课	4	2	选修
/	功率半导体芯片设计[高峰体验项目（课程）]	/	/	选修
/	高精度低功耗 CMOS 温度传感器芯片设计及应用[高峰体验项目（课程）]	/	/	选修

第 8 学期

课程代码	课程名称	学分	理论平均周学时	备注
L3403860	工程实践研究（毕业设计）	6	/	必修

集成电路设计与集成系统专业培养方案

一、学制和授予学位

1. 学制：四年。
2. 授予学位：工学学士学位。

二、培养目标

面向国家战略、两岸融合发展示范区集成电路及微电子产业建设和发展需求，以学生全面发展为中心，基于基础理论与实践创新相互支撑的培养体系，培养学生具有扎实的数学、物理及电子学基础理论，掌握集成电路设计、系统集成与智能应用等相关知识技能，强化实践、提升综合能力素质，拥有扎实的理论基础、过硬的工程能力和突出的专业特长，使其成为具有浓厚家国情怀和国际视野的德智体美劳全面发展的社会主义合格建设者和可靠接班人，毕业后可从事集成电路设计与集成系统相关的研究、开发、应用与管理工作，成为可全面发展的跨学科高级人才。

三、毕业要求

本专业的毕业生应达到以下基本要求。

(1) 品德修养：具有坚定、正确的政治方向，良好的思想品德和健全的人格，热爱祖国，热爱人民，拥护中国共产党的领导；具有正确的世界观、人生观、价值观；具有科学精神、人文修养、职业素养、社会责任感和积极向上的人生态度，了解世情国情党情民情，践行社会主义核心价值观。

(2) 工程知识：1) 具备运用高等数学、大学物理等自然科学基础知识分析集成电路设计与集成系统问题的能力；2) 能将数理方法、固体物理、半导体物理、信号与系统、电磁场等专业基础知识运用到集成电路设计与集成系统问题的分析中；3) 能将电路分析、模拟电路、数字电路等专业课程基础知识，用于解决集成电路设计与集成系统复杂工程问题。

(3) 问题分析：1) 能够应用数学、自然科学和工程科学的基本原理识别电路元件和微电子器件，正确描述其工作原理，掌握其功能与性能；2) 在正确阐述微电子器件、集成电路与系统的基本原理基础上，理解其局限性，能够对该领域复杂工程问题进行初步分析；3) 能从自然科学和专业角度对微电子器件、集成电路与系统的功能及复杂工程问题进行验证或仿

真，并结合文献检索获取上述问题的有效结论。

(4) 设计 / 开发解决方案：1) 能够设计满足特定需求的集成电路，并能在设计过程中发现问题，分析问题，提出解决方案，从而最终解决问题；2) 能运用相关软硬件环境与资源，依照相应的设计流程，设计实现满足特定需求的集成电路、嵌入式系统；3) 在集成电路设计与嵌入式系统设计过程中能发现问题，并能对复杂问题进行分析，能提出解决思路，并最终解决问题；4) 能够在设计环节中体现创新意识，考虑社会、健康、安全、法律、文化以及环境等因素。

(5) 研究：1) 能针对微电子器件、集成电路与嵌入式系统的问题进行深入的调研分析，并提炼出关键性问题；2) 能够针对关键性的问题开展仿真或实验优化研究，包括方案制定、实验准备、实施和验证等；3) 能根据仿真结果或实验数据进行综合分析，获得科学、合理、有效的结论，并提出合理的改进方案。

(6) 使用现代工具：1) 掌握数字、模拟集成电路设计的基本理论、设计流程与相关软件的使用，应用理论分析电路的工作原理，熟悉微电子制造工艺流程和基础制造设备，能应用工艺仿真工具实现基本器件及工艺的仿真，并理解仿真工具的局限性；2) 掌握集成电路、嵌入式系统设计的基本理论、整体流程、设计方法、编程环境及调试方法等。

(7) 工程与社会：1) 了解微电子行业相关的安全规范、技术规范、行业标准等信息；2) 能结合相应的行业规范或标准对参与的集成电路设计与集成系统工程实践进行合理评价；3) 针对集成电路设计与集成系统工程实践中的作品或产品，能意识到其实施的方案对社会、健康、安全、法律及文化等方面的影响，并理解因此应当承担的后果和责任。

(8) 环境和可持续发展：1) 了解微电子制造工艺工程项目所涉及的环境保护相关法律法规，理解环境保护和社会可持续发展的内涵和意义；2) 能够针对微电子制造工艺工程项目及集成电路芯片产品研发设计项目，评价其资源利用效率、污染物处置方案和安全防范措施，判断电子产品周期中可能对人类和环境造成损害的隐患。

(9) 职业规范：1) 身心健康，尊重生命，关爱他人，主张正义，诚信守法，具有人文知识、思辨能力、处事能力和科学精神；2) 理解社会主义核心价值观，了解国情，维护国家利益，具有推动民族复兴和社会进步的责任感；3) 理解工程伦理的核心理念，了解集成电路工程师的职业性质和责任，在工程实践中能自觉遵守职业道德和规范，具有法律意识。

(10) 个人和团队：1) 能自主组合形成有一定分工的设计小团队，在项目中，能独立完成团队分配的工作，并积极协助团队成员完成团队任务；2) 能认识到团队协作的重要性，在团队协作中具有自己的见解，并能倾听其他团队成员的意见，发挥团队精神。

(11) 沟通：1) 了解本专业相关技术领域或行业的国内外现状，能够就与本专业相关的当前热点问题发表自己的看法；2) 能撰写规范的文档，能通过口头或书面方式表达自己的想法，就复杂工程问题与同行或社会公众进行有效的沟通与交流；3) 至少掌握一门外语，具有阅读专业科技文献的能力，并能在跨文化背景下进行专业技术的沟通和交流。

(12) 项目管理：1) 了解集成电路工程项目管理所涉及的相关专业知识和管理知识，具有将项目规划设计、项目管理、经济成本、社会影响等统筹考虑的全局意识；2) 能够将工程管理的原理和经济决策的方法用于集成电路产品的设计周期管理；3) 了解集成电路工程项目所涉及的经济决策方法,并能在多学科环境中应用上述知识。

(13) 终身学习:1) 理解工程活动中搜集、获取、更新相关技术研究现状和未来发展趋势的必要性,具有自主学习和终身学习的意识和动力;2) 掌握正确的学习方法,具备通过学习不断提高、不断调整自己适应行业发展和环境变化的能力。

四、核心课程

电路分析原理、模拟电路、数字电路、信号与系统 A、CMOS 模拟集成电路设计、数字集成电路设计、半导体物理 A、电磁场、嵌入式系统编程与设计、单片机及智能系统设计。

五、毕业最低学分要求

<table>
<tr><th colspan="3" rowspan="3">课程类别</th><th rowspan="3">学分数</th><th colspan="4">学时数</th><th rowspan="3">各模块学分占总学分百分比</th></tr>
<tr><th rowspan="2">总学时</th><th colspan="3">其中</th></tr>
<tr><th>课内实验</th><th>课内上机</th><th>独立设课实验(上机)</th></tr>
<tr><td rowspan="8">课堂教学</td><td rowspan="3">必修课程</td><td>通识教育必修课</td><td>35</td><td>676</td><td>0</td><td>24</td><td>0</td><td>20.8%</td></tr>
<tr><td>学科基础必修课</td><td>48.5</td><td>776</td><td>8</td><td>6</td><td>0</td><td>28.9%</td></tr>
<tr><td>专业必修课</td><td>19</td><td>304</td><td>30</td><td>0</td><td>0</td><td>11.3%</td></tr>
<tr><td rowspan="5">选修课程</td><td>专业选修课</td><td>6</td><td>96</td><td>/</td><td>/</td><td>0</td><td>3.6%</td></tr>
<tr><td>通识教育选修课</td><td>6</td><td>96</td><td>/</td><td>/</td><td>0</td><td>3.6%</td></tr>
<tr><td>创新创业实践与素质拓展课</td><td>2</td><td>48</td><td>/</td><td>/</td><td>0</td><td>1.2%</td></tr>
<tr><td>跨学科课程</td><td>8</td><td>128</td><td>/</td><td>/</td><td>/</td><td>4.8%</td></tr>
<tr><td>本硕博课程</td><td>0</td><td>0</td><td>/</td><td>/</td><td>/</td><td>0%</td></tr>
<tr><td colspan="3">小计</td><td>124.5</td><td>2 124</td><td>38</td><td>30</td><td>0</td><td>74.1%</td></tr>
<tr><th colspan="3">集中性实践环节</th><th>学分数</th><th colspan="3">周数</th><th>独立设课实验(上机)</th><th>各模块学分占总学分百分比</th></tr>
<tr><td colspan="3">实践必修</td><td>40</td><td colspan="3">37.5</td><td>180</td><td>23.8%</td></tr>
<tr><td colspan="3">实践选修</td><td>3.5</td><td colspan="3">3.5</td><td>0</td><td>2.1%</td></tr>
<tr><td colspan="3">小计</td><td>43.5</td><td colspan="3">41</td><td>180</td><td>25.9%</td></tr>
<tr><td colspan="3">合计</td><td>168</td><td colspan="4">2 304 学时 +41 周</td><td>100%</td></tr>
</table>

六、课程设置、各教学环节安排

（一）必修课程

1. 通识教育必修课（应修 35 学分）

开课单位	课程名称	学分数	学时数			周学时	考核方式	开设学期
			总学时	其中				
				实验	上机			
马院	思想道德与法治	2	32			2	1	2
马院	中国近现代史纲要	2.5	40			3	1	2
马院	马克思主义基本原理	3	48			3	1	3
马院	习近平新时代中国特色社会主义思想概论	2.5	40			3	1	3
马院	毛泽东思想和中国特色社会主义理论体系概论	3	48			3	1	4
马院	形势与政策（一）	2	8				2	1
	形势与政策（二）		8				2	2
	形势与政策（三）		8				2	3
	形势与政策（四）		8				2	4
	形势与政策（五）		8				2	5
	形势与政策（六）		8				2	6
	形势与政策（七）		8				2	7
	形势与政策（八）		8				2	8
外语	大学英语（二）	2	32			2	1	1
外语	大学英语（三）	2	32			2	1	2
外语	大学英语（四）	2	32			2	1	3
外语	英语专题课	2	32			2	1/2	4
数计	C 语言	3	48		24	4	1	1
体育	体育（一）	1	36			2	2	1
体育	体育（二）	1	36			2	2	2
体育	体育（三）	1	36			2	2	4
体育	体育（四）	1	36			2	2	5

续表

开课单位	课程名称	学分数	学时数			周学时	考核方式	开设学期
			总学时	其中				
				实验	上机			
军事	军事理论	2	36			2	1	2
学生处	大学生就业与创业指导	0.5	8			2	2	6
学生处	大学生职业生涯规划	0.5	8			2	2	1
人文	大学生心理健康教育	1	16			2	1	1
人文	大学应用写作	1	16			2	1	6

注：考核方式，1 表示考试，2 表示考查，下同。

2. 学科基础必修课（应修 48.5 学分）

开课单位	课程名称	学分数	学时数			周学时	考核方式	开设学期
			总学时	其中				
				实验	上机			
物信	学科导论	1	16			2	2	1
数统	高等数学 B（上）	5	80			6	1	1
数统	高等数学 B（下）	5	80			6	1	2
数统	概率论与数理统计	3	48			4	1	3
数统	线性代数	2	32			2	1	3
物信	大学物理 A（上）	3	48			3	1	2
物信	大学物理 A（下）	3.5	56			4	1	3
机械	工程制图 E	2	32		6	2	1	2
物信	电路分析原理（上）	2	32			2	1	1
物信	电路分析原理（下）	2	32			2	1	2
物信	模拟电路	4	64			4	1	2
物信	数字电路	3	48			3	1	3
物信	信号与系统 A	4	64	8		4	1	4
物信	电磁场	3	48			3	1	5
物信	CMOS 模拟集成电路设计	3	48			3	1	3
物信	半导体器件物理	3	48			3	1	5

3. 专业必修课（应完整修满其中一个方向的所有课程共计 19 学分）

（1）各方向公共必修课

开课单位	课程名称	学分数	学时数			周学时	考核方式	开设学期
			总学时	其中				
				实验	上机			
物信	半导体物理 A	3	48			4	1	4
物信	数字集成电路设计	3	48	14		3	1	5
物信	数据结构与算法	2	32	8		2	1	4
校企	专家系列讲座	1	16			2	2	6

（2）数字集成电路设计方向

开课单位	课程名称	学分数	学时数			周学时	考核方式	开设学期
			总学时	其中				
				实验	上机			
物信	硬件描述语言与 FPGA	3	48		20	3	1	4
物信	单片机及智能系统设计	2	32	4		2	1	4
物信	集成电路可测性设计	2.5	40	24		3	1	5
物信	数字后端设计基础	2.5	40	24		3	1	6

（3）模拟集成电路设计方向

开课单位	课程名称	学分数	学时数			周学时	考核方式	开设学期
			总学时	其中				
				实验	上机			
物信	模拟集成电路 EDA 设计	2	32	20		2	1	4
物信	高级模拟集成电路设计	3	48	16		3	1	5
物信	模拟集成电路版图设计	3	48	30		3	2	6
物信	混合信号电路设计	2	32	10		2	1	6

（4）SoC 集成系统与智能应用方向

开课单位	课程名称	学分数	学时数			周学时	考核方式	开设学期
			总学时	其中				
				实验	上机			
物信	单片机及智能系统设计	2	32	4		2	1	4

续表

开课单位	课程名称	学分数	学时数			周学时	考核方式	开设学期
			总学时	其中				
				实验	上机			
物信	嵌入式系统编程与设计	2.5	40	20		2	1	4
物信	嵌入式系统开发与智能应用	3	48	12		2	1	5
物信	SoC 设计与系统集成应用	2.5	40	8		3	1	6

(二) 选修课程

1. 专业选修课(应修 6 学分)

开课单位	课程名称	学分数	学时数			周学时	考核方式	开设学期
			总学时	其中				
				实验	上机			
物信	系统建模与仿真	2	32	12		2	1	4
物信	存储技术基础	2	32			2	1	6
物信	量子力学	4.5	72			4	1	5
物信	半导体材料	2	32			2	1	5
物信	通信原理 B	2	32	10		2	1	6
物信	网络资源与信息检索	1.5	24		4	2	1	2
物信	传感器与检测技术	2	32	4		2	1	5
物信	数字图像处理	3	48	12		4	1	5
物信	通信电子线路	3	48			3	1	5
物信	计算机视觉	2	32	8		3	1	6
物信	智能检测与接口技术	2	32	6		2	1	6
物信	移动终端应用开发	2	32	16		3	2	6

2. 通识教育选修课(应修 6 学分)

学生在校期间应修满 6 学分的通识教育选修课,其中自然科学与工程技术类 2 学分、人文社会科学类 2 学分、文学与艺术类 2 学分。

3. 创新创业实践与素质拓展课(应修 2 学分)

学生在校期间应最少修满 2 学分的创新创业实践与素质拓展课,有以下 2 种渠道获得相应学分:(1) 学生可按照《福州大学本科生创新创业实践与素质拓展学分认定管理实施办

法》中的有关规定获得学分;(2) 学生修读由专业专门开设的创新创业类实践课。

开课单位	课程名称	学分数	学时数			周学时	考核方式	开设学期
			总学时	其中				
				实验	上机			
物信	电子竞赛培养与实践	2	48			2	2	3
物信	智能穿戴生医电子设计与创业实践	2	48			2	2	6
物信	智能媒体通信技术及其产业化应用	2	48			2	2	6
物信	微电子智能制造及其产业化应用	2	48			4	2	6

4. 跨学科课程(至少修满 8 学分)

开课单位	课程名称	学分数	学时数			周学时	考核方式	开设学期
			总学时	其中				
				实验	上机			
物信	微电子封装	2	32			2	1	5
物信	数理方法	3	48	4		4	1	4
物信	离散数学	2	32			2	1	5
物信	集成电路制造工艺	2.5	40		10	4	1	6
物信	微纳表征技术	2.5	40			2	1	6
物信	集成电路测试技术	2	32			2	1	6
物信	集成电路可靠性与失效分析	2.5	40			2	1	6
物信	机器学习	2	32			4	1	6
物信	脚本编程技术	2	32	20		3	2	4
物信	AppUI 设计	2	32	16		2	2	7
管院	项目管理	2	32			2	1	7

(三) 集中性实践环节

(1) 实践必修(应修 40 学分)

开课单位	课程名称	学分数	周数	学时	考核方式	开设学期
马院	思想政治实践课	2	2		2	4
军事	军事技能	2	2		2	1
机电中心	电气工程实践 A#	2	2		2	4

续表

开课单位	课程名称	学分数	周数	学时	考核方式	开设学期
机电中心	机械制造工程训练 A#	2	2		2	3
物信	应用电路实践	1	1		2	1
物信	电子线路 CAD	1.5		36	2	2
物信	大学物理实验 A（上）	1.5		36	2	2
物信	大学物理实验 A（下）	1		24	2	3
物信	电路分析实验	0.5		12	2	1
物信	模拟电路实验	1		24	2	2
物信	数字电路实验	0.5		12	2	3
物信	模拟电路课程设计	1	1		2	3
物信	数字电路课程设计 B	1	1		2	4
物信	专业训练与实践	1	1		2	2
物信	微电子学专业实验	1.5		36	2	5
物信	数字集成电路工程实践	1.5	1.5		2	5
物信	模拟集成电路工程实践	1	1		2	3
物信	毕业实习	2	2		2	7
物信	毕业设计（论文）	10	15		2	8
数字集成电路设计方向必修						
物信	数字 IC 设计实践	2	2		2	5
物信	数字集成电路设计验证实践	2	2		2	6
物信	数字版图设计与物理验证实践	1	1		2	7
物信	数字综合与可测性实践	1	1		2	6
模拟集成电路设计方向必修						
物信	基础模拟集成电路课程实践	2	2			5
物信	中级模拟集成电路课程实践	2	2			6
物信	高级模拟集成电路课程实践	2	2			7
SoC 集成系统与智能应用方向必修						
物信	Linux 操作系统	1	1			4
物信	嵌入式系统实践	1	1			5
物信	图形界面开发	1	1			5
物信	SoC 应用开发实践	1	1			6
物信	嵌入式系统综合实践	2	2			7

注：其他方向的实践必修课可以作为自己的实践选修课修读。

（2）实践选修（应修 3.5 学分）

开课单位	课程名称	学分数	周数	学时	考核方式	开设学期
物信	系统建模与仿真实践	1	1		2	5
物信	薄膜半导体器件制造实践	1	1		2	5
物信	微电子器件测试实践	2	2		2	6
物信	集成电路测试实践	2	2		2	6
物信	SoPC 应用开发实践	1	1		2	7
物信	电子系统设计与实践	2	2		2	7

国防科技大学

微电子科学与工程专业人才培养方案

一、培训对象与培养目标

1. 培训对象

本培养方案适用于本科学历教育微电子科学与工程专业人才培养。

2. 培养目标

培养具备过硬的思想政治素质、深厚的科学文化基础、良好的军事基础素质和身体心理素质，熟练掌握本学科专业领域和首次任职岗位领域的基础理论、基本知识、基本方法和基本技能，具有较强的系统整合思维能力、推理和解决问题能力、创新实践能力、语言文字表达能力、沟通协作能力、领导管理能力，具有良好发展潜力，能够胜任通用微电子科学与工程领域相关科学技术与指挥管理等任职岗位工作的高素质新型军事人才，为未来成长为掌握科技的军事专家和掌握军事的科技专家，特别是联合作战指挥人才、新型作战力量人才或高层次科技创新人才奠定基础。

相关专业技术与指挥管理学员（含预置类）在完成“本硕”或“本硕博”培养后，具有担任未来“三化”战争新形态下微电子科学与工程专业相关领域工作的岗位素质和专业能力，以及未来成长为通晓战争的微电子科技专家和掌握微电子科技的军事专家的潜力。

思想政治：掌握马列主义、毛泽东思想、邓小平理论、“三个代表”重要思想、科学发展观、习近平新时代中国特色社会主义思想的基本内容；深入学习贯彻习近平强军思想，围绕党在新时代的强军目标塑造有灵魂、有本事、有血性、有品德的新时代革命军人；具有初步的政治观察分析能力和政策理解执行能力；政治立场坚定，思想品德端正，法纪意识牢固，立志献身国防，忠实履行职责；社会责任感和职业道德感强，有意愿、有能力服务军队和社会。

科学文化：掌握自然科学的基本理论、人文社会科学基本知识和公共工具基本应用方法；具有较强的思维能力、实践能力、创新能力、表达能力、交往合作能力和获取知识能力和国际化的视野；具有自主学习和终身学习的能力，能够很快地适应技术发展、军队和社会需求。

军事基础：具有良好的军事素质，掌握军事共同基础知识和必备的军事理论知识；掌握必备的军事技能，具有一定的指挥、组织与协调等领导管理能力；具备良好的军人姿态和气质；具备雷厉风行、令行禁止、勇敢顽强的军人作风和严格的组织纪律观念。

专业业务：具有扎实的微电子科学与工程专业基础和业务技能，掌握微电子器件与工艺、集成电路设计与应用等专业知识及相关技能，能够在微电子科学与工程及相关领域从事研究、设计、开发、运维、组织指挥与管理等工作；能够解决微电子科学与工程及相关领域的复杂工程问题，并能够综合考虑经济、环境、法律、安全、健康等方面的影响。

岗位任职：技术类学员具备军用电子系统微电子器件与集成电路的分析、设计、开发、维护、保障的初步能力和分队管理等指挥管理能力，能够解决智能电子侦察技术与保障、智能通信与信息安全、导航技术与保障、智能化装备与保障、高性能计算技术与保障等任职岗位指挥管理和工程技术问题，具有担任后续微电子与集成电路领域相关工作的岗位素质和发展潜力；毕业 5 年左右能够成长为具有指挥管理能力的合格工程师和技术骨干。

身体心理：具有良好的身心素质，掌握体育运动的一般知识和体能技能训练的基本方法，掌握心理学基本知识和心理调控基本方法；形成良好的健康意识和体育锻炼习惯，具有强健的体魄、良好的心理承受和自我调控能力。

二、学制学位与毕业要求

1. 学制

四年，学年学分制。

2. 毕业与学位

具有学籍的本科学员，在修业年限内完成培养方案规定的各项内容，并通过各项考核者，根据国防科技大学《高等教育生长军官学员、士官学员学籍管理规定实施细则（暂行）》，准予毕业，颁发毕业证书。

依据《国防科技大学学位工作细则（暂行）》，对符合学位授予条件的毕业学员，授予工学学士学位。

3. 毕业要求

本专业的毕业要求共 13 项，总计 34 个指标点。具体如下：

(1) 工程知识：具有从事微电子科学与工程领域工作所需的数学与自然科学基础知识，具有工程基础、专业基础和专业知识，能够将这些知识用于解决微电子与集成电路系统的复杂工程问题。

1) 掌握微电子科学与工程专业所需的数学与自然科学基础知识，能将其用于微电子与集成电路相关领域复杂工程问题的分析与建模；

2) 掌握工程基础知识、信息技术基础与程序设计等知识，能够应用其基本概念、理论和方法分析微电子科学与工程中的实际问题；

3) 掌握针对微电子与集成电路系统中的复杂工程问题进行分析与设计所必备的专业基础知识；

4) 掌握微电子科学与工程的专业知识，并能够运用于复杂工程问题的分析。

(2) 问题分析：能够应用数学、自然科学和工程科学的基本原理，通过文献检索与资料查询获取相关信息，识别、表达和分析微电子器件与集成电路中的复杂工程问题，以提供有效结论。

1) 针对微电子科学与工程领域的工程问题进行问题识别，分析其面临的各种制约条件，对任务目标给出需求描述；

2) 根据微电子科学与工程领域的复杂工程问题的需求描述，运用数学、自然科学和工程科学原理及方法进行分析，建立解决问题的抽象模型；

3）针对已建立的复杂工程问题的抽象模型，通过文献检索与资料查询获取相关知识，运用数学、自然科学和微电子科学与工程中的基本原理论证模型的合理性，并得出有效结论。

（3）设计 / 开发解决方案：能够设计针对微电子器件与集成电路中的复杂工程问题解决方案，针对特定需求进行软硬件模块或系统设计与开发，并能够在设计环节中体现创新意识，考虑社会、健康、安全、法律、文化以及环境等因素。

1）了解微电子科学与工程领域技术发展的现状与趋势，在复杂工程问题解决方案的设计环节中，体现创新意识，能够在设计过程中考虑社会、健康、安全、法律、文化以及环境等因素对设计方案的影响；

2）能够针对特定需求，对微电子科学与工程中的复杂工程问题进行分解和细化，并设计与开发相应的微电子器件与集成电路；

3）能够综合考虑各种工程因素，利用微电子器件与集成电路进行电子信息系统的整体设计与开发，给出解决方案。

（4）研究：能够基于科学原理、运用科学思维、采用科学方法，对微电子器件与集成电路中的复杂工程问题进行研究，设计实验方案，获取、分析处理与解释数据，并通过信息综合得到合理有效的结论。

1）能够基于科学原理、运用科学思维、采用科学方法，将多学科知识交叉融合，对微电子科学与工程领域的复杂工程问题进行研究，设计合适的实验和研究方案；

2）能够根据实验与研究方案，运用微电子与集成电路实验环境进行实验，并能正确采集、分析及整理实验数据；

3）能够正确观察、记录实验数据，并对数据实验结果进行解释，通过信息综合得到合理有效的结论。

（5）使用现代工具：针对微电子器件与集成电路中的复杂工程问题，能够合理地选择现代工程工具和信息技术工具，恰当地开发与使用技术和资源，运用于复杂工程问题的预测、模拟和仿真分析，并能够理解其局限性。

1）能熟练运用文献检索工具，获取微电子科学与工程领域理论与技术的最新进展；

2）能熟练使用电子仪器仪表测试分析微电子器件与集成电路性能，并能运用图表、公式等手段表达和解决微电子器件与集成电路的设计问题；

3）能开发、选择与使用恰当的技术、资源、现代工程工具和信息技术工具，完成微电子器件与集成电路复杂工程问题的预测、模拟和仿真分析，能理解其局限性。

（6）工程与社会：基于微电子科学与工程专业相关背景知识，能够合理分析和评价本专业相关的工程实践和复杂工程问题解决方案可能对社会、健康、安全、法律以及文化带来的影响，并理解实施解决方案可能导致的后果及应承担的责任。

1）能够了解微电子科学与工程相关领域的背景知识，包括技术标准、知识产权、产业政策和法律法规，理解应承担的责任，并应用于工程实践；

2）能够基于工程相关背景知识，分析和评价微电子科学与工程领域的工程实践和复杂工程问题解决方案对社会、健康、安全、法律以及文化的影响，并理解解决方案可能导致的后果和应承担的责任。

(7) 环境和可持续发展：了解与微电子科学与工程专业相关的环境保护和可持续发展等方面的方针、政策、法律、法规，能够理解和评价针对复杂工程问题的工程实践对环境、社会可持续发展的影响。

1) 能够了解微电子科学与工程相关领域的复杂工程问题的工程实践活动对生态环境的影响，考虑工程活动与环境保护的冲突问题；

2) 能够合理评价微电子科学与工程及相关领域的复杂工程问题的工程实践活动对人类社会可持续发展的影响，具有节能环保意识。

(8) 职业规范：具有人文社会科学素养、社会责任感，具备健康的身体和良好的心理素质和家国情怀，能够在工程实践中遵守工程职业道德和规范，并适应职业发展和岗位需求。

1) 具有哲学、历史、法律、文化等人文社会科学素养和家国情怀，掌握马克思主义基本理论和中国特色社会主义理论体系，具有初步的政治观察分析能力和政策理解执行能力，理解应担负的社会责任；

2) 能够在工程实践中理解并遵守工程职业道德和规范，具有良好的美学意识和劳动意识，履行岗位职责；

3) 树立当代革命军人核心价值观，政治立场坚定，思想品德端正，法纪意识牢固，立志献身国防，忠实履行职责。

(9) 个人和团队：具有团队协作精神，能够在多学科背景的团队中承担个体、团队成员以及负责人的角色，完成所承担的任务。

1) 明确个人在团队中的角色划分及其所承担的任务，理解整个团队的工作目标；

2) 能与团队其他成员在团队协作中通过口头或书面方式有效沟通，听取反馈并对建议作出合理反应；

3) 能够对多学科背景的团队活动进行指挥、组织、协调等统筹管理，领导团队完成承担的任务。

(10) 沟通：具有良好的表达能力，能够就微电子器件与集成电路中的复杂工程问题与业界同行及社会公众进行有效的书面及口头沟通和交流，包括撰写报告、设计文稿、陈述发言、清晰表达、回应指令；熟练掌握一门外语，并具备一定的国际视野，能够在跨文化背景下进行沟通和交流。

1) 能够就复杂工程问题与业界同行及社会公众进行有效沟通和交流，包括撰写报告、设计文稿、陈述发言、清晰表达、回应指令；

2) 具备一定的国际视野，能够在跨文化背景下进行沟通和交流。

(11) 项目管理：掌握工程管理原理与经济决策方法，理解工程活动中涉及的重要经济与管理因素，并能在多学科环境中加以应用。

1) 理解从事微电子科学与工程实践活动所需的经济及管理因素，掌握工程管理与经济决策方法；

2) 在多学科背景下，应用工程管理原理与经济决策方法对微电子科学与工程及相关复杂工程问题进行最优化求解。

(12) 终身学习：具有自主学习和终身学习的意识，有不断学习和适应发展的能力。

1) 具有自主学习和终身学习的意识，有不断学习和适应发展的能力；

2）能针对个人或职业发展规划，采用合适的方法自主学习，不断适应微电子科学与工程专业的发展和社会需求。

(13) 军事素质和任职能力：

1）军事素质：掌握必备的军事基础知识；具有良好的军事技能；具备良好的军人素质，具有勇敢顽强的军人作风和严格的组织纪律观念，具有强健的体魄、良好的心理承受和自我调控能力；

2）技术类学员任职能力：具备微电子器件与集成电路的分析、设计、开发和创新研究初步能力；具备电子信息系统中微电子器件与集成电路部件的管理、维护、保障能力。

三、修业时间及分配

学员四年在校约203周，其中8个学期约179周（含入学入伍教育），4个寒假约12周，2个暑假约8周，机动4周。除假期休整20周、机动4周之外，教学活动周为179周，安排约148周课程教学（含法定节日及考核）和约31周集中实践教学（含8周入学入伍教育、4周部队认识实习、4周帮训或综合实践、14周毕业设计和1周毕业教育）。

主要教学环节安排表（单位：周）

学年	学期	课程教学（含法定节日及考核）	集中实践教学		假期休整	合计	
第一学年	秋季		8	入学入伍教育，军政基础集中训练		8	48
		15				15	
	寒假			休整	3	3	
	春季	21				21	
	机动		1			1	
第二学年	暑假			休整	4	4	52
	秋季	22				22	
	寒假			休整	3	3	
	春季	22				22	
	机动		1			1	
第三学年	暑假			休整	4	4	52
	秋季	22				22	
	寒假			休整	3	3	
	春季	22				22	
	机动		1			1	
第四学年	实习		4	部队实习		4	51
	秋季		4	帮训或综合实践		4	
		18				18	

续表

学年	学期	课程教学（含法定节日及考核）	集中实践教学		假期休整	合计
第四学年	寒假			休整	3	3
	春季	6				6
			15	毕业设计、毕业教育		15
	机动		1			1
总计		148	35		20	203

注：同一学年各学期教育训练内容可根据实际情况统筹安排。

四、学分要求与课程设置

（一）教学环节类别与学时学分要求

所有课程按照培养阶段分为公共基础课程、学科基础课程和专业课程 3 个模块，按照修读要求分为必修、选修 2 种类别。按照立德树人、为战育人要求，所有课程和实践教学均需融入课程思政元素，学科基础和专业课程均需有军事应用或国防科技成果案例进入课堂教学。

为培养学员先进电子系统设计、开发、分析等解决实际工程问题的能力，以及技术改造和创新创业能力，学员在校学习期间需完成以下实践环节：

(1) 至少完成 2 个有一定规模的系统设计与开发。在“电子电路综合实践”“微电子科学与工程专业设计”“专用集成电路设计与实现”等专业综合实践课程中完成。

(2) 解决军事应用实际问题的自主选题设计与开发。可通过毕业设计或参加电子信息启航赛、“凤舞”低成本创新竞赛、战例制作比赛、大学生创新创业项目、全国 / 省级创新创业大赛等创新实践活动完成。学员参加创新实践活动须提交实践作品及获奖相关证明材料，经由全程导师审核签字后作为考核依据。

学员四年全期课程总学时为 2584 学时。必修课程和选修课程的学时计入课程学时。学员在校期间须修满 237.5 学分，其中课程 160 学分，实践教学 77.5 学分。课程教学按 16 学时折合 1 学分计算。实践教学中，集中实践环节按每周（20 学时）折合 1 学分计算，日常教育训练环节一般按每学年折合 4 学分计算。具体学时学分要求见下表。

各教学环节学时学分要求表

科目		学时学分要求						
		必修		选修		小计		
		学分	学时	学分	学时	学分	学时	学时比例
公共基础课程	政治理论	24.5	390	3.5	60	28	450	17.41%
	军事基础	19	310	4.5	80	23.5	390	15.09%

续表

科目		学时学分要求						
		必修		选修		小计		
		学分	学时	学分	学时	学分	学时	学时比例
公共基础课程	自然科学	32	520	5	80	37	600	23.22%
	人文科学	12	192	0	0	12	192	7.43%
	小计	87.5	1 412	13	220	100.5	1 632	63.16%
学科基础课程		27	432	13	208	40	640	24.77%
指挥类专业课程								
技术类专业课程		16	256	3.5	56	19.5	312	12.07%
指挥类模块小计（学科基础 + 专业课程）								
技术类模块小计（学科基础 + 专业课程）		43	688	16.5	264	59.5	952	36.84%
实践教学环节		77.5				77.5		
总计（指挥类）								
总计（技术类）		208	2 100	29.5	484	237.5	2 584	100.0%

注：政治理论、军事基础必修课程设置 15% 左右的自主研习环节（约 105 学时），政治理论选修课程设置 30% 左右学时的自主研习环节（约 18 学时）。

（二）课程设置与安排

1. 必修课程教学安排

（1）公共基础必修课程教学安排

课程模块		课程名称	考核方式	学分	学时安排			学期安排							
					小计	讲授	实践	第一学年		第二学年		第三学年		第四学年	
								秋	春	秋	春	秋	春	秋	春
公共基础必修课程	政治理论	军人思想道德修养与法律基础	S	4.5	70	50	20	70							
		马克思主义基本原理概论	S	4.5	70	54	16		70						
		中国近现代史纲要	S	3	50	40	10			50					
		人民军队历史与优良传统	S	2.5	40	30	10				40				
		毛泽东思想和中国特色社会主义理论体系概论 / 习近平新时代中国特色社会主义思想概论	S	5	80	68	12					80			
		军队基层政治工作	S	5	80	32	48							32	48

续表

课程模块		课程名称		考核方式	学分	学时安排			学期安排							
						小计	讲授	实践	第一学年		第二学年		第三学年		第四学年	
									秋	春	秋	春	秋	春	秋	春
公共基础必修课程	自然科学	高等数学		S	11	180	162	18	80	100						
		线性代数		S	3	48	42	6	48							
		大学物理		S	8	132	124	8		70	62					
		大学物理实验		S	3.5	56	4	52			32	24				
		概率论与数理统计		S	3.5	56	48	8				56				
		大学计算机基础		S	3	48	48		48							
	人文科学	大学英语		S	10	160	144	16	40	40	40	40				
		大学语文(限选1模块)	中国文学	C	2	32	26	6			32					
			应用写作				24	8			32					
			演讲与口才				16	16			32					
	军事基础	军事思想与军事历史		S	3	48	42	6				48				
		联合作战基础知识		S	2	32	28	4						32		
		轻武器操作(一)		C	3	24	4	20			24					
		轻武器操作(二)		C		24	4	20						24		
		战备与战术基础		C	2	32	4	28				32				
		军事地形学		S	3	48	20	28					48			
		军事体育		C	6	102	12	90	12	10	24	16	20		20	
小计					87.5	1412	976–986	426–436	298	290	264	256	148	56	52	48

注:S代表考试,C代表考查(下同),政治理论、军事基础课程理论部分设置15%左右学时的自主研习环节。

(2) 学科基础必修课程教学安排

课程模块		课程名称	考核方式	学分	学时安排			学期安排							
					小计	讲授	实践	第一学年		第二学年		第三学年		第四学年	
								秋	春	秋	春	秋	春	秋	春
学科基础课程	大类基础课程群	电路分析基础	S	3	48	40	8		48						
		模拟电子技术基础	S	4	64	50	14			64					
		信号与系统	S	4	64	56	8			64					
		数字电路与逻辑设计	S	3	48	36	12				48				
		电磁场与电磁波	S	3	48	38	10				48				
		计算机系统与应用	S	3	48	36	12					48			

续表

课程模块		课程名称	考核方式	学分	学时安排			学期安排							
					小计	讲授	实践	第一学年		第二学年		第三学年		第四学年	
								秋	春	秋	春	秋	春	秋	春
学科基础课程	专业支撑课程群	固体物理	S	3.5	56	44	12			56					
		半导体器件物理	S	3.5	56	44	12				56				
小计				27	432	344	88	0	48	184	152	48	0	0	0

注:“计算机系统与应用”为全英文授课课程。学科基础必修理论课程的形成性考核占比60%~70%(如平时作业20%,阶段测试20%,实验成绩20%,终结性考核40%),每次作业、测试、实验均需给出成绩并存档公示。课程实验中至少有1个设计性实验,平时作业和阶段测试中至少有1次非标准化(如研究型、开放性、探究性)大作业或测试,体现课程高阶性和挑战性。为保证教学效果,学科基础必修理论课程可按每两周2学时开设可选的课外习题课,采用线上或线下方式进行习题讲解、研讨、答疑,由助教或教员授课,鼓励开设多个平行班实施小班教学,学员自主选择上习题课或自习。

(3) 专业必修课程教学安排

课程模块		课程名称	考核方式	学分	学时安排			学期安排							
					小计	讲授	实践	第一学年		第二学年		第三学年		第四学年	
								秋	春	秋	春	秋	春	秋	春
技术类	专业理论课程群	微电子科学与工程专业导论	C	1	16	4	12		16						
		模拟集成电路设计	S	3	48	40	8					48			
		数字集成电路设计	S	3	48	40	8					48			
		微纳制备与表征技术	C	3	48	28	20						48		
		集成电路 EDA 技术	S	3	48	32	16						48		
	专业实践课程群	微电子科学与工程专业设计	C	3	48	4	44						24	24	
		岗位任职能力综合训练	C	3	48	0	48								48
小计(不含岗位任职能力综合训练)				16	256	148	108	0	16	0	0	96	120	24	0

注:岗位任职能力综合训练为拟毕业分配的技术类学员必修。专业必修理论课程的形成性考核占比60%~70%(如平时作业20%,阶段测试20%,实验成绩20%,终结性考核40%),每次作业、测试、实验均需给出成绩并存档公示。课程实验中至少有1个设计性实验,平时作业和阶段测试中至少有1次非标准化(如研究型、开放性、探究性)大作业或测试,体现课程高阶性和挑战性。为保证教学效果,专业必修理论课程可按每两周2学时开设可选的课外习题课,采用线上或线下方式进行习题讲解、研讨、答疑,由助教或教员授课,鼓励开设多个平行班实施小班教学,学员自主选择上习题课或自习。

2. 选修课程教学安排

(1) 公共基础选修课程教学安排

公共基础选修课程分为限选课程和任选课程,限选课程见以下安排表,任选课程每学期

开课，课程设置见学校公共基础任选课程安排表。第一学年为新学员安排新生研讨课，学员修读新生研讨课所获学分可冲抵公共基础任选课程学分，新生研讨课教学安排见年度选课通知。学员在校期间，在修读限选课程的基础上，至少修读公共基础任选课程 3 学分。

公共基础限选课程安排表

课程模块	课程名称	考核方式	学分	学时安排			各学年学时分配							
				小计	讲授	实践	第一学年		第二学年		第三学年		第四学年	
							秋	春	秋	春	秋	春	秋	春
政治理论	军人心理学	C	2	36	32	4	36							
	当代世界经济与政治	C	1.5	24	20	4						24		
自然科学	数学建模	C	2	32	24	8		32						
	计算机程序设计	S	3	48	36	12		48						
军事基础	军事训练概论	C	1	20	16	4						16		4
	野战生存	C	1.5	24	2	22					24			
	军队基层管理	C	1	20	16	4						16		4
	军事战略	S	1	16	14	2					16			
小计			13	220	160	60	36	80			40	56		8

注：政治理论课程设置 30%左右学时的自主研习环节。

(2) 学科基础、专业选修课程教学安排

学员在校期间至少修读学科基础、专业选修课程 16.5 学分，根据任职岗位情况在对应的智能电子侦察技术与保障、智能通信与信息安全、导航技术与保障、智能化装备与保障、高性能计算技术与保障等方向中至少选择一个模块修读，其中工科通用基础选修课程模块选择 2 门课程修读，建议修读"工程制图基础"和"人工智能基础"。

课程模块			课程名称	考核方式	学分	学时安排			学期安排							
						小计	讲授	实践	第一学年		第二学年		第三学年		第四学年	
									秋	春	秋	春	秋	春	秋	春
学科基础、专业选修课程	学科基础选修课程	智能电子侦察技术与保障（技术类）	高频电子线路	S	3	48	36	12					○			
			信息论与编码基础	S	3	48	40	8						○		
			数字信号处理	S	3	48	32	16					○			
			电子器件与应用电路	C	2.5	40	32	8					○			
			嵌入式系统原理与设计	S	3	48	24	24					●			
		智能通信与信息安全（技术类）	数字信号处理	S	3	48	32	16					○			
			数据结构与算法	S	3	48	36	12					○			
			高频电子线路	S	3	48	36	12					○			
			复变函数	S	2	32	28	4			○					
			信息论与编码基础	S	3	48	40	8						○		

续表

课程模块			课程名称	考核方式	学分	学时安排			学期安排							
						小计	讲授	实践	第一学年		第二学年		第三学年		第四学年	
									秋	春	秋	春	秋	春	秋	春
学科基础、专业选修课程	学科基础选修课程	导航技术与保障（技术类）	电子器件与应用电路	C	2.5	40	32	8					○			
			嵌入式系统原理与设计	S	3	48	24	24					●			
			信息论与编码基础	S	3	48	40	8						○		
			数字信号处理	S	3	48	32	16					○			
			高频电子线路	S	3	48	36	12					○			
		智能化装备与保障（技术类）	高频电子线路	S	3	48	36	12					○			
			电子器件与应用电路	C	2.5	40	32	8					○			
			复变函数	S	1.5	32	28	4			○					
			嵌入式系统原理与设计	S	3	48	24	24					●			
			电子电路综合实践	C	3	48	0	48				○		○		
		高性能计算技术与保障（技术类）	原子物理与量子力学	S	4.5	72	62	10						○		
			嵌入式系统原理与设计	S	3	48	24	24					●			
			信息论与编码基础	S	3	48	40	8						○		
			离散数学	S	3	48	40	8					○			
			数据结构与算法	S	3	48	36	12					○			
	工科通用基础选修课程模块		工程制图基础	S	3	48	40	8					○	○		
			人工智能基础	S	3	48	38	10					○	○		
	专业选修课程	智能电子侦察技术与保障（技术类）	微波技术与天线	S	4	64	56	8					○			
			通信原理	S	4	64	48	16						○		
			雷达原理	S	3	48	42	6							○	
			人工智能与模式识别	S	3.5	56	48	8						○		
			电子测量技术	S	3	48	32	16						○		
			专用集成电路设计与实现	C	3	48	24	24							○	
		智能通信与信息安全（技术类）	微波技术与天线	S	4	64	56	8					○			
			通信原理	S	4	64	48	16						○		
			人工智能与模式识别	S	3.5	56	48	8						○		
			光电技术	S	3	48	38	10					○			
			专用集成电路设计与实现	C	3	48	24	24							○	

续表

课程模块			课程名称	考核方式	学分	学时安排			学期安排							
						小计	讲授	实践	第一学年		第二学年		第三学年		第四学年	
									秋	春	秋	春	秋	春	秋	春
学科基础、专业选修课程	专业选修课程	导航技术与保障(技术类)	通信原理	S	4	64	48	16						○		
			导航原理与系统	S	3	48	32	16							○	
			专用集成电路设计与实现	C	3	48	24	24							○	
			微纳传感与智能微系统	C	3	48	36	12							○	
			无人系统	C	3	48	32	16						○		
		智能化装备与保障(技术类)	电子测量技术	S	3	48	32	16						○		
			雷达原理	S	3	48	42	6							○	
			专用集成电路设计与实现	C	3	48	24	24							○	
			微纳器件电磁兼容	C	3	48	32	16							○	
			人工智能与模式识别	S	3.5	56	48	8						○		
			无人系统	C	3	48	32	16						○		
		高性能计算技术与保障(技术类)	VLSI集成电路设计、综合与测试	S	4	64	32	32						○		
			计算机体系结构	S	2	32	28	4						○		
			人工智能与模式识别	S	3.5	56	48	8						○		
			深度学习理论与实践	C	2	32	8	24						○		
			数模混合集成电路设计	C	3	48	32	16						○		
			先进半导体材料与器件	S	3	48	32	16						○		
			专用集成电路设计与实现	C	3	48	24	24							○	

注：标●为限选课程，标○为任选课程。

（三）实习与实践教学环节设置与安排

1. 必修实践教学环节安排

必修实践教学环节主要包括思想政治教育、军事教学实践和实习实践等。具体时间安排见下表。

必修实践教学环节时间安排表

<table>
<tr><th colspan="3">科目</th><th>时间安排</th><th>折合学分</th><th>学期安排</th><th>备注</th></tr>
<tr><td rowspan="5">思想政治教育</td><td colspan="2">毕业教育</td><td>1 周</td><td>1</td><td>第四学年春</td><td></td></tr>
<tr><td colspan="2">党团活动</td><td>每周半天</td><td rowspan="4">15</td><td rowspan="4">贯穿四年</td><td rowspan="4"></td></tr>
<tr><td colspan="2">收看新闻联播</td><td>每天半小时</td></tr>
<tr><td colspan="2">集中政治教育</td><td></td></tr>
<tr><td colspan="2">经常性思想政治教育</td><td></td></tr>
<tr><td rowspan="5">军事教学实践</td><td colspan="2">军政基础集中训练</td><td>8 周</td><td>8</td><td>第一学年秋</td><td></td></tr>
<tr><td colspan="2">模拟岗位任职锻炼</td><td></td><td>2</td><td>贯穿四年</td><td rowspan="2"></td></tr>
<tr><td colspan="2">体能训练</td><td>每天 1.5 小时</td><td>16</td><td>贯穿四年</td></tr>
<tr><td colspan="2">任职能力综合训练项目或综合演练</td><td>2 周</td><td>2</td><td>第四学年春</td><td></td></tr>
<tr><td colspan="2">军事基础强化训练(结合联考训练)</td><td>2 周</td><td>2</td><td>联考当年或结合日常训练安排</td><td>综合训练</td></tr>
<tr><td rowspan="5">实习实践</td><td rowspan="2">电子信息类专业综合实践</td><td>部队实习</td><td>4 周</td><td>4</td><td rowspan="2">第四学年暑期第四年春</td><td rowspan="2">综合实践</td></tr>
<tr><td>社会实践(国防工业调研)</td><td>1 周</td><td>1</td></tr>
<tr><td colspan="2">电子技术实训</td><td>20 学时</td><td>1</td><td>第二学年秋(可调整)</td><td>综合训练</td></tr>
<tr><td colspan="2">工程技术训练(金工实习)</td><td>20 学时</td><td>1</td><td>第二学年春(可调整)</td><td>综合训练</td></tr>
<tr><td colspan="2">帮训或综合实践</td><td>4 周</td><td>4</td><td>第四学年秋</td><td>综合训练</td></tr>
<tr><td colspan="3">毕业设计(论文)</td><td>14 周</td><td>14</td><td>第四学年春</td><td>综合实践</td></tr>
<tr><td colspan="3">领导管理能力训练</td><td>2 周</td><td>2</td><td>前三学期</td><td></td></tr>
<tr><td colspan="3">信息检索</td><td>4 学时</td><td>0.5</td><td>第一学年秋季学期</td><td></td></tr>
<tr><td colspan="3">全程导师导修指导</td><td></td><td>4</td><td>贯穿四年</td><td></td></tr>
<tr><td colspan="4">小计</td><td>77.5</td><td></td><td></td></tr>
</table>

注:同一学年的各学期和暑期的教育训练内容可根据实际情况统筹安排。本专业学员在第三学年春完成毕业设计(论文)开题,结合部队、国防工业部门的实习调研等实践活动开展毕业设计,坚持把论文写在部队一线。“电子信息类专业综合实践”由负责教员、部队兼职教官、队干部等共同组织实施教学,统筹设计部队实习、部队岗位任职能力训练、毕业设计部队实习调研,以及国防工业调研等实践活动。

2. 选修实践教学环节安排

鼓励学员积极参与电子信息领域的创新实践活动,培养创新意识和能力,凭获奖证书或证明材料可冲抵学科基础和专业选修课程学分(最高抵 3 学分):

(1) 参加电子信息启航赛、“凤舞”低成本创新赛、大学生创新创业项目、省 / 国家 / 国际级创新创业大赛(详见电子信息类学科竞赛计划表)等获奖或项目结题,院校级、省军级、国家级及以上每项最高奖分别冲抵 1、2、3 学分,次等奖、第三等级奖冲抵学分为最高奖的 1/2、1/3,结题创新实践项目凭通过审核的结题证明材料按同级最高奖计学分,同一创新实践活

动只计最高奖励。

(2) 以第一作者或第二作者(第一作者为导师)发表学术论文(中文核心期刊、国际期刊论文)或获发明专利,每篇 / 项冲抵 2 学分。

参加其他领域的学科竞赛、文体竞技、军事比武等活动,可根据学校有关规定凭获奖证书冲抵公共基础选修课程学分。

(四) 课外教育训练计划

1. 精品图书阅读

鼓励学员阅读哲学、政治、军事、经济、文学等方面的精品图书,培养自主学习和终身学习意识,提高综合素养,荐读书目可由全程导师、学员队、教学管理部门等提供。学员每学期至少阅读 1 部,并撰写书评或读后感,经全程导师审阅签字后,作为考核依据。

2. 其他课外教育训练

见学校课外教育训练计划安排。

集成电路设计与集成系统专业本科生培养方案

一、培养目标

贯彻落实党的教育方针，坚持立德树人，面向国家集成电路产业快速发展需求，以国家战略需求为导向，聚焦“卡脖子”关键技术，培养具备高尚道德品质、社会责任意识，具有扎实的理论基础和系统的专业知识，具备良好的学习能力和解决工程问题能力，具有较好的创新实践素养，具备良好的沟通能力、团队合作精神以及宽广的国际视野，能在集成电路相关企事业单位的集成电路设计、制造、封装和测试以及相关领域的科学研究、技术开发、经营管理等方面发挥骨干与引领未来发展作用的新时代杰出人才。

二、培养要求

本专业学生要求在数学、半导体物理、电子线路、计算机等方面掌握扎实的基础理论，在微电子器件、集成电路、集成系统等方面接受设计、制造及测试技术的基本训练及创新性训练，掌握文献资料检索的基本方法，具有国际视野，具有集成电路设计与集成系统专业领域工程实践能力和研究、开发新器件、新系统、新技术的创新能力。

毕业生应获得以下几方面的知识、能力和素质：

(1) 工程知识：具有从事集成电路设计与集成系统领域工作所需的数学、自然科学、工程基础和集成电路专业知识，掌握微电子器件、集成电路、集成系统研发的专业技能，并能将所学知识用于解决集成电路设计与集成系统专业领域内复杂工程问题。

(2) 问题分析：能够运用所学的数学、自然科学、工程科学和集成电路科学基本理论，并通过文献检索、资料查询等方法，对集成电路设计与集成系统专业领域内的复杂工程问题进行表达和分析，得出有效结论。

(3) 设计 / 开发解决方案：针对集成电路设计与集成系统专业领域复杂工程问题展开研究并给出有效的解决方案，能够使用现代工具设计 / 开发出满足特定需求的微电子器件、集成电路、集成系统，能够在设计过程中体现创新性，综合考虑社会、健康、安全、法律、文化以及环境等因素。

(4) 研究：掌握基本的创新方法，能够运用所学专业理论知识与技能对集成电路设计与集成系统专业领域复杂工程问题进行科学研究，能够设计相关实验，对实验结果进行分析与数据处理，并通过信息综合等方法获得合理有效结论。

(5) 使用现代工具：能够针对集成电路设计与集成系统领域复杂工程问题，开发、选择与使用恰当的技术、资源和相关工具，进行预测与模拟，并能够理解其局限性。

(6) 工程与社会：了解国家集成电路设计与集成系统专业相关的政策、法律法规、标准，能正确认识集成电路设计与集成系统专业对于社会经济发展的影响，理解集成电路设计与集成系统领域工程问题对社会、环境、健康以及文化的影响，并理解应承担的责任。

(7) 环境和可持续发展：具有环境保护意识，能够理解和评价集成电路设计与集成系统领域工程实践对环境、社会可持续发展的影响，并在实践过程中予以考虑。

(8) 职业规范：具有人文社会科学素养、社会责任感，能够在工程实践中理解并遵守工程职业道德和规范，履行责任。

(9) 个人和团队：能够在多学科背景下的团队中承担个体、团队成员以及负责人的角色。

(10) 沟通：具有一定的专业素养，能够就集成电路设计与集成系统领域复杂工程问题与业界同行及社会公众进行有效沟通和交流，包括撰写报告、设计文稿、陈述发言、清晰表达、回应指令，并具备一定的国际视野，能够在跨文化背景下进行沟通和交流。

(11) 项目管理：具有集成电路设计与集成系统领域工程管理与经济决策意识，理解并掌握工程管理原理与经济决策方法，并能在多学科环境中应用。

(12) 终身学习：具有自主学习和终身学习的意识，有不断学习和适应发展的能力。

三、主干学科

集成电路科学与工程。

四、修业年限、授予学位及毕业要求

修业年限：四年。

授予学位：工学学士学位。

毕业要求：本专业学生应达到学校对本科毕业生提出的德、智、体、美、劳等方面的要求，完成培养方案规定的全部课程学习及实践环节训练，修满 160 学分，毕业论文（设计）答辩合格，方可准予毕业。

五、课程体系及学分分布

课程层次	课程类别	学分	合计	占总学分百分比
公共基础课程	思想政治课程	17.0	64.5	40.3%
	外语课程	4.0		
	体育课程	4.0		
	计算思维与信息基础课程	2.0		
	数学与自然科学基础课程	29.5		
	军事理论和军事技能课程	4.0		

续表

课程层次	课程类别	学分	合计	占总学分百分比
公共基础课程	国家安全教育课程	1.0		
	心理健康教育课程	2.0		
	写作与沟通课程	1.0		
大类平台课程	专业集群基础课程（含实习实训课程）	9.0	41.5	25.9%
	大类专业基础课程（含实习实训课程）	32.5		
专业方向课程	专业方向核心课程（含实习实训课程）	17.0	30.0	18.8%
	专业方向选修课程（含研究生课程）	5.0		
	毕业论文（设计）	8.0		
自主发展课程	文化素质教育课程	8.0	24.0	15%
	创新创业与社会实践课程	6.0		
	跨专业发展课程	10.0		
合计		160	160	100%

（一）公共基础课程

1. 思想政治课程

课程代码	课程名称	学分	学时	备注
22MX11001	习近平新时代中国特色社会主义思想概论	2.5	40	1春
22MX11002	思想道德与法治	2.5	40	1秋
22MX11003	中国近现代史纲要	2.5	40	1春
22MX11004	毛泽东思想和中国特色社会主义理论体系概论	2.5	40	2秋
22MX11005	马克思主义基本原理	3.0	48	2春
22MX11006	形势与政策（1）	0.5	8	1春
22MX11007	形势与政策（2）	1.0	16	2春
22MX11008	形势与政策（3）	0.5	8	3春
22AD11001	思想政治理论实践课	2.0	32	1秋

2. 外语课程

第一学年开设，共计4学分。课程的核心内容由两个模块构成，一是语言技能提高类课程2.5学分，夯实和提高英语听、说、读、写能力，二是学术英语类课程1.5学分，加强学术论文阅读和写作能力。学生在入学初参加英语分级考试，根据英语水平实行分级教学，分为基础、提高和发展三个层级，具体根据大学英语课程开课方案安排。为鼓励学生自主学习英语，达到一定要求的非英语专业学生可自愿申请免修或免听大学英语课程，具体按照《哈尔

滨工业大学大学英语课程免修免听方案(试行)》执行。后续可通过语言学习中心、学习平台和选修课程等多途径强化外语学习。

课程代码	课程名称	学分	学时	备注
22FL12001	大学外语	2.5	60	1 秋
22FL12002	大学外语	1.5	36	1 春

3. 体育课程

共计 4 学分。一年级根据个人兴趣爱好直接选项分班,二年级和三年级根据上一学年春季学期身体素质考试成绩分为班,实施分层次教学。

课程代码	课程名称	学分	学时	备注
22PE13001	体育(1)	1.0	32	1 秋
22PE13002	体育(2)	1.0	32	1 春
22PE13003	体育(3)	0.5	16	2 秋
22PE13004	体育(4)	0.5	16	2 春
22PE13005	体育(5)	0.5	16	3 秋
22PE13006	体育(6)	0.5	16	3 春

4. 计算思维与信息基础课程

课程代码	课程名称	学分	学时	备注
22CS14001	计算思维与信息基础	2.0	32	1 秋

5. 数学与自然科学基础课程

课程代码	课程名称	学分	学时	备注
22MA15001	微积分 A(1)	5.0	80	1 秋
22MA15002	微积分 A(2)	5.0	80	1 春
22MA15017	代数与几何 B	3.5	56	1 秋
新建	概率论与数理统计	2.0	32	2 秋
22PH15001	大学物理 B(1)	4.5	72	1 春
22PH15002	大学物理 B(2)	4.5	72	2 秋
22CC15003	大学化学 C	2.0	32	1 秋
22MA15036	复变函数与积分变换 B	2.0	32	2 秋
新建	大学物理实验	1.0	24	2 秋

6. 军事理论和军事技能课程

课程代码	课程名称	学分	学时	备注
22AD16001	军事理论	2.0	36	1 秋
22AD16002	军事技能	2.0	2 周	1 夏

7. 国家安全教育课程

课程代码	课程名称	学分	学时	备注
22MX16001	国家安全教育	1.0	16	2 秋

8. 心理健康教育课程

课程代码	课程名称	学分	学时	备注
22AD16003	悦己人生	2.0	32	1 春

9. 写作与沟通课程

课程代码	课程名称	学分	学时	备注
22HS16001	写作与沟通	1.0	16	2 秋

（二）大类平台课程

1. 专业集群基础课程（含实习实训课程）

课程代码	课程名称	学分	学时	备注
22EE21001	电路 A（1）	2.0	32	1 春
22AS21002	航天与自动化集群专业导论	1.0	16	1 春
22CS21501	C 语言程序设计 A	3.0	48	1 春
22ME21004	工程制图基础 A	3.0	48	1 秋

2. 大类专业基础课程（含实习实训课程）

课程代码	课程名称	学分	学时	备注
22EE22003	电路 C	2.5	40	2 秋
22EE22044	模拟电子技术基础 B	3.0	48	2 秋
22EE22048	电路与电子技术实验 A	2.0	48	2 春

续表

课程代码	课程名称	学分	学时	备注
22EE22017	数字电子技术基础(B)	3.0	48	2 春
新建	信号与系统	3.0	48	2 春
新建	理论力学	3.0	48	2 秋
新建	材料力学	3.5	56	2 春
22AS22016	工程力学实验	1.0	24	2 春
新建	集成电路先导理论课	3.0	48	2 春
22ME22011	工程训练(电子工艺实习)	2.0	2 周	3 春
22EE22017	数字电子技术基础(B)	3.0	48	3 秋
22EE22036	数字电子技术实验 B	0.5	12	3 秋
22EI22202	数字信号处理	3.0	48	3 秋
22AS22101	单片机控制	2.5	40	2 春
22AS31101	系统建模与仿真基础	2.0	32	2 春
22AS22501	航天技术概论	1.5	24	2 春
22AS22301	复合材料导论	2.0	32	2 春
22AS22302	材料科学与工程基础 I	2.5	40	2 春
22AS22501	航天技术概论	1.5	24	2 春
新建	物理光学	2.5	40	2 春
新建	应用光学	2.0	32	2 春
新建	量子电子学导论	1.5	24	2 春
新建	电磁场 B	2.5	40	2 春
22EE22042	信号与系统	2.5	40	2 春
新建	高等电路分析	1.0	16	2 春

(三) 专业方向课程

1. 专业方向核心课程(含实习实训课程)

课程代码	课程名称	学分	学时	备注
22AS31801	微电子器件原理	3.0	48	3 秋
22AS31802	微电子工艺	2.0	32	3 秋
22AS33803	认识实习	1.0	1 周	3 秋
22AS33805	生产实习	2.0	2 周	3 秋
22AS31807	微电子系列实验	1.0	24	3 秋

续表

课程代码	课程名称	学分	学时	备注
22AS31804	基于 Verilog 的数字系统设计	2.0	32	3 春
新建	集成电路设计原理	2.0	32	3 春
新建	宇航集成电路辐射效应与表征技术	2.0	32	3 春
新建	集成光电子学	2.0	32	3 春

2. 专业方向选修课程（含研究生课程）

轨道一：集成电路设计与集成系统（选修课）

课程代码	课程名称	学分	学时	备注
22AS32802B	射频微电子学基础	2.0	32	3 春
22AS32803B	MEMS 基础	2.0	32	3 春
22AS32804	微传感器技术	2.0	32	3 春
22AS31806	嵌入式系统及应用	2.0	32	3 春
22AS31809B	模拟集成电路设计基础 B	2.0	32	3 春
新建	先进光电测试技术	2.0	32	3 春
新建	光子集成芯片原理与技术	2.0	32	4 秋
新建	透明光电子学	2.0	32	4 秋
22AS32809	微处理器结构	2.0	32	4 秋
22AS32810	集成电路抗辐射设计概论	1.5	24	4 秋
22AS32806	计算机软件技术基础	2.0	32	4 秋
22AS32807	微电子器件可靠性	1.5	24	4 秋

轨道二：集成电路设计与集成系统 + 研究生课（任选）

课程代码	课程名称	学分	学时	备注
AS64801	半导体器件物理	2.0	24/8	秋
AS64802B	超大规模集成电路	2.0	32	秋
AS64803	电子设计自动化技术	2.0	32	秋
AS64805	固态传感器及其集成化技术	2.0	32	秋
AS64806	微电子工程学	2.0	32	秋
AS64807B	低功耗集成电路设计	2.0	32	春
AS64808B	射频 CMOS 集成电路设计	2.0	32	春
AS64809	模拟集成电路设计	2.0	32	春
AS64810B	MEMS 与微系统设计导论	2.0	32	春

续表

课程代码	课程名称	学分	学时	备注
新建	集成电路可靠性设计与应用	2.0	32	春
新建	元器件可靠性分析技术	2.0	32	春
新建	空间太阳电池环境效应与性能评价	2.0	32	春
新建	光谱技术及应用	2.0	32	春
AS64812	无线传感器网络技术	2.0	32	春

3. 毕业论文(设计)

课程代码	课程名称	学分	学时	备注
22AS33802	毕业论文(设计)	8.0	16 周	

(四) 自主发展课程

1. 文化素质教育课程

文化素质教育课程共计 8 学分,其中文化素质教育核心课程不少于 2 学分。学校文化素质教育课程共包括四类十个模块:人文(哲学与伦理,历史与文化,人生与发展,语言与文学,艺术与审美),社会(环境、科技与社会,当代中国与世界),科学(数学与自然科学)和工程(工程方法与系统,创新方法与实践)。要求艺术与审美模块课程不少于 2 学分,历史与文化模块中的“四史”课程不少于 1 门。

课程类别	学分
文化素质教育核心课程	≥ 2.0
文化素质教育选修课程	≤ 6.0
合计	8.0

2. 创新创业与社会实践课程

创新创业与社会实践课程不少于 6 学分。专业设置了夏季任选课程,学分可以计入创新创业学分中,其余创新创业学分可参照《哈尔滨工业大学本科生创新创业学分修读管理办法(试行)》,通过创新创业教育课程(创新研修课、创新实验课、创新创业课等)、创新创业实践活动(项目学习计划、大学生创新创业训练计划、创新创业竞赛、创业实践、发表论文、申请专利等)获取;社会实践不少于 1 学分,可通过社会实践课程、大学生社会实践活动、大学生志愿服务活动、境外研修活动等方式获取。

课程代码	课程名称	学分	学时	备注
22AS44801	微系统技术设计工具的学习与实践	1.0	16	2 夏

续表

课程代码	课程名称	学分	学时	备注
22AS44802	纳米电子材料与应用创新实验	1.0	24	2 夏
22AS44803	生物芯片中的嵌入式技术实验	1.0	24	3 夏
22AS44804	集成电路与智能传感应用创新实践	1.0	24	3 夏

3. 跨专业发展课程

跨专业发展课程不少于 10 学分，可从以下 3 种途径获取学分：

(1) 学校设置辅修专业课程体系供学生选修。学校第一批已设置 67 个辅修专业(含新型辅修专业)，学生可在非电子信息类辅修专业课程体系中选择 1 个课程体系，从中修读 10 学分，不能跨辅修专业选修。若学生继续申请该辅修专业或辅修学位，则已修读的跨专业发展课程 10 学分，可用作相应辅修专业或辅修学位的学分认定。

(2) 学校针对业界领袖、治国栋梁人才培养需求统一设置 2 个课程体系供学生选修。学生可选择其中 1 个课程体系，从中修读 10 学分，不能跨体系选修。

(3) 学院设置的跨专业发展课程体系供学生选修。学生可在飞行器结构与强度、飞行器设计、航天器力学分析与设计 3 个课程体系中选择 1 个，修读 10 学分，不能跨体系选修。

南京大学

微电子科学与工程专业本科人才培养方案

一、学制、总学分与授予学位

本专业学制四年，专业应修总学分 150 学分，其中通识通修课程（必修）63 学分（通识 14 学分 + 通修 49 学分），学科专业课程（必修）48 或 49 学分，多元发展课程（选修）大于 32 学分，毕业论文 / 设计（必修）6 学分。

学生在学校规定的学习年限内，修完本专业教育教学计划规定的课程，获得规定的学分，达到教育部规定的《大学生体质健康标准》综合考评等级，准予毕业，符合学士学位授予要求者，授予工学学士学位。

二、培养目标

结合学校“三三制”教学整体架构，围绕新兴工科的建设，确定本科培养目标是：面向未来，培养适应我国科学和新兴经济发展需要的，掌握坚实的微电子科学与工程领域基础理论、具有发现科学问题和解决工程问题的能力，在德智体美劳各方面均衡发展，且具有良好人文素养的科研学术和创新创业的领军型人才。着重培养学生的研究能力、综合能力、创新能力和团队精神。

三、毕业要求

本专业本科毕业生应拥护党的基本路线和方针、政策，热爱祖国，遵纪守法，品行端正，身心健康，具有良好的职业道德和创业精神，积极为我国经济建设和社会发展服务。

本专业本科毕业生应具备科学的世界观，具备终身学习能力，具有人文社会科学素养、社会责任感，具备初步的跨学科、跨文化思维能力，能够在工程实践中理解并遵守工程职业道德和规范，履行责任。

本专业本科毕业生应掌握科学方法与工程方法，能够基于微电子科学原理对复杂微电子工程问题进行研究，包括设计实验、分析与解释数据、通过信息综合得到合理有效的结论；具有技术创新能力、工程实践能力和跨学科技术整合能力，能够灵活应用数学、自然科学、工程基础和电子信息专业知识进行复杂微电子科学与工程问题的识别、表达和分析；掌握扎实的半导体物理与器件理论知识和较宽广的微电子与光电子专业知识，具有技术创新能力和宽阔的科学视野；受到良好的微电子与光电子工程训练，具有较强的工程实践能力和团队协作能力；能适应我国科学事业、教学事业和经济建设的需要，成为微电子科学与工程领域的

高级专业创新人才。

本专业本科毕业生应达到基本的数学和语言要求，熟练掌握英语，具备良好的阅读、理解和撰写外语资料的能力以及进行国际化交流的能力；拥有较好的沟通技巧和团队工作能力，通晓和遵守法律与职业道德。

四、课程体系

1. 通识通修课程

课程类别	课程号	课程名称	学分	学期	性质	理论 / 实践	备注	说明
通识课程	学生毕业前应获得至少 14 个通识学分。其中，“悦读经典计划”“科学之光育人项目”至少各选修 1 个学分，美育应选修 2 个学分，劳育应选修 2 个学分（含 1 个劳动教育课程学分、1 个劳动教育实践学分）。其他通识必修学分要求按照国家相关规定执行。 最少修读学分：14。							
通修课程 / 思政课	00000080A	形势与政策	0.25	1–1	通修	理论		
	00000100	思想道德与法治	3	1–1	通修	理论		
	00000110	马克思主义基本原理	3	1–1	通修	理论		
	00000080B	形势与政策	0.25	1–2	通修	理论		
	00000130A	毛泽东思想和中国特色社会主义理论体系概论（理论部分）	2	2–1	通修	理论		
	00000041	中国近现代史纲要	3	2–1	通修	理论		
	00000080C	形势与政策	0.25	2–1	通修	理论		
	00000130B	毛泽东思想和中国特色社会主义理论体系概论（实践部分）	1	2–2	通修	实践		
	00000080D	形势与政策	0.25	2–2	通修	理论		
	00000080E	形势与政策	0.25	3–1	通修	理论		
	00000090A	习近平新时代中国特色社会主义思想概论（理论部分）	2	2–1	通修	理论		
	00000090B	习近平新时代中国特色社会主义思想概论（实践部分）	1	2–2	通修	实践		
	00000080F	形势与政策	0.25	3–2	通修	理论		
	00000080G	形势与政策	0.25	4–1	通修	理论		
	00000080H	形势与政策	0.25	4–2	通修	理论		

续表

课程类别	课程号	课程名称	学分	学期	性质	理论 / 实践	备注	说明
通修课程 / 军事课	00050030	军事技能训练	2	1–1	通修	实践		
	00050010	军事理论	2	1–2	通修	理论		
通修课程 / 数学课	00010011A	微积分Ⅰ（第一层次）	5	1–1	通修	理论		
	00010011B	微积分Ⅱ（第一层次）	5	1–2	通修	理论		
	00010011C	线性代数（第一层次）	4	2–1	通修	理论		
通修课程 / 英语课	00020010A	大学英语（一）	4	1–1	通修	理论		
	00020010B	大学英语（二）	4	1–2	通修	理论		
通修课程 / 体育课	00040010A	体育（一）	1	1–1	通修	理论 + 实践		
	00040010B	体育（二）	1	1–2	通修	理论 + 实践		
	00040010C	体育（三）	1	2–1	通修	理论 + 实践		
	00040010D	体育（四）	1	2–2	通修	理论 + 实践		
通修课程 / 计算机	00030212	C 程序设计（层次Ⅱ）	2	1–1	通修	理论		

2. 学科专业课程

课程类别	课程号	课程名称	学分	学期	性质	理论 / 实践	备注	说明
学科基础课程	18000110A	大学物理Ⅰ	4	1–1	平台	理论	准入	
	18000310	电路分析	3	1–1	平台	理论	准入	
	18000110B	大学物理Ⅱ	4	1–2	平台	理论	准入	
	18000610	模拟电路	3	1–2	平台	理论	准入	
	18001260	数据结构与算法	3	1–2	平台	理论 + 实验	准出	
	18001560T	电子学基础Ⅰ实验	2	1–2	平台	实验	准入	
	18000510	信号与系统	3	2–1	平台	理论	准入	
	18001570T	电子学基础Ⅱ实验	2	2–1	平台	实验	准入	
	18000620	概率论与随机过程	3	2–2	平台	理论	准出	
专业核心课程 / 二选一	18010110	数字信号处理	2	2–2	核心	理论	准出	最少修读门数：1
	18010410	电磁场理论与微波技术	3	3–1	核心	理论	准出	

续表

课程类别	课程号	课程名称	学分	学期	性质	理论 / 实践	备注	说明
专业核心课程 / 其他课程	18001280	数字系统 I	3	2–1	核心	理论	准出	
	18001300	数字系统实验 I	1	2–1	核心	实验	准出	
	18000190	量子物理与通信	2	2–2	核心	理论	准出	
	18001330	大学物理Ⅲ	2	2–2	核心	理论	准出	
	18060140	半导体物理	4	3–1	核心	理论	准出	
	18001580S	电子信息科研入门实践	1	3–2	核心	实践	准出（项目制课程）	
	18060110	微电子工艺	3	3–2	核心	理论	准出	
	18060400	半导体器件基础	3	3–2	核心	理论	准出	

3. 多元发展课程

课程类别	课程号	课程名称	学分	学期	性质	理论 / 实践	备注	说明
专业选修课程 / 专业导学课	18001600	微电子专业导学	1	1–1	选修	理论	五选一	最少修读学分：1
	18001610	集成电路专业导学	1	1–1	选修	理论		
	18001620	通信专业导学	1	1–1	选修	理论		
	18001630	电子科学与技术导学	1	1–1	选修	理论		
	18001450	电子实践导学	1	1–2	选修	理论		
专业选修课程 / 电路、硬件类课程	18001750	电子系统初级设计	2	1– 暑	选修	理论 + 实验		
	18001650	高频电路	2	2–2	选修	理论		
	18001730	数字系统设计与 FPGA 开发	3	2–2	选修	理论 + 实验		
	18001580T	高频电路设计与实践	1	2– 暑	选修	理论 + 实验		
	18010991E	数字系统 Ⅱ（第一层次）（五）	4	3–1	选修	理论 + 实验		
	18001320	模拟集成电路 I	3	3–1	选修	理论 + 实验	本硕贯通	
	18060240I	电子器件进展	2	3–1	选修	理论	本硕贯通	
	18001420	芯片设计与解决方案	2	3–1	选修	理论	本硕贯通	
	18010940T	开放实验	1	3–1	选修	实践		

续表

课程类别	课程号	课程名称	学分	学期	性质	理论 / 实践	备注	说明
专业选修课程 / 电路、硬件类课程	18060260	数字集成电路 I	3	3–2	选修	理论 + 实验		
	18100020	高级模拟及射频集成电路设计与实践	5	3–暑、4–1	选修	理论 + 实验	本硕贯通	
	18010630	射频与微波电路设计	2	4–1	选修	理论	本硕贯通	
专业选修课程 / 计算机类课程	18001690	操作系统与 Linux 程序设计	2	2–2	选修	理论		
	18010980D	人工智能工程基础（四）	3	2–2	选修	理论		
	18001350	数据科学导论	2	3–1	选修	理论		
	18001480	并行计算	3	4–1	选修	理论	本硕贯通	
专业选修课程 / 物理类课程	18001660	数学物理方法	3	2–2	选修	理论		
	18060150	固体物理导论	2	3–1	选修	理论	本硕贯通	
	18060220	柔性电子学	2	3–2	选修	理论		
	18060280	微电子器件可靠性	2	3–2	选修	理论	本硕贯通	
	18060290	半导体光电子技术	2	4–1	选修	理论		
	18001370GI	半导体光电子学	3	4–1	选修	理论	本硕贯通	
	18060190	宽禁带半导体	2	4–1	选修	理论	本硕贯通	
	18060180	微电子与光电子前沿讲座	1	4–1	选修	理论		
	18060010T	第三代半导体器件工艺（实验）	2	4–1	选修	实验		
	18001510	物理学的进化与量子物理突破	2	1–1、4–1	选修	理论	本硕贯通	
专业选修课程 / 信号处理类课程	18001410	数据通信网络基础	2	2–暑	选修	理论 + 实验	本硕贯通	
	18001160	数字图像与数字视频处理	3	3–1	选修	理论		
	18001340	视频通信	2	3–1	选修	理论		
	18040110	通信原理	4	3–1	选修	理论		
	18040210T	通信原理实验	1	3–1	选修	实验		
	18000520T	微波测量实验	1	3–2	选修	理论 + 实验		
	18001380F	机器视觉原理及应用（六）	2	3–2	选修	理论		
	18040130	数据通信	3	3–2	选修	理论	本硕贯通	
	18050210T	信息传感与调理实验	2	3–2	选修	实验		
	18041250G	物联网技术与应用（七）	2	4–1	选修	理论		

续表

课程类别	课程号	课程名称	学分	学期	性质	理论 / 实践	备注	说明
专业选修课程 / 交叉复合类课程	18001740	无人机飞控应用技术实训	1	1– 暑	选修	理论 + 实践		
	18001430	电子工程实践基础	2	1–2	选修	理论 + 实验		
	18001440	电子科技与工程的思想和方法	2	1–2	选修	理论		
	18001400	信息网络前沿技术	2	2–1	选修	理论		
	18080010T	信息电子学前沿实验 I	1	2–2	选修	实验		
	18080040	微电子封装技术	4	2– 暑	选修	理论 + 实践		
	18080050	行业工程标准与规范	2	2– 暑	选修	理论		
	18001500	嵌入式系统实践	2	2– 暑	选修	理论 + 实验		
	18001550	AIoT 入门实践	1	2– 暑	选修	理论 + 实验		
	18001470	集成电路与先进制造国际云科考	1	2– 暑、3– 暑	选修	理论 + 实践		
	18010930	计算机工程制图	2	3–1	选修	理论 + 实验		
	18050110	生物医学电子学	3	3–1	选修	理论		
	18080020T	信息电子学前沿实验 II	1	3–1	选修	实验		
	18001720	吸波材料与技术	2	3–2	选修	理论		
	18001540	信息存储与新型人工智能器件	2	3–2	选修	理论		
	18010830	IT 企业创业与发展战略	2	3–2	选修	理论		
	18001530	无线互联时代的天线设计	2	4–1	选修	理论 + 实验		
	18001490	语音与音频信号处理	2	4–1	选修	理论		
	18001240	计算摄像学	2	4–1	选修	理论 + 实践	本硕贯通	
跨专业选修课程								
公共选修课程	可选修全校公共选修课程。							

4. 毕业论文 / 设计

课程类别	课程号	课程名称	学分	学期	性质	理论 / 实践	备注	说明
毕业论文 / 设计	18001670S	毕业论文	6	4–2	核心	实践		

五、专业准入准出

1. 专业准入实施方案

微电子科学与工程专业的学生必须具有较好的计算机、物理、数学、英语等基础。准入人数以学校当年度学科分流、专业准入相关文件为准。学科准入课程 7 门，清单如下：

课程名称	学分	学期
大学物理 I	4	1–1
电路分析	3	1–1
大学物理 II	4	1–2
电子学基础 I 实验	2	1–2
模拟电路	3	1–2
电子学基础 II 实验	2	2–1
信号与系统	3	2–1

本大类大二上学期进行专业分流，准入人数以学校当年度学科分流、专业准入相关文件为准。学生自愿报名，择优分配。

允许非该大类的学生跨院系转入本大类下专业学习，但一般在一、二年级转入。在第二学期结束时申请准入的外院系学生，申请时须至少修完“大学物理 I”“电路分析”两门课程，取得 7 个准入课程学分；在第四学期结束时申请准入的外院系学生，须至少取得 15 个准入课程学分。学生跨院系 / 大类转入需经过相关的笔试或面试等综合测评。转专业事宜根据学校的统一安排进行。

具体细则以学校发布的《大类培养学科分流、专业准入实施方案》为准。

2. 专业准出实施方案

本专业准出时间为第 8 学期，学生须在获得要求的通识通修学分、专业准入学分基础上，修读完所有准出课程并获得学分。在此基础上须体测通过，大学英语六级 425 及以上，无处分，包括选修课须修满 150 总学分，并顺利完成毕业论文 / 设计及通过答辩。专业准出流程为第 8 学期 6 月份核对学分修读、英语六级成绩、体测结果、处分情况，以及毕业论文和答辩情况，全部合格者准予专业准出。

本专业准出课程共 11 门，共计 27–28 学分。

课程名称	学分	学期
数据结构与算法	3	1–2
数字系统 I	3	2–1
数字系统实验 I	1	2–1
概率论与随机过程	3	2–2
数字信号处理 / 电磁场理论与微波技术（2 选 1）	2/3	2–2/3–1
大学物理 III	2	2–2（上半）
量子物理与通信	2	2–2（下半）
电子信息科研入门实践	1	3–2
半导体物理	4	3–1
微电子工艺	3	3–2
半导体器件基础	3	3–2

六、课程结构导图

一年级
微积分Ⅰ&Ⅱ(第一层次)
大学物理Ⅰ&Ⅱ(准入)
电路分析(准入)
模拟电路(准入)
C程序设计(层次Ⅱ)
数据结构与算法(准出)
微电子专业导学
电子学基础Ⅰ实验(准入)
二年级
线性代数(第一层次)
数学物理方法
概率论与随机过程(准出)
大学物理Ⅲ(准出)
量子物理与通信(准出)
信号与系统(准入)
数字信号处理(2选1准出)
数字系统Ⅰ(准出)
操作系统与Linux程序设计
电子学基础Ⅱ实验(准入)
无人机飞控应用技术实训
微电子封装技术
数字系统实验Ⅰ(准出)
信息电子学前沿实验Ⅰ
三年级
行业工程标准与规范
微电子工艺(准出)
半导体物理(准出)
固体物理导论
电磁场理论与微波技术(2选1准出)
模拟集成电路Ⅰ
半导体器件基础(准出)
数字集成电路Ⅰ
数字系统Ⅱ
柔性电子学
信息电子学前沿实验Ⅱ
四年级
物联网技术及应用
微电子与光电子前沿讲座
射频与微波电路设计
毕业论文
半导体光电子学
宽禁带半导体
高级模拟及射频集成电路设计与实践
数学类
物理类
专业基础
计算机类
实验类
专业类
专门化类
就业创业

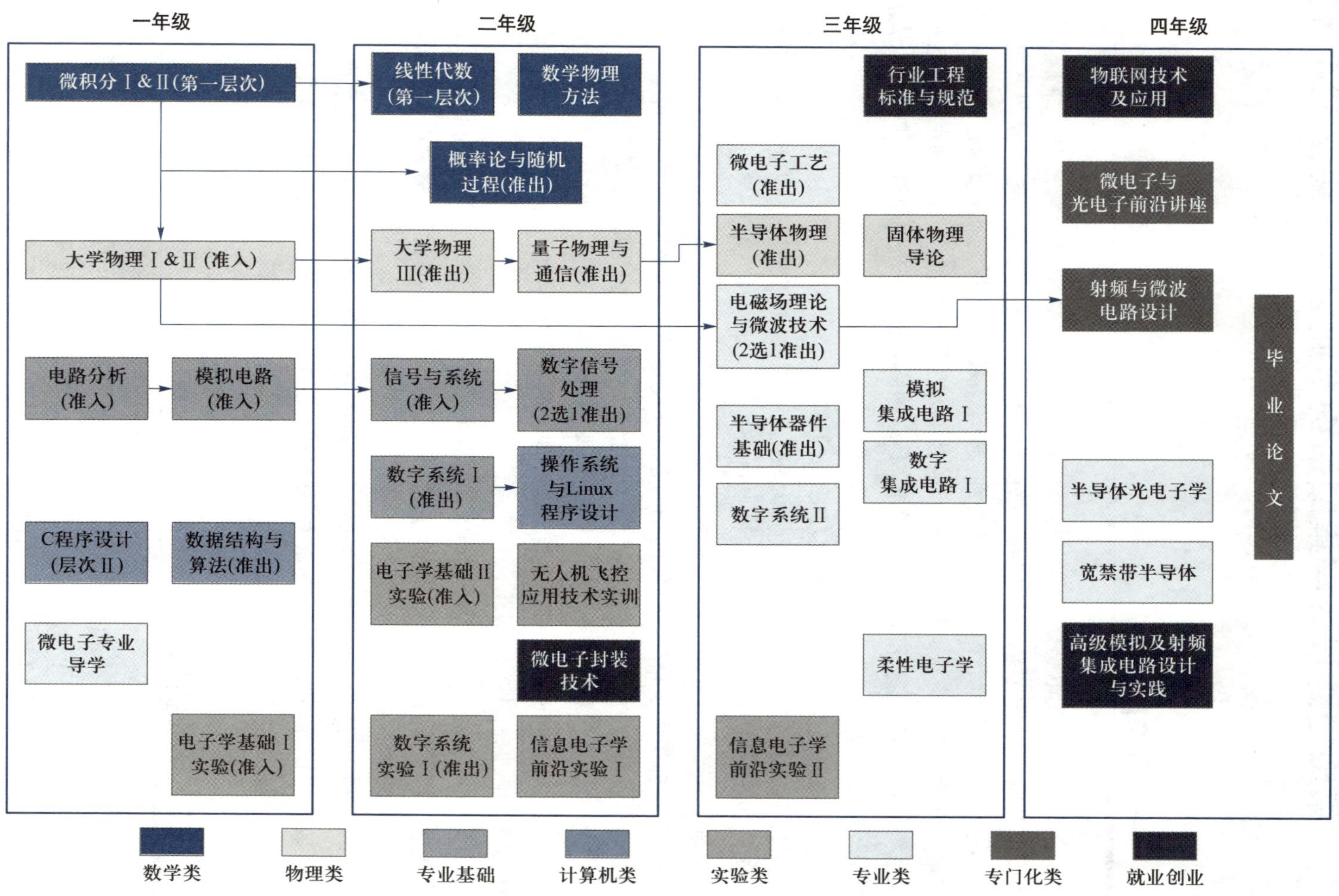

山 东 大 学

集成电路设计与集成系统专业培养方案(2024 版)

一、培养目标

本专业以集成电路设计能力培养为目标,培养具备微电子和集成电路基本理论、现代集成电路设计专业技能,掌握集成电路的原理、设计、制造与应用技术,掌握集成电路设计的 EDA 工具,熟悉电路、计算机、信号处理、通信等系统知识;具备良好的英语能力,掌握专业文献资料检索基本方法,具有较强的实验技能与工程实践能力,能够满足集成电路设计与集成系统行业研究、开发和应用工作需求;具有国际视野、创新创业意识和创新创造能力的卓越工程师。

本专业毕业生毕业 5 年左右应达到以下目标:

(1) 具有扎实的数理基础、专业知识和工程知识,能够适应集成电路领域知识的快速更新迭代,能够综合运用本专业所学的基础理论和专业知识,识别、表达、分析、解决集成电路设计与集成系统领域复杂工程问题。

(2) 掌握集成电路产品开发的基本方法和技术,勤于探索,勇于创新,能够根据集成电路设计与集成系统领域的产品目标,综合设计解决方案,以满足特定的功能需求。

(3) 能够选择与使用恰当的软硬件工具与设备,采用科学方法对集成电路设计与集成系统领域复杂工程问题进行研究,能够理解理论与工程实际之间的差异性,通过分析得到合理有效的结论,以解决实际问题。

(4) 具有高度的社会责任感和优良的职业道德,人文科学素养高,身心健康,能够在工程实践中综合考虑社会、经济、安全、法律、文化以及环境等因素,灵活运用工程项目管理原理与经济决策方法。

(5) 具有全球化意识和国际视野,具备创造力、沟通力、执行力、组织力和学习力,能够引领集成电路设计与集成系统及相关领域的前沿技术,积极主动适应不断变化的国内外形势和环境,实现自主学习、探究学习、实践学习和终身学习。

二、毕业要求

根据山东大学集成电路设计与集成系统专业培养目标,学生应达到以下毕业要求:

毕业要求 1:工程知识。具备数学、物理学等基础知识和集成电路设计与集成系统专业知识,并能够综合应用上述知识解决集成电路设计与集成系统领域中的复杂工程问题。

(1) 具备数学、物理学等基础知识,并能够用数学物理方法表述、建模并求解集成电路设计与集成系统领域中的工程问题。

(2) 具备集成电路设计与集成系统专业知识,用于推演、分析复杂专业工程问题。

(3) 能够运用集成电路和数学物理等相关知识,比较、优化专业工程问题解决方案。

毕业要求 2:问题分析。能够应用数学、物理等基础知识和集成电路设计与集成系统领域的专业知识,分析集成电路设计与集成系统中所遇到的理论问题与技术问题,以获得有效结论。

(1) 能够运用数学、物理和集成电路设计与集成系统的相关科学原理,识别并判断复杂工程问题的关键环节。

(2) 能够基于相关科学原理和方法正确描述复杂工程问题,并对其中的关键环节建立合适的数学模型。

(3) 能够通过文献研究找到多种解决方案,并综合比较不同方案的优缺点。

(4) 能够从数学和复杂科学的角度,分析各种影响因素,验证解决方案的合理性,得出有效结论。

毕业要求 3:设计 / 开发解决方案。能够针对集成电路设计与集成系统领域复杂问题设计解决方案,以满足特定的功能和性能需求,并能够在设计环节中体现创新意识,考虑社会、健康、安全、法律、文化以及环境等因素。

(1) 掌握集成电路产品开发全周期所涉及的基本方法和技术,能够根据用户需求确定集成电路领域复杂工程问题的设计目标。

(2) 能够针对集成电路领域特定需求,完成单元电路的设计。

(3) 能够根据集成电路领域设计目标创新性地选取适当的工艺、结构和设计流程并确定研发方案。

(4) 在集成电路与集成系统设计中能够考虑安全、健康、法律、文化及环境等制约因素。

毕业要求 4:研究。能够基于电子信息工程领域的基本原理,采用科学方法对集成电路、集成系统等电子信息工程领域复杂工程问题进行研究,包括设计实验、分析与解释数据、通过分析研究得到合理有效的结论。

(1) 能够基于科学原理,通过文献研究和不同方案比较,调研和分析各类集成电路与集成系统的解决方案。

(2) 能够基于相关原理选择科学合理的技术路线,针对集成电路设计与集成系统工程问题中的软件、硬件、模块、系统选择研究路线,设计实验方案。

(3) 能够根据实验或设计方案开展相关实验,包括系统搭建、数据采集和处理。

(4) 能够对所设计的集成电路与集成系统的测试结果进行分析,并通过归纳总结得到合理有效的结论。

毕业要求 5:使用现代工具。能够针对集成电路设计和集成系统设计等复杂工程问题,选择与使用恰当的现代化软硬件工具与设备,对集成电路设计与集成系统领域复杂工程问题进行建模仿真、测试与分析,并能够理解理论与工程实际之间的差异性和局限性。

(1) 掌握集成电路设计与集成系统专业常用的模拟软件和测试仪器的使用原理和方法,并理解其局限性。

(2) 能够选择恰当的模拟软件和测试仪器,对集成电路领域复杂工程问题进行计算、仿真与检验。

(3) 能够使用满足特定需求的模拟软件和测试仪器,对复杂的电路和系统进行模拟和测试，并能够分析所用工具的局限性。

毕业要求6：工程与社会。能够基于集成电路设计与集成系统领域的相关背景知识进行合理分析，评价集成电路与集成系统的设计与应用对社会、健康、安全、法律以及文化的影响，理解应承担的国家、社会责任。

(1) 了解集成电路领域相关的方针、政策、法律法规、技术标准体系和知识产权，理解不同社会文化对工程活动的影响。

(2) 能够识别、量化和分析集成电路领域的新产品、新技术、新工艺的开发和应用对社会、健康、安全、法律、文化的影响，同时理解这些因素对工程实施的制约或影响，以及实施过程中应承担的责任。

毕业要求7：环境与可持续发展。能够理解和评价集成电路与集成系统技术的广泛应用对环境的影响、对社会可持续发展的影响。

(1) 知晓和理解环保和可持续发展的内涵，了解环保节能相关的法律法规和方针政策，树立较强的环境保护和可持续发展意识。

(2) 能够理解和评价集成电路设计与集成系统实践对环境、经济、社会和生态可持续发展的影响。

毕业要求8：职业规范。具有人文社会科学素养、社会责任感，能够在集成电路设计与集成系统领域的工程实践中理解并遵守工程职业道德和规范，履行责任。

(1) 了解中国国情，理解社会主义核心价值观，树立正确的人生观，具有良好的身心素质、人文社会科学素养和高度的社会责任感。

(2) 理解集成电路工程师的职业性质和社会责任，能够在工程实践中遵守工程职业道德和规范，具有法律与环保意识。

毕业要求9：个人与团队。能够在多学科背景下的团队中承担个体、团队成员以及负责人的角色。

(1) 理解团队中个体、团队成员或负责人对于整个团队的意义，能在多学科背景下的团队中做好有效沟通，合作共事。

(2) 具有一定的组织管理能力与团队协作能力，能够在跨学科团队中独立或合作开展工作。

毕业要求10：沟通。能够就集成电路领域复杂工程问题与业界同行及社会公众进行有效沟通和交流，包括撰写报告、设计文稿、陈述发言、清晰表达，并具备一定的国际视野，能够在跨文化背景下进行沟通和交流。

(1) 能够就集成电路专业复杂工程问题与业界同行及社会公众进行有效沟通和交流，包括撰写报告、设计文稿、陈述发言、清晰表达。

(2) 具备一定的国际视野，了解集成电路领域发展趋势，能够在跨文化背景下就复杂专业工程问题进行有效沟通和交流。

毕业要求11：项目管理。理解并掌握集成电路相关项目的管理原理与决策方法，并能在实践中应用。

(1) 了解集成电路与集成系统工程及产品全周期、全流程的成本构成，理解其中涉及的工程管理与经济决策问题。

(2) 掌握集成电路与集成系统工程项目中涉及的管理与经济决策方法,能够在多学科环境下,在设计开发解决方案的过程中,运用工程管理与经济决策方法。

毕业要求 12 : 终身学习。具有自主学习和终身学习的意识,有不断学习和适应发展的能力。

(1) 能认识到不断学习和探索的重要性和必要性,具有自主学习和终身学习的意识。

(2) 具备识别、理解和洞察集成电路行业新知识、新技术的能力,掌握自主学习的方法途径,能够通过自我评价发现和弥补短板,适应职业发展。

三、核心课程设置

本专业主要专业基础和必修课程有:计算思维(编程基础)、数字电子技术、模拟电子技术、电路基础、数学物理方法、微处理器原理与应用、大学物理(1、2)、高频电子线路、信号与系统、电磁场与电磁波、UNIX 系统、通信原理、半导体物理及器件、数字集成电路基础、数字集成电路综合实践、模拟集成电路基础、模拟集成电路综合实践、电子设计自动化、集成电路工艺等,以及众多专业选修课程,包括数字信号处理、自动控制原理、计算机控制技术、FPGA 设计技术与应用、可编程片上系统设计、集成电路设计技术Ⅰ、集成电路设计技术Ⅱ、嵌入式系统原理与应用、数据结构与数据库技术、电子测量技术、传感器技术、高级语言编程、智能感知与物联系统等。

四、主要实践性教学环节(含主要专业实验)

(1) 单独设课的实验课程:大学物理实验Ⅱ(1、2)、高级语言编程实验、工程制图(实验)、电路基础实验、数字电子技术实验、模拟电子技术实验、高频电子线路实验、微处理器原理与应用实验、计算机控制技术实验、信号与系统实验、通信原理实验、数字集成电路综合实践、模拟集成电路综合实践、电子设计自动化课程设计。

(2) 讲座:集成电路前沿讲座、集成电路科学与工程导论、微电子类前沿讲座。

(3) 课程设计:电子线路课程设计、案例教学与课程设计(Ⅰ、Ⅱ)。

(4) 实习实训:工程训练、电子训练与创新制作(实训)、专业实习(实训)、毕业论文(设计)。

五、毕业学分

180 学分(专业培养计划 160 学分,重点提升计划 12 学分,创新创业计划 4 学分,拓展培养计划 4 学分)。

六、学制

标准学制:4 年。

弹性修业年限:3 至 6 年。

七、授予学位

工学学士学位。

八、各类课程学分比例

学分类型 / 课程类型		应修小计	理论教学	实验教学		实践教学	
				课内实验课程	独立设置实验课程	课内实践教学	独立设置实践教学
通识教育必修课程	学分数	34	27			3	4
	学分比例	21.26%	16.88%			1.88%	2.5%
学科平台基础课程	学分数	37	30		7		
	学分比例	23.13%	18.75%		4.38%		
专业必修课程	学分数	53	32		15	0.5	5.5
	学分比例	33.13%	20%		9.38%	0.31%	3.44%
专业选修课程	学分数	24	16	8			
	学分比例	15%	10%	5%			
通识教育核心课程	学分数	8	8				
	学分比例	5%	5%				
通识教育选修课程	学分数	4	4				
	学分比例	2.5%	2.5%				
合计	学分数	160	117	8	22	3.5	9.5
	学分比例	100%	73.13%	5%	13.75%	2.19%	5.94%

九、集成电路设计与集成系统专业课程设置及学时分配表

（一）专业培养计划——通识教育课程

课程类别		课程号 / 组	课程名称	学分数	总学时	总学时分配				考核方式	开设学期	备注
						理论学时	实验学时	实践学时	实践周数			
通识教育课程	通识教育必修课程	sd02810740	习近平新时代中国特色社会主义思想概论	3	48	48				考试	6	
		sd02810870	毛泽东思想和中国特色社会主义理论体系概论	3	56	40		16		考试	6	0.5 实践学分

续表

课程类别		课程号/组	课程名称	学分数	总学时	总学时分配				考核方式	开设学期	备注
						理论学时	实验学时	实践学时	实践周数			
通识教育课程	通识教育必修课程	sd02810880	马克思主义基本原理	3	56	40		16		考试	4	0.5 实践学分
		sd02810860	中国近现代史纲要	3	56	40		16		考试	1	0.5 实践学分
		sd02810850	思想道德与法治	3	56	40		16		考试	2	0.5 实践学分
		sd04020020	计算思维(编程基础)	3	64	32		32		考试	1	1 实践学分
		00070	大学英语课程组	8	256	128		64		考试	1—4	课外 64 学时,见下文(四)
		sd02910630	体育(1)	1	32			32		考查	1	
		sd02910640	体育(2)	1	32			32		其他	2	
		sd02910650	体育(3)	1	32			32		其他	3	
		sd02910660	体育(4)	1	32			32		考试	4	
		sd06910010	军事理论	2	32	32				考试	2	
		sd090101C0	形势与政策(1)	0	8	8				考试	1	
		sd090101D0	形势与政策(2)	0.5	8	8				考试	2	
		sd090101E0	形势与政策(3)	0	8	8				考试	3	
		sd090101F0	形势与政策(4)	0.5	8	8				考试	4	
		sd09010200	形势与政策(5)	0	8	8				考试	5	
		sd09010210	形势与政策(6)	0.5	8	8				考试	6	
		sd090101A0	形势与政策(7)	0	8	8				考试	7	
		sd090101B0	形势与政策(8)	0.5	8	8				考试	8	
		应修小计		34	816	464		288				
	通识教育核心课程	00100	科技素养	2	32	32				考查	1—8	任选 2 学分
		00110	人文素养	2	32	32				考查	1—8	任选 2 学分
		00120	艺术审美	2	32	32				考查	1—8	任选 2 学分
		00130	生命健康	2	32	32				考查	1—8	任选 2 学分
		应修小计		8	128	128						
		应修说明		每模块至少修读 2 学分,共至少修读 8 学分。								
	通识教育选修课程	00090	通识教育选修课程组	2	32	32				考查	1—8	任选 2 学分
			通选类国际化课程	2	32	32						任选 2 学分
		应修小计		4	64	64						
	通识教育课程合计			46	1008	656		288				

（二）专业培养计划——专业教育课程

课程类别		课程号	课程名称	学分数	总学时	总学时分配				考核方式	开设学期	备注
						理论学时	实验学时	实践学时	实践周数			
专业教育课程	学科平台基础课程	sd00920120	高等数学(1)	5	80	80				考试	1	
		sd04031210	电路基础	2	32	32				考试	1	
		sd04031300	电路基础实验	1	32		32			考查	1	
		sd00920130	高等数学(2)	5	80	80				考试	2	
		sd04020040	线性代数	3	48	48				考试	2	
		sd04031150	大学物理(1)	3	48	48				考试	2	
		sd01020060	大学物理实验Ⅱ(1)	1	32		32			考查	2	
		sd04030430	模拟电子技术	3	48	48				考试	2	
		sd04020090	模拟电子技术实验	2	64		64			考查	2	
		sd04020080	大学物理(2)	3	48	48				考试	3	
		sd01020070	大学物理实验Ⅱ(2)	1	32		32			考查	3	
		sd04020050	概率统计	3	48	48				考试	3	
		sd04030700	数字电子技术	3	48	48				考试	3	
		sd04031340	数字电子技术实验	2	64		64			考查	3	
		应修小计		37	704	480	224					
	专业必修基础课程	sd04031740	新生研讨课	1	16	16				考查	1	
		sd07030260	工程训练	1	32			32	1	考查	2	
		sd04031320	电子训练与创新制作(实训)	1	32		32			考查	3	
		sd04031730	工程伦理与管理	1	16	16				考试	3	
		sd04030870	数学物理方法	3	48	48				考试	3	
		sd04030910	电磁场与电磁波	3	48	48				考试	4	
		sd04031000	高频电子线路	2	32	32				考试	4	
		sd04031190	高频电子线路实验	1.5	48		48			考查	4	
		sd04031240	微处理器原理与应用	2	32	32				考试	4	
		sd04030760	微处理器原理与应用实验	1.5	48		48			考查	4	
		sd04030810	信号与系统	3	48	48				考试	4	
		sd04031260	信号与系统实验	1	32		32			考查	4	

续表

课程类别		课程号	课程名称	学分数	总学时	总学时分配				考核方式	开设学期	备注
						理论学时	实验学时	实践学时	实践周数			
专业教育课程	专业必修基础课程	sd04030460	UNIX 系统	1.5	32	16		16		考查	5	
		sd04030040	半导体物理及器件	4	64	64				考试	5	
		sd04030720	通信原理	3	48	48				考试	5	
		sd04030750	通信原理实验	0.5	16		16			考查	5	
		sd04030370	微电子类前沿讲座	1	16	16				考查	6	
		应修小计		31	608	384	176	48	1			
	专业必修核心课程	sd04031080	电子线路课程设计	1	32			32	1	考查	4	
		sd04030570	电子设计自动化	2	32	32				考试	5	
		sd04031600	电子设计自动化课程设计	1	32			32		考查	5	
		sd04030380	集成电路工艺	2	32	32				考试	6	
		sd040315C0	数字集成电路基础	2	32	32				考试	6	
		sd040315D0	数字集成电路综合实践	1.5	48		48			考查	6	
		sd040316B0	模拟集成电路基础	2	32	32				考试	6	
		sd040316A0	模拟集成电路综合实践	1.5	48			48		考查	6	
		sd04031220	专业实习（实训）	1	32			32	1	考查	7	
		sd04031180	毕业论文（设计）	8	256		256			考查	8	
		应修小计		22	576	128	304	144	2			
	专业选修课程	sd04031650	单片机编程与创新实践	1	32		32			考查	1	
		sd04031700	电子测量仪器	1	32		32			考查	1	
		sd04031720	集成电路科学与工程导论	3	48	48				考查	2	
		sd04031350	生物微电子导论	2	32	32				考查	2	
		sd04030610	工程制图（实验）	1	32		32			考查	3	
		sd040315E0	PCB 设计与应用实验	1	32		32			考查	3	
		sd04030890	高级语言编程（双语）	2	32	32				考查	4	
		sd04030580	高级语言编程实验	1	32		32			考查	4	
		sd04030640	计算机控制技术	2	32	32				考查	5	
		sd04031250	计算机控制技术实验	1	32		32			考查	5	

续表

课程类别		课程号	课程名称	学分数	总学时	总学时分配				考核方式	开设学期	备注
						理论学时	实验学时	实践学时	实践周数			
专业教育课程	专业选修课程	sd04031200	传感器技术	2	40	24	16			考查	5	
		sd04030120	数字信号处理	3.5	64	48	16			考查	5	
		sd040316D0	计算机体系架构与实验	2	40	24		16		考查	5	
		sd04031570	生物医学微光学	2	32	32				考查	6	
		sd04031290	电子测量技术	2	40	24	16			考查	6	
		sd04030100	FPGA 设计技术与应用	2	48	16	32			考查	6	
		sd04030830	自动控制原理	2.5	48	32	16			考查	6	
		sd04030680	嵌入式系统原理与应用	2.5	56	24	32			考查	6	
		sd04030690	数据结构与数据库技术(双语)	2.5	48	32	16			考查	6	
		sd04031120	医学信号与图像处理	2	32	32				考查	6	
		sd04030450	集成电路工艺实验	2	64		64			考查	6	
		sd04030620	集成电路设计技术Ⅰ	2.5	48	32	16			考查	6	
		sd04030110	集成电路设计技术Ⅱ	2.5	48	32	16			考查	7	
		sd04030500	案例教学与课程设计Ⅰ	2	64		64			考查	7	
		sd04030490	案例教学与课程设计Ⅱ	2	64		64			考查	7	
		sd04030390	可编程片上系统设计	2	48	16	32			考查	7	
		sd04031010	器件可靠性原理与测试	2	32	32				考查	7	
		sd04031020	微电子封装材料与工艺	2	32	32				考查	7	
		sd04031050	集成电路测试技术	2	32	32				考查	7	
		sd040316E0	半导体器件设计与仿真(1)	1	32		32			考查	7	
		sd040316F0	半导体器件设计与仿真(2)	1	32		32			考查	7	
		sd04031690	智能感知与物联系统	2	40	24	16			考查	7	

续表

课程类别		课程号	课程名称	学分数	总学时	总学时分配				考核方式	开设学期	备注
						理论学时	实验学时	实践学时	实践周数			
专业教育课程	专业选修课程	sd04031620	智能仿生器件及系统应用	2	32	32				考查	7	
		应修小计		24	512	256	256					
		应修说明		(1) 理论教学每 16 学时计 1 学分，实验 / 实践教学每 32 学时计 1 学分。 (2) 在选修课程组中至少应选修 23 学分，其中实验 / 实践课不少于 7 学分。 (3) 推免时（第 7 学期初）选修课应至少修读 20 学分，其中实验 / 实践课不少于 5 学分。								
	专业教育课程合计			114	2 400	1 248	960	192	3			

（三）重点提升计划、创新创业计划、拓展培养计划

课程类别	课程号 / 组	课程名称	学分数	总学时	总学时分配				考核方式	开设学期	备注
					理论学时	实验学时	实践学时	实践周数			
重点提升计划	sd072201A0	“大思政”社会实践（1）	1	28	4		24		考查	2	
	sd072201B0	“大思政”社会实践（2）	0.5	16			16		考查	4	
	sd072201C0	“大思政”社会实践（3）	0.5	16			16		考查	6	
	sd09310010	国家安全教育课程	2	40	24		16		考试 + 考查	1	
	sd02810590	四史教育系列专题	1	16	16				考试	2	
	sd07810220	大学生心理健康教育	2	32	32				考试	1	
	00080	劳动教育	2	40	24		16		考试 + 考查	2	
	sd07110120	大学生职业生涯规划与就业指导	1	20	12		8		考查	2	
	sd06910050	军事技能	2	168			168		考试	1	
	应修小计		12	376	112		264				
创新创业计划		稷下创新	2	32	32					1–8	
		齐鲁创业	2	32	32					1–8	
	应修小计		4	64	64						
	应修说明		共 4 学分，可任选模块修满 4 学分。								

续表

课程类别	课程号/组	课程名称	学分数	总学时	总学时分配				考核方式	开设学期	备注
					理论学时	实验学时	实践学时	实践周数			
拓展培养计划	00200	学术创新	2	64			64		考查	1–8	
	00210	文化艺术	2	64			64		考查	1–8	
	00220	社会服务	2	64			64		考查	1–8	
	00230	身心健康	2	64			64		考查	1–8	
	应修小计		4	128			128				
	应修说明		至少选 2 个模块，每模块最多计 2 学分								
重点提升计划、创新创业计划、拓展培养计划合计			20	568	176		392				

（四）大学英语课程设置及学时分配表

课程类别	课程号/组	课程名称	学分数	总学时	总学时分配				考核方式	开设学期	备注
					理论学时	实验学时	实践学时	实践周数			
大学英语课程组	sd03119A82	新工科综合英语（1）	2	64	32		16		考试	1	课外学时 16
	sd03119A72	新工科综合英语（2）	2	64	32		16		考试	2	课外学时 16
	sd03119BC2	科技英语文献阅读与翻译	2	64	32		16		考试	3–4	课外学时 16
	sd03119BD2	中华优秀传统文化英文解读	2	64	32		16		考试	3–4	课外学时 16
	sd03119B92	大学基础英语（1）	2	64	32		16		考试	1	课外学时 16
	sd03119BA2	大学基础英语（2）	2	64	32		16		考试	2	课外学时 16
	sd03119B72	大学基础英语（3）	2	64	32		16		考试	3	课外学时 16
	sd03119B82	大学基础英语（4）	2	64	32		16		考试	4	课外学时 16
	sd03119B40	大学日语（1）	2	32	32				考试	1	
	sd03119B20	大学日语（2）	2	32	32				考试	2	
	sd03119B30	大学日语（3）	2	32	32				考试	3	
	sd03119B10	大学日语（4）	2	32	32				考试	4	
	sd03119BE2	通用学术英语（1）	2	64	32		16		考试	1	课外学时 16
	sd03119BF2	通用学术英语（2）	2	64	32		16		考试	2	课外学时 16
	sd03119B53	日语（小语种 1）	4	64	64				考查	1	

续表

课程类别	课程号 / 组	课程名称	学分数	总学时	总学时分配				考核方式	开设学期	备注
					理论学时	实验学时	实践学时	实践周数			
大学英语课程组	sd03119B63	日语（小语种 2）	4	64	64				考试	2	
	应修小计		8	256	128		64				
	应修说明		课外学时 64。一级班选读大学基础英语；二级班选读新工科综合英语、科技英语文献阅读与翻译、中华优秀传统文化英文解读；三级班选读通用学术英语、科技英语文献阅读与翻译、中华优秀传统文化英文解读								

上海交通大学

微电子科学与工程专业培养方案

一、培养目标

坚持以学生全面发展为中心，以服务集成电路国家重大战略为导向，通过价值引领、知识探究、能力建设、人格养成“四位一体”育人理念，实施与通识教育相融合的宽口径专业教育，在集成电路设计、制造和测试等方向，培养德智体美劳全面发展、富有国家使命意识、基础理论扎实、专业知识面广、创新和实践能力强、具有国际竞争力的卓越人才。

根据培养目标，微电子科学与工程专业学生毕业后应具备以下素质与能力：

(1) 具有强烈的社会责任感、厚重的人文情怀、高尚的职业道德和良好的团队合作精神；

(2) 深刻认识微电子科学与技术专业在国家和社会发展中的战略地位，掌握扎实的集成电路基础理论和基础知识；

(3) 具备集成电路设计和制造的工程实践能力和系统解决工程问题能力；

(4) 具备研究能力和创新精神，能够综合运用理论和技术手段进行创新实践，具有成为学术大师和业内领袖的潜力。

二、培养要求

坚持贯彻党的教育方针，围绕学校制定的“四位一体”育人理念，对学生的学习和行为进行规范。

1. 价值引领

(1) 坚定理想信念，践行社会主义核心价值观

(2) 厚植家国情怀，担当中华民族伟大复兴重任

(3) 立足行业领域，矢志成为国家栋梁

(4) 追求真理，树立创造未来的远大目标

(5) 胸怀天下，以增进全人类福祉为己任

2. 知识探究

(1) 深厚的基础理论

掌握本专业所需的数学、物理、计算机等相关学科的基本理论、基本知识和基本技能。

(2) 扎实的专业核心

掌握微电子科学与工程的基础理论，具体包括现代数字和模拟集成电路、信号与系统、计算机体系结构、半导体工艺与器件等；掌握本专业的基本工程技能，具体包括运用数学模

型工具、计算机编程、硬件描述语言、集成电路设计和工艺等。

(3) 宽广的跨学科知识

掌握与本专业交叉和相关的其他学科知识，比如人工智能、通信系统、光电子、生物医学工程以及微机电系统等方向。

(4) 领先的专业前沿

(5) 广博的通识教育

3. 能力建设

(1) 审美与鉴赏能力

(2) 沟通协作与管理领导能力

(3) 批判性思维、实践与创新能力

(4) 跨文化沟通交流与全球胜任力

(5) 终身学习和自主学习能力

4. 人格养成

(1) 刻苦务实、意志坚强

脚踏实地，不慕虚名；勤奋努力，追求卓越。

(2) 努力拼搏，敢为人先

以传承文明、探求真理、振兴中华、造福人类为己任，矢志不渝。

(3) 诚实守信，忠于职守

深刻理解有关的职业道德及社会责任，能够担负产业发展的责任。

(4) 身心和谐、体魄强健

具有良好的身体和心理素质，具有对多元文化的包容心态和宽阔的国际化视野。

(5) 崇礼明德，仁爱宽容

提升自身品行，坚守气节与操守，努力成为品德高尚、身心向善、人格健康的人。

三、学制与学位授予

微电子科学与工程专业学制 4 年，最长修读年限(含休学)不得超过 6 年。学生在最长学习年限内修完本专业培养计划规定的课程及教学实践环节，取得规定的 169 学分，完成毕业设计(论文)且通过答辩，游泳技能达标测试合格，准予毕业；符合《上海交通大学关于授予本科学士学位的规定》的条件可授予工学学士学位。

四、基本学分要求

1. 通识教育课程

通识教育课程包括公共课程与通识核心类课程，最低要求为 39 学分。公共课程含思想政治类课程、英语课程、体育课程等 29 学分；通识核心类课程共 10 学分，须在人文学科、社会科学、自然科学三个模块课程中各至少选修 1 门课程或 2 学分，其余学分在人文学科、社会科学、自然科学、工程科学与技术四个模块课程中任意选修。

2. 专业教育课程

专业教育课程应修满90学分,其中专业类基础课程67学分,专业类必修课程12学分,专业类选修课程11学分。

3. 专业实践课程

专业实践课程应修满28学分,其中实验必修课10学分,各类实习、实践必修10学分,专业综合训练课8学分。

4. 交叉模块课程

交叉模块课程最低要求为6学分,可在院系交叉模块课程或交叉模块课程组中选修6学分课程。学生攻读理工类辅修专业,其课程学分可用于减免最高6学分交叉模块课程。

5. 个性化教育课程

个性化教育课程6学分,除本专业培养方案中通识教育课程、专业教育课程、实践教育课程、交叉模块四个模块要求学分之外的所有学分均可计入。

6. 体质健康教育

每学年对学生的体质健康水平进行测试考核,在第7学期计入成绩大表。

五、课程设置与学分分布

(一) 通识教育课程(要求最低学分:39学分)

1. 公共课程类(要求最低学分:29学分)

(1) 必修(要求最低学分:23学分)

须修满全部。

课程代码	课程名称	学分	总学时	理论学时	实践学时	年级	推荐学期	课程性质
MARX1201	思想道德修养与法律基础	3.0	48	48	0	一	1	必修
MIL1201	军事理论	2.0	32	32	0	一	1	必修
PSY1201	大学生心理健康	1.0	16	16	0	一	1	必修
KE1201	体育(1)	1.0	32	0	32	一	1	必修
MARX1205	形势与政策	2	32	32	0	一	1	必修
MARX1206	新时代社会认知实践	2.0	32	4	28	一	2	必修
KE1202	体育(2)	1.0	32	0	32	一	2	必修
MARX1202	中国近现代史纲要	3.0	48	48	0	一	2	必修
KE2201	体育(3)	1.0	32	0	32	二	1	必修
MARX1204	马克思主义基本原理	3.0	48	48	0	二	1	必修
KE2202	体育(4)	1.0	32	0	32	二	2	必修

续表

课程代码	课程名称	学分	总学时	理论学时	实践学时	年级	推荐学期	课程性质
MARX1203	毛泽东思想和中国特色社会主义理论体系概论	3.0	48	48	0	二	2	必修
总计		23	432	276	156			

注：形势与政策课程共开设四学期，每学期 0.5 学分。

(2) 英语选修(要求最低学分:6 学分)

全部修业期间须修满 6 学分，且须达到学校英语培养目标基本要求，多修读学分计入个性化教育课程学分。

课程代码	课程名称	学分	总学时	理论学时	实践学时	年级	推荐学期	课程性质
FL1201	大学英语(1)	3.0	48	48	0	一	1	限选
FL2201	大学英语(2)	3.0	48	48	0	一	1	限选
FL3201	大学英语(3)	3.0	48	48	0	一	1	限选
FL4201	大学英语(4)	3.0	48	48	0	一	1	限选
FL5201	大学英语(5)	3.0	48	48	0	一	2	限选
总计		15.0	240	240	0			

2. 通识核心类模块(要求最低学分:10 学分)

最低要求为 10 学分，须在人文学科、社会科学、自然科学 3 个模块课程中各至少选修 1 门课程或 2 学分，其余学分在 4 个模块课程中任意选修。

(1) 人文学科(要求最低学分:2 学分)

见课程组，在人文学科中选择。

(2) 社会科学(要求最低学分:2 学分)

见课程组，在社会科学中选择。

(3) 自然科学(要求最低学分:2 学分)

见课程组，在自然科学中选择。

(4) 工程科学与技术(要求最低学分:0 学分)

在该模块没有学分要求，其他模块最低学分要求都分别达标后，选修此模块课程的学分可计入通识教育核心课程总学分。

见课程组，在工程科学与技术中选择。

(二) 专业教育课程(要求最低学分:90 学分)

1. 基础类(要求最低学分:67 学分)

(1) 必修(要求最低学分:47 学分)

须修满全部。

课程代码	课程名称	学分	总学时	理论学时	实践学时	年级	推荐学期	课程性质
CS1501	程序设计思想与方法(C++)	4.0	80	48	32	一	1	必修
MATH1205	线性代数	3.0	48	48	0	一	1	必修
EE0501	电路理论	4.0	64	64	0	一	2	必修
CHEM1202	大学化学	2.0	32	32	0	一	2	必修
EE1503	工程实践与科技创新 I	2.0	32	0	32	一	2	必修
ME1221	工程学导论	3.0	48	24	24	一	2	必修
EST2501	数字电子技术	2.0	32	32	0	二	1	必修
MECH2508	理论力学	4.0	64	64	0	二	1	必修
CS2501	离散数学	3.0	48	48	0	二	1	必修
EST2502	模拟电子技术	2.0	32	32	0	二	1	必修
CS0501	数据结构	3.0	48	48	0	二	1	必修
MATH1207	概率统计	3.0	48	48	0	二	1	必修
ICE2301	信号与系统(A 类)	4.0	64	64	0	二	2	必修
EST2504	嵌入式系统与接口技术	2.0	32	32	0	二	2	必修
MST2305	数字逻辑设计	3.0	48	48	0	二	2	必修
ICE3301	数字信号处理	3.0	48	48	0	三	1	必修
总计		47.0	768	680	88			

(2) 数学选修(要求最低学分:10 学分)

1) 数学一(课程最低门数:1 门)

课程代码	课程名称	学分	总学时	理论学时	实践学时	年级	推荐学期	课程性质
MATH1201	高等数学 I	6.0	96	96	0	一	1	限选
MATH1607H	数学分析(荣誉) I	6.0	96	96	0	一	1	限选
MATH1203	数学分析 I	6.0	96	96	0	一	1	限选
总计		18.0	288	288	0			

2）数学二（课程最低门数：1 门）

课程代码	课程名称	学分	总学时	理论学时	实践学时	年级	推荐学期	课程性质
MATH1202	高等数学Ⅱ	4.0	64	64	0	一	2	限选
MATH1608H	数学分析(荣誉)Ⅱ	4.0	64	64	0	一	2	限选
MATH1204	数学分析Ⅱ	4.0	64	64	0	一	2	限选
总计		12.0	192	192	0			

(3) 物理选修（要求最低学分：10 学分）

1）物理一（要求最低学分：4 学分）

课程代码	课程名称	学分	总学时	理论学时	实践学时	年级	推荐学期	课程性质
PHY1251H	大学物理（荣誉）(1)	5.0	80	80	0	一	2	限选
PHY1251	大学物理（A 类）(1)	4.0	64	64	0	一	2	限选
总计		9.0	144	144	0			

2）物理二（要求最低学分：4 学分）

课程代码	课程名称	学分	总学时	理论学时	实践学时	年级	推荐学期	课程性质
PHY1252H	大学物理（荣誉）(2)	5.0	80	80	0	二	1	限选
PHY1252	大学物理（A 类）(2)	4.0	64	64	0	二	1	限选
总计		9.0	144	144	0			

3）物理三（要求最低学分：2 学分）

课程代码	课程名称	学分	总学时	理论学时	实践学时	年级	推荐学期	课程性质
PHY1253H	大学物理（荣誉）(3)	2.0	32	32	0	二	2	限选
PHY1253	大学物理（A 类）(3)	2.0	32	32	0	二	2	限选
总计		4.0	64	64	0			

2. 专业类（要求最低学分：23 学分）

(1) 必修（要求最低学分：12 学分）

须修满全部。

课程代码	课程名称	学分	总学时	理论学时	实践学时	年级	推荐学期	课程性质
MST2304	半导体器件原理	3.0	48	48	0	二	2	必修
MST2306	半导体物理	2.0	32	32	0	二	2	必修
MST3301	模拟集成电路设计	3.0	48	48	0	三	1	必修
MST3313	数字集成电路设计	4.0	64	64	0	三	1	必修
总计		12.0	192	192	0			

(2) 专业选修课模块一(要求最低学分:7 学分)

集成电路设计与系统模块,全部修业期间须修满 7 学分。

课程代码	课程名称	学分	总学时	理论学时	实践学时	年级	推荐学期	课程性质
MST3319	先进数字系统芯片设计	2.0	32	32	0	三	2	限选
MST4307	设计自动化引论	2.0	32	32	0	三	2	限选
MST3302	VLSI 数字通信原理与设计	3.0	48	48	0	三	2	限选
MST4308	射频集成电路设计引论	2.0	32	32	0	三	2	限选
MST4303	混合信号集成电路设计引论	2.0	32	32	0	三	2	限选
MST3309	计算机处理器与系统	3.0	48	48	0	三	2	限选
总计		14.0	224	224	0			

(3) 专业选修课模块二(要求最低学分:4 学分)

集成电路器件与工艺模块,全部修业期间须至少修满 4 学分。

课程代码	课程名称	学分	总学时	理论学时	实践学时	年级	推荐学期	课程性质
MST3306	集成电路工艺技术基础(A 类)	2.0	32	32	0	三	1	限选
MST3322	微机电技术基础	2.0	32	32	0	三	1	限选
MST3323	纳电子器件	2.0	32	32	0	三	2	限选
MST3308	集成电路与微系统封装技术	2.0	32	32	0	三	2	限选
总计		8.0	128	128	0			

（三）专业实践类课程（要求最低学分：28 学分）

1. 实验课程（要求最低学分：10 学分）

须修满全部。

课程代码	课程名称	学分	总学时	理论学时	实践学时	年级	推荐学期	课程性质
CHEM1302	大学化学实验	1.0	16	0	16	一	2	必修
PHY1221	大学物理实验（1）	1.0	24	0	24	一	2	必修
EE0502	电路实验	2.0	32	0	32	一	2	必修
PHY1222	大学物理实验（2）	1.0	24	0	24	二	1	必修
EST2503	电子技术实验	2.0	32	0	32	二	1	必修
MST4311	智能芯片与系统设计	3.0	48	8	40	四	1	必修
总计		10.0	176	8	168			

2. 各类实习、实践（要求最低学分：10 学分）

须修满全部。

课程代码	课程名称	学分	总学时	理论学时	实践学时	年级	推荐学期	课程性质
SI1210	工程实践	3.0	96	0	96	一	1	必修
MIL1202	军训	2.0	112	0	112	一	3	必修
ICE0501	工程实践与科技创新Ⅱ-A	2.0	32	32	0	二	2	必修
MST3312	生产实习（微电子）	3.0	48	48	0	三	3	必修
总计		10.0	288	80	208			

3. 专业综合训练（要求最低学分：8 学分）

（1）必修（要求最低学分：4 学分）

须修满全部。

课程代码	课程名称	学分	总学时	理论学时	实践学时	年级	推荐学期	课程性质
BS113	毕业设计（论文）（微电子）	4.0	128	0	128	四	2	必修
总计		4.0	128	0	128			

(2) 专业综合训练选修(要求最低学分:4 学分)

专业综合训练选修课,全部修业期间须修满 4 学分(A 组二选一,B 组三选一)。

1) A 组(要求最低学分:2 学分)

课程代码	课程名称	学分	总学时	理论学时	实践学时	年级	推荐学期	课程性质
MST4305	模拟集成电路设计课程设计	2.0	32	0	32	三	2	限选
MST3314	数字集成电路设计课程设计	2.0	32	0	32	三	2	限选
总计		4.0	64	0	64			

2) B 组(要求最低学分:2 学分)

课程代码	课程名称	学分	总学时	理论学时	实践学时	年级	推荐学期	课程性质
MST3324	电子器件与电路测试课程设计	2.0	32	32	0	三	2	限选
MST3307	集成电路工艺技术课程设计	2.0	32	0	32	三	2	限选
MST3321	微机电系统课程设计	2.0	32	24	8	三	2	限选
总计		6.0	96	56	40			

(四) 交叉模块(要求最低学分:6 学分)

可在院系交叉模块课程或交叉模块课程组中选修 6 学分课程。学生攻读理工类辅修专业,其课程学分可用于减免最高 6 学分交叉模块课程。

1. 院系交叉模块(要求最低学分:6 学分)

课程代码	课程名称	学分	总学时	理论学时	实践学时	年级	推荐学期	课程性质
SE3701	算法原理	3.0	48	48	0	三	1	交叉课程
MST3317	微纳电子科技前沿讲座	2.0	32	32	0	三	2	交叉课程
MST3601	人工智能芯片导论	2.0	32	32	0	三	1	交叉课程

续表

课程代码	课程名称	学分	总学时	理论学时	实践学时	年级	推荐学期	课程性质
AI3615	人工智能芯片设计	3.0	48	48	0	三	2	交叉课程
AI3614	人工智能硬件综合实践	2.0	32	8	24	三	2	交叉课程
总计		12.0	192	168	24			

2. 交叉模块课程组(要求最低学分:0 学分)

见课程组,在交叉模块中选择。

(五) 个性化教育课程(要求最低学分:6 学分)

除本专业培养方案中通识教育课程、专业教育课程、实践教育课程、交叉模块四个模块要求学分之外的所有学分均可计入。

集成电路设计与集成系统专业培养方案(2023级)

一、培养目标

本专业根据学校“造就具有家国情怀、全球视野、创新精神和实践能力”的总体人才培养目标，培养适应社会经济发展和国家战略需求，具有集成电路设计、制造与集成系统应用开发等方面的理论和技术，能够在集成电路设计和集成系统相关领域的科学研究、技术开发、设计制造、运行管理等方面工作中综合运用数理知识、专业知识和工程知识有效解决复杂工程问题，德智体美劳全面发展，具备卓越工程师、工程科学家潜质的专业人才。

(1) 具备正确的专业价值取向。坚持爱国奉献的传统和实事求是的校训，坚持服务国家，推动社会发展，在服务社会的实践中展现人生价值。具有强烈的社会责任感、诚信的职业操守，恪守职业道德，具有远大的理想目标、高尚的道德情操、宽广的事业胸怀和厚重的责任担当。

(2) 具备扎实的专业能力。具备集成电路工艺与器件、集成电路设计、集成电路系统等相关领域的专业知识，能够正确理解、学习和运用本领域高深知识，使用恰当调研、分析、建模、研究与创新等方法明确关键技术路径，合理地设计、评价、判断、开发、管理与执行解决方案及评估其效果和影响。

(3) 具备全面的专业素质。面对本领域与相关领域的复杂的工程问题和挑战，展现出自信心、领导力、沟通技巧及跨学科的协作能力，能够充分考虑工程解决方案对经济、社会和环境的影响，遵循可持续发展长期目标。具有批判性思维以及面向未来社会发展所需的思维模式，具有坚持终身学习的能力，为未来成为卓越工程师、工程科学家和领军者奠定基础。

二、毕业要求

本专业以工程教育专业认证标准为指导，依据培养目标制定了毕业要求，并确保制定的毕业要求覆盖工程认证的认证标准。2023级的培养方案中的毕业要求包括以下11项：

(1) 工程知识：能够将数学、自然科学、计算机科学、工程基础和专业知识用于制定集成电路设计与集成系统领域复杂工程问题的解决方案。

(2) 问题分析：能够应用数学、自然科学和工程科学的基本原理，通过信息检索、文献研究，对集成电路设计与集成系统领域的复杂工程问题进行识别、表达、分析、评价，并获得有效结论。

(3) 设计 / 开发解决方案：能够针对集成电路设计与集成系统领域的复杂工程问题设计创造性的解决方案，设计满足特定要求的微电子器件与工艺、集成电路等，以满足确定的需求。能够在设计环节中体现创新意识，考虑全周期成本、法律、健康、安全、文化、社会以及环境等因素。

(4) 研究：能够基于科学原理并采用科学方法对工程问题进行研究，通过设计实验、分析数据解决集成电路设计与集成系统领域复杂工程问题，并通过信息综合得到合理有效的结论，运用创造性思维、批判性思维、系统思维、设计思维等，发现复杂工程问题的本质和规律性，从而获得高级认知。

(5) 使用现代工具：能够选择、使用与开发恰当的技术、资源、现代工程工具和信息技术手段和工具，针对集成电路设计与集成系统领域的复杂工程问题，进行预测与模拟，并能够理解相关技术工具、针对复杂工程问题预测与模拟结果的局限性。

(6) 工程与社会：在集成电路设计与集成系统领域实践及复杂工程问题解决方案的制定等环节中，分析并评估工程实践和问题解决方案对社会、环境、健康、安全、可持续发展、法律以及文化的影响，展现责任感与使命担当，践行家国情怀。

(7) 工程伦理：恪守伦理准则，遵守工程实践中的职业道德和规范，遵守相关的国家和国际法律，体现出对多元化和包容性需求的理解。

(8) 个人和团队：能够在多元化、包容性、多学科交叉的团队中高效工作，具备激励和指导团队的能力，成为团队的卓越领导者。

(9) 沟通：能够就复杂集成电路设计与集成系统工程问题与业界同行及公众进行有效和包容的沟通和交流，包括撰写报告、设计说明书、陈述发言、清晰表达，并具备一定的国际视野，能够在跨文化背景下进行沟通和交流。

(10) 项目管理：理解工程管理原理与经济决策方法，并应用于集成电路设计与集成系统工程领域的问题解决中，即作为团队成员和领导者，能够在多学科交叉的环境下进行项目管理。

(11) 终身学习：了解集成电路设计和集成系统领域的新理论、新技术及国内外发展动态，具有自主学习和终身学习的意识，具备技术变革背景下批判性思考能力，具备新技术和新兴技术的适应性。

三、毕业条件及授予学士学位条件

达到学校对本科毕业生提出的德、智、体、美、劳等方面的要求，完成培养方案课程体系中各教学环节的学习，最低修满 162.5 学分（外语 4~8 学分），毕业设计（论文）答辩合格，方可准予毕业。符合天津大学学士学位授予条件，可授予工学学士学位。

课程学时学分分配

课程类别		必修课		选修课		合计		占总学分比例
		学分	学时（周）	学分	学时（周）	学分	学时（周）	
理论教学	课堂讲授	93.8	1 630	22	352	115.8	1 982	71.26%
	课内实践	5.2	136	0	0	5.2	136	3.2%
	合计	99	1 766	22	352	121	2 118	74.46%

续表

课程类别		必修课		选修课		合计		占总学分比例
		学分	学时(周)	学分	学时(周)	学分	学时(周)	
实践教学	集中实践教学环节	27	18+27.5 周	0	0	27	18+27.5 周	16.62%
	单独设课的实验	14.5	404+2 周	0	0	14.5	404+2 周	8.92%
	合计	41.5	422+29.5 周	0	0	41.5	422+29.5 周	25.54%
总计		140.5	2 188+29.5 周	22	352	162.5	2 540+29.5 周	100%

四、学制与学位

标准学制:4 年,学习年限 3~6 年。

授予学位:工学学士。

五、专业核心课程

本专业的核心课程包括:模拟集成电路设计、数字集成电路设计、系统级芯片(SoC)设计、电磁场与电磁波、微电子器件基础、专业实训、专业综合实验、微电子工艺原理、超大规模集成电路设计专用语言等。

六、课程设置与学分分布

课程类别		课程编号	课程名称	课程属性	学分	总学时(周)	开课学期	学分要求
通识教育	思政类	2210117	思想道德与法治	必修	3	48	1	必修 18 学分,其中未列出的 1 学分为“习近平新时代中国特色社会主义思想”课程
		2210015	中国近现代史纲要	必修	3	48	2	
		2111140	马克思主义基本原理	必修	3	64	3	
		2210114	毛泽东思想和中国特色社会主义理论体系概论	必修	3	48	4	
		2210106	习近平新时代中国特色社会主义思想概论	必修	3	48	5	
		5100054	形势与政策	必修	2	64	1—8	

续表

课程类别		课程编号	课程名称	课程属性	学分	总学时（周）	开课学期	学分要求
通识教育	军事类	5100078	集中军事训练	必修	2	3 周	1	4
		5100057	军事理论 1	必修	2	32	2	
	体育类	2310001	体育 1	必修	1	32	1	4
		2310002	体育 2	必修	1	32	2	
		2310003	体育 3	必修	1	32	3	
		2310004	体育 4	必修	1	32	4	
		4010005-11	体育锻炼 1—7	0	0	32	1—7	
	外语类	A 级（4 学分）	英语读写译	必修	1	16	1	4~8
			英语听说	必修	1	16	1	
			翻译与跨文化传播	必修	1	16	2	
			英语交流与沟通	必修	1	16	2	
		B 级（6 学分）	英语读写译	必修	1	16	1	
			英语听说	必修	1	16	1	
			翻译与跨文化传播	必修	1	16	2	
			英语交流与沟通	必修	1	16	2	
			英语畅谈中国	必修	1	16	3	
			学术英文写作	必修	1	16	3	
		C 级（8 学分）	英语读写译	必修	1	16	1	
			英语听说	必修	1	16	1	
			翻译与跨文化传播	必修	1	16	2	
			英语交流与沟通	必修	1	16	2	
			英语畅谈中国	必修	1	16	3	
			学术英文写作	必修	1	16	3	
			中国传统典籍英译	必修	1	16	4	
			西方文化掠影	必修	1	16	4	
		D 级（8 学分）	基础英语 1	必修	2	32	1	
			基础英语 2	必修	2	32	2	
			基础英语 3	必修	2	32	3	
			基础英语 4	必修	2	32	4	
	通识必修课程	5100075	大学生心理健康（上）	必修	1	16	1	1
		5100076	大学生心理健康（下）	必修	1	16	2	1
		5100060	择业指导	必修	1	19	5	1

续表

课程类别		课程编号	课程名称	课程属性	学分	总学时（周）	开课学期	学分要求
通识教育	通识必修课程	5100059	职业生涯规划	必修	1	19	1	1
		4080003	健康教育	必修	0	8	1	0
		1140003	法制安全教育	必修	0	8	1	0
		5240108	创新创业实践	必修	2	32	1—7	≥ 3（课程见文后表格）
	通识选修课程		人文科学	选修	2	32	1—8	≥ 8
			社会科学	选修	2	32	1—8	
			艺术与美学	选修	2	32	1—8	
			科学与技术	选修	2	32	1—8	
专业教育	数理基础课程	2330068	微积分 I	必修	6	80	1	30（必修 28 学分，选修不少于 2 学分）
		2330069	微积分 II	必修	5	75	2	
		2100075	概率论与数理统计	必修	3.5	56	3	
		2100558	线性代数及其应用	必修	3.5	56	1	
		2100025	复变函数 *	选修	2	32	3	
		2100063	数理方程 *	选修	3	48	4	
		2100095	大学物理 1A	必修	4	64	2	
		2100096	大学物理 1B	必修	4	64	3	
		2100346	物理实验 A	必修	1	32	3	
		2100347	物理实验 B	必修	1	32	4	
	大类基础课程	2320027	电子科学技术导论	必修	2	32	2	31
		2160279	大学计算机基础 1	必修	0	32	1	
		2320026	专业基础认知	必修	2	32	1	
		新课号	程序设计原理（双语）	必修	2	32	1	
		新课号	数据结构	必修	2	32	4	
		2010856	工程制图基础 4	必修	2	32	1	
		2320028	电路分析基础	必修	4	64	2	
		2320048	信号与系统	必修	4	64	3	
		2320006	电子线路基础	必修	3.5	56	3	
		2320007	数字逻辑电路	必修	3	48	4	
		2320056	固体与半导体物理	必修	4.5	56	4	
		新课号	管理概论	必修	2	32	3	
	专业核心课程	新课号	专业实训 1（C++ 编程实训）	必修	1	32	1	25.5

续表

课程类别		课程编号	课程名称	课程属性	学分	总学时(周)	开课学期	学分要求	
专业教育	专业核心课程	新课号	专业实训 2(MATLAB 编程实训)	必修	1	32	3		
		新课号	专业实训 3(电子技术实训)	必修	1	32	4		
		新课号	专业综合实验 1(微电子工艺与器件实践)	必修	1	32	5		
		新课号	专业综合实验 2(微电子基础实验)	必修	2.5	80	6		
		新课号	专业综合实验 3(集成电路工程实践)	必修	2	64	6		
		2320047	电磁场与电磁波	必修	3	48	5		
		2040644	微电子器件基础	必修	3	48	5		
		2320063	微电子工艺原理	必修	2	32	5		
		2320039	模拟集成电路设计	必修	3	48	6		
		2320032	数字集成电路设计	必修	2	32	6		
		2320060	系统级芯片(SoC)设计	必修	2	32	7		
		2040397	超大规模集成电路设计专用语言	必修	2	32	4		
	专业模块	2040559	超大规模集成电路互连系统	选修	2	32	7	模块 1：数字集成电路模块	必须完成 1 个模块的选修任务,其余课程任选,所有选修课程不少于 10 个学分
		2320059	FPGA 原理与应用(双语)	选修	2	32	6		
		2040643	计算机体系结构	选修	3.5	56	5		
		2040658	集成电路版图设计技术	选修	2	32	7	模块 2：模拟与射频集成电路模块	
		2040656	混合信号设计技术	选修	2	32	5		
		2040655	射频集成电路	选修	2	32	6		
		2040621	半导体敏感器件	选修	2	32	5	模块 3：集成电路器件模块	
		2320058	半导体特种效应及应用	选修	2	32	6		
		2320034	微电子器件可靠性原理	选修	2	32	6		
		2320025	信息论与编码	选修	2	32	6	模块 4：集成系统设计模块	
		2040646	数字信号处理	选修	2	32	5		

续表

课程类别		课程编号	课程名称	课程属性	学分	总学时（周）	开课学期	学分要求	
专业教育	专业模块	2320002	传感器系统设计	选修	2	32	5		
		2320031	人工智能算法基础	选修	2	32	5	模块 5：智能芯片与系统设计模块	
		2320037	人工智能加速器设计	选修	2	32	6		
		2320033	嵌入式集成系统与智能应用	选修	2	32	7		
	个性化课程	2040641	单片机原理与应用	选修	2	32	4	个性选修	
		2040032	高频电子线路	选修	3	48	5		
		2020642	太赫兹科学与技术	选修	2	32	7		
		2320037	现代编程技术	选修	2	32	6		
		2020567	光通信技术基础	选修	2	32	7		
		2020671	LabVIEW 设计	选修	2	32	6		
		2020258	光电图像处理	选修	3	48	6		
		2020355	光电子发光与显示技术	选修	2	32	6		
		以下是本研贯通课程							
		S204G301	现代电路与信号系统	选修	2	32	7—8		
		S2045001	天线理论与技术	选修	2	32	7—8		
		S204G508	高等模拟集成电路	选修	2	32	7—8		
		S204G509	现代半导体物理	选修	2	32	7—8		
		S204G510	功能薄膜与器件	选修	2	32	7—8		
	综合实践课程	2010766	机械工程训练 2	必修	1.5	60	5	21	
		2010764	机械工程训练基础	必修	0.5	20	5		
		2040096	电子工艺实习	必修	2	80	5		
		2040481	生产实习	必修	2	80	7		
		2320044	专业课程设计	必修	3	120	7		
		新课号	专业综合实验 4(集成电路测试实践)	必修	2	64	7		
		2040612	毕业设计	必修	10	400	8		

课外实践教育 10 学分,不计入总学分要求。

课程名称	学分	建议修读学期
人文学术讲座	2	
社团组织经历	2	
* 思想道德、政治素养	2	
* 团队管理、创新创业	2	
* 志愿服务、社会实践	2	
* 艺术修养、人文素质	2	
* 心理健康、职业发展	2	
* 体育竞训	2	
* 劳动能力	2	
* 军事素养	2	

* 课外实践教育按照学生综合发展的要素构成,包括思想道德、政治素养、团队管理、创新创业、志愿服务、社会实践、艺术修养、人文素质、心理健康、职业发展、体育竞训、劳动能力、军事素养等类型。学生在毕业前取得的课外实践教育学分不少于 10 学分,其中必修课 4 学分(人文学术讲座 2 学分,社团组织经历 2 学分)。

创新创业教育:必修 2 学分 + 选修 1 学分,总计不少于 3 学分。

课程代码	课程名称	学分	建议修读学期
5240108	创新创业实践(必修)	2	1—8
2040662	嵌入式系统设计与应用(选修)	1	6
2040464	通信原理(选修)	2	7
2320023	智能计算机基础及应用(选修)	1	7
2020725	拉曼荧光光谱基础及应用(选修)	1	6
2020770	微纳加工技术(双语)(选修)	2	6
2020454	21 世纪的光学测量(选修)	1	7
2100394	计算物理(选修)	2	4
2020409	生物医学光子学(双语)(选修)	2	7
	学科竞赛(选修)	2	1—8
	科研实践(选修)	2	3

七、课程体系导图

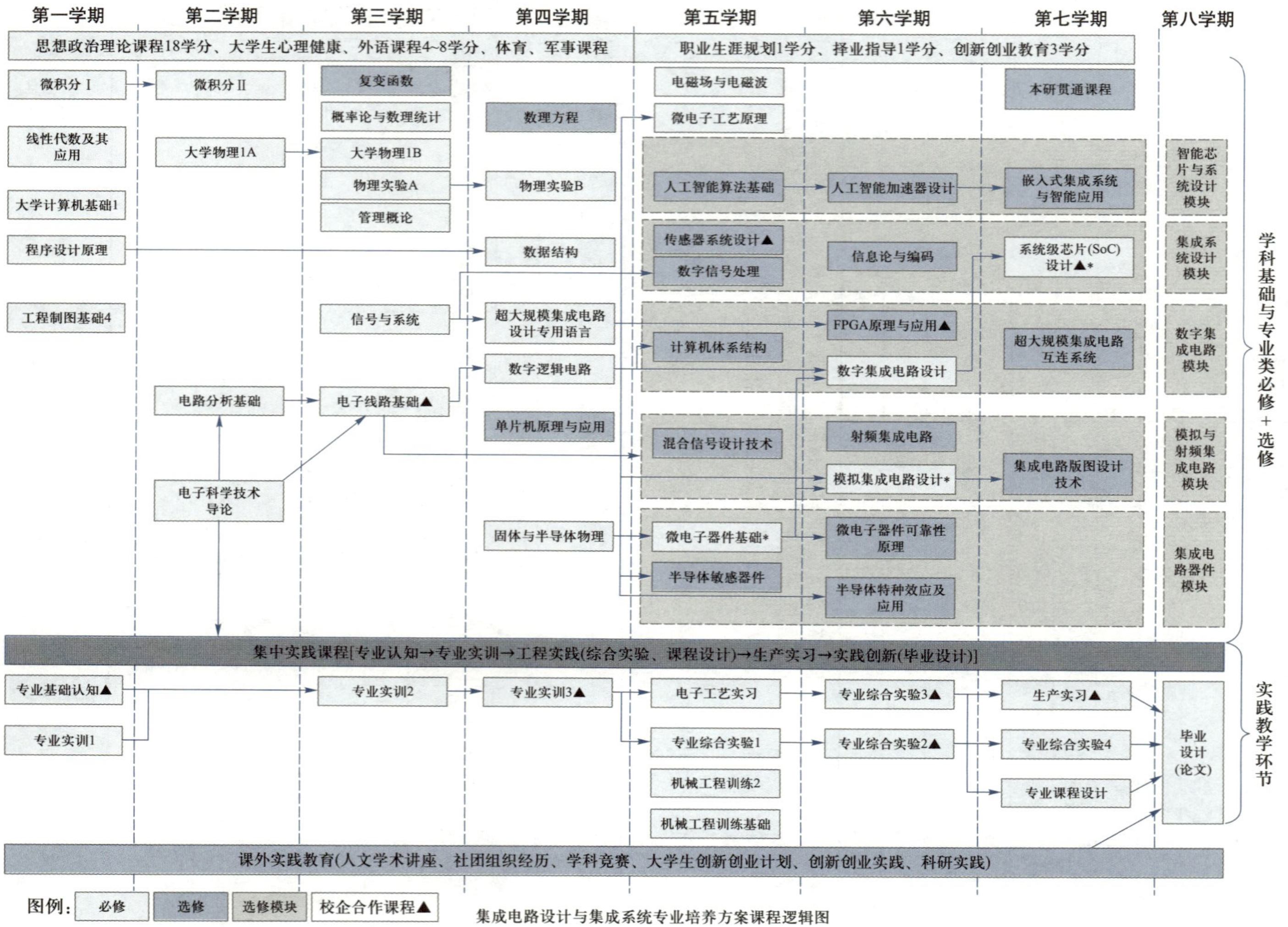

第一学期	第二学期	第三学期	第四学期	第五学期	第六学期	第七学期	第八学期
思想政治理论课程18学分、大学生心理健康、外语课程4~8学分、体育、军事课程				职业生涯规划1学分、择业指导1学分、创新创业教育3学分			
微积分Ⅰ	微积分Ⅱ	复变函数		电磁场与电磁波		本研贯通课程	
		概率论与数理统计	数理方程	微电子工艺原理			
线性代数及其应用	大学物理1A	大学物理1B		人工智能算法基础	人工智能加速器设计	嵌入式集成系统与智能应用	智能芯片与系统设计模块
大学计算机基础1		物理实验A	物理实验B				
		管理概论		传感器系统设计▲	信息论与编码	系统级芯片(SoC)设计▲*	集成系统设计模块
程序设计原理			数据结构	数字信号处理			
工程制图基础4		信号与系统	超大规模集成电路设计专用语言	计算机体系结构	FPGA原理与应用▲	超大规模集成电路互连系统	数字集成电路模块
			数字逻辑电路		数字集成电路设计		
	电路分析基础	电子线路基础▲	单片机原理与应用	混合信号设计技术	射频集成电路		模拟与射频集成电路模块
	电子科学技术导论				模拟集成电路设计*	集成电路版图设计技术	
			固体与半导体物理	微电子器件基础*	微电子器件可靠性原理		集成电路器件模块
				半导体敏感器件	半导体特种效应及应用		

学科基础与专业类必修+选修

集中实践课程[专业认知→专业实训→工程实践(综合实验、课程设计)→生产实习→实践创新(毕业设计)]

第一学期	第二学期	第三学期	第四学期	第五学期	第六学期	第七学期	第八学期
专业基础认知▲		专业实训2	专业实训3▲	电子工艺实习	专业综合实验3▲	生产实习▲	毕业设计(论文)
专业实训1				专业综合实验1	专业综合实验2▲	专业综合实验4	
				机械工程训练2		专业课程设计	
				机械工程训练基础			

实践教学环节

课外实践教育(人文学术讲座、社团组织经历、学科竞赛、大学生创新创业计划、创新创业实践、科研实践)

图例：必修 选修 选修模块 校企合作课程▲

集成电路设计与集成系统专业培养方案课程逻辑图

香港科技大学（广州）

微电子工学专业培养方案

1. Educational Objectives and Alignment of Objectives with Role and Mission

This new program is preparing students to achieve their career goals with the following expected accomplishments:

(1) Ability to apply their knowledge and skills in microelectronics to succeed in their careers and/or in pursuing advanced degrees;

(2) Ability to succeed in multi-disciplinary team environments and to solve problems in a creative manner;

(3) Ability to apply principles of microelectronics to meet future society needs and/or to do research.

This program is structured in such a way that not only will students be equipped with fundamental principles of microelectronics, but they will be exposed to practice their skills in some scientific/industrial settings with realistic problems.

2. Student Demand and Demand for Graduates

Microelectronics is a cornerstone of the Information Age, and students trained by the proposed microelectronics program are highly sought after. A recent report by China Center for Information Industry Development(中国电子信息产业发展研究院) shows that China will need additional 300,000 microelectronics professionals by 2025. There is a long way to fulfil such talent demands.

3. Arrangements for Admission and Selection (if relevant)

The Program will follow the University's prevailing admission requirement, including JEE and international qualifications. For Gaokao students, Physics or Lizong (理综) subject will be required.

4. Estimated Student Enrollment (for majors/minors)

The quota for the University Broad-based Admission is 250 for 2024-2025 intake, where on average each program will enroll 35~40 students. At steady state, the University Broad-based Admission plans to enroll about 1000 major students in each cohort.

5. Consultation with Stakeholders

The proposed Microelectronics program has been reviewed by multiple world-leading experts. All the experts support the establishment of the new program. There are some quotes from the detailed comments in the attachment.

Prof. David Atienza of EPFL: "I truly believe the new microelectronics UG program is necessary for our society, as more and more engineers are required to maintain and strengthen digitalization in our connected world."

Prof. Radu Marculescu of UT Austin: "you're building a very strong program."

Prof. Partha Pratim Pande of Washington State University: "a microelectronics UG program is necessary for our society. I am a big supporter of this initiative."

6. Benchmarking

Document(s) attached: Attachment 3 – Benchmark with the BEng in Electronic Engineering at Hong Kong University of Science and Technology, BEng in Electronics Science and Technology at Tsinghua University, BS in Electrical Engineering and Computer Sciences at UC Berkeley and the BSc in Electrical Engineering and Information Technology at ETH Zürich.

7. Resources

Required resources will be allocated by the University Management in the overall planning for the HKUST(GZ).

*8. Responses to Issues and Questions Raised by the CUS on the Initial Proposal

N/A.

*9. Intended Learning Outcomes

Upon successful completion of the program, students will be able to:

(1) Identify and analyze national and global challenges related to microelectronics.

(2) Design microelectronic systems, components, or processes with practical constraints.

(3) Understand professional practices and social responsibilities.

(4) Be able to carry out teamwork.

(5) Communicate professionally and effectively.

(6) Develop soft skills for life-long learning.

*10. Program Management

This is a Hub-based program.

*11. Transitional Arrangement

N/A.

Required for final proposal only.

Further Attachments:

Attachment 1 – Proposed Curriculum

Attachment 2 – Comments from Experts (not attached)

Attachment 3 – Benchmarking of BEng in Microelectronics (not attached)

Attachment 4 – Student Pathway (not attached)

Attachment 1: Proposed Curriculum

Function Hub-BEng in Microelectronics (For students admitted in 2024—2025 under the 4-year degree)

BEng in Microelectronics

120 credits are required for BEng in microelectronics:

- *30 credits for university common core courses*
- *90 credits for major requirements, including:*

  22 credits for fundamental courses

  30 credits for major required courses

  34~36 credits for major elective courses

  Free elective courses can be used to fill in any shortfall in total credits.

Fundamental Courses (22 credits)

Course Code		Course Title	Credit(s) attained	
UFUG		*Note:(UFUG 1102 or UFUG 1103)and(UFUG 1105 or UFUG 1106)*	6	
UFUG	1102	Calculus I	3	
UFUG	1103	Calculus II	3	
UFUG	1105	Honors Calculus I	3	
UFUG	1106	Honors Calculus II	3	
UFUG		*Note: 2 courses out of 4*	6	
UFUG	2101	Introduction to Multivariable Calculus	3	
UFUG	2102	Matrix Algebra and Applications	3	
UFUG	2103	Linear Algebra	3	
UFUG	2104	Applied Statistics	3	
UFUG		*Note:(UFUG 1501 or UFUG 1502)and(UFUG 1503 or UFUG 1504)*	6	
UFUG	1501	General Physics I	3	
UFUG	1502	General Physics II	3	
UFUG	1503	Honors General Physics I	3	
UFUG	1504	Honors General Physics II	3	
UFUG	2601	C++ Programming	4	

Major Required/Elective Courses(64～66 credits)

Major Required Courses(30 credits)			
Course Code		Course Title	Credit(s) attained
MICS	2020	Digital Circuits Analysis and Design	3
MICS	2030	Circuit Theory	3
MICS	2040	Analog Circuit Fundamentals	3
MICS	2070	Computer Systems	3
DLED	3010	English Communication I for Function Hub Programs	3
MICS	3090	Semiconductor Devices	3
ROAS	2100	Signals and Systems	3
DLED	4010	English Communication II for Function Hub Programs	3
MICS	4990	Final Chip Project	6

Major Elective Courses(34~36 credits)				
Course Code		Course Title	Minimum credit(s) required	
		Note: MICS electives(12 courses from the specific elective list)	34	
MICS	1010	Introduction to IC Chip	1	
AMAT	3020	Mathematical Methods in Materials Science and Engineering	3	
MICS	3020	Microwave Theory and Antennas	3	
MICS	3130	Telecommunication Integrated Circuits	3	
MICS	3220	Micro- and Nano-Devices: Processing, Characterization and Application	3	
MICS	3430	Electronics Design Experiments	3	
MICS	3510	Integrated Circuit Verification	3	
MICS	3520	Computer-aided Digital Design	3	
MICS	3710	Microprocessor Design	3	
MICS	3820	Compilers	3	
MICS	3830	Parallel Programming	3	
MICS	4110	Data Converters	3	
MICS	4120	VLSI Architecture for Digital Signal Processing	3	
MICS	4510	Automated Reasoning and Testing for IC Verification	3	
MICS	4530	Automatic VLSI Physical Design	3	
MICS	4540	Automatic Logic Synthesis and Optimization	3	
MICS	4550	VLSI Design Closure Methods	3	
MICS	4560	Circuit Simulation and Optimization Methods	3	
MICS	4820	Advanced Compilers	3	

中 山 大 学

微电子科学与工程专业培养方案（2023级）

一、培养目标

本专业坚持社会主义办学方向，全面落实立德树人根本任务，聚焦培养能够引领未来的人，坚持以学生成长为中心，坚持通识教育与专业教育相结合，着力提升学生的学习力、思想力、行动力，培养德智体美劳全面发展的社会主义建设者和接班人，培养具备微纳电子器件与集成电路的材料、装备、工具、零部件设计、工艺、封测和应用等集成电路产业链关键环节的知识基础和应用技能，能够立足国家战略性新兴产业，面向半导体、集成电路、新型显示、人工智能等行业，综合运用集成电路理论与技术，分析、解决实际问题的复合型创新人才。

二、毕业要求

知识层面

毕业要求1：掌握数学、物理、英语、计算机、软件等专业的基础知识，掌握电子电路、半导体物理、信号处理等微电子专业基础知识。

毕业要求2：具备集成电路设计、工艺、器件、封测和应用等方面的基础知识和实用技能，具有从事半导体、集成电路等产业全流程生产的专业知识。

毕业要求3：掌握能够针对集成电路专业领域复杂工程问题和科学问题开展研究的学术研究方法，具有发现问题、分析问题、解决问题的意识和知识。

毕业要求4：掌握专业领域的最新发展动态，熟悉产业链各环节内容，具备集成电路专业作为交叉学科所需要的知识体系，了解集成电路学科与微电子、材料、通信、计算机、数学、物理等学科的关系。

能力层面

毕业要求5：具备综合应用本专业知识，分析和解决复杂工程问题的能力，具备集成电路设计、工艺、器件、封测和应用领域的研究、设计、开发和应用能力。

毕业要求6：具备自主学习和终身学习的能力，拥有团队协作和管理的能力，能够参与多学科背景下的科研创新，能够从事集成电路行业的技术研发和技术管理工作。

毕业要求7：具有人文社会科学素养，具有理性思维和批判精神，具备熟练运用外语进行科技阅读、论文写作和专业交流的能力，拥有流畅的公开演讲、发言和讨论的能力。

价值层面

毕业要求8：热爱祖国和人民，拥护中国共产党的领导，拥护中国特色社会主义，践行社会主义核心价值观。

毕业要求 9：德智体美劳全面发展，身心健康，志向高远，遵纪守法，具有良好的道德品质，遵守社会公德。

三、授予学位与修业年限

按要求完成学业者授予工学学士学位。修业年限：4 年。

四、毕业总学分及课内总学时

主修毕业学分要求：

课程类别 / 课程细类	细类学分要求	类别学分要求	细类所占比例	类别所占比例	备注
荣誉课程	0	0	0%	0%	
公共必修课	0	39	0%	23.64%	
公共选修课	0	8	0%	4.85%	(1) 分为人文与社会、科技与未来、生命与健康、艺术与审美四个模块，最低学分要求为 8 学分，其中须包含 2 学分"艺术与审美"课程。 (2) 学生自主修读且未列入本方案的跨院系课程可计入公共选修课学分。
专业必修课	0	93	0%	56.36%	
专业选修课	0	25	0%	15.15%	
毕业总学分 (实践教学学分)	165 (44)				

五、课程设置及教学进程计划

1. 公共必修课

课程类别 / 课程细类	序号	课程编码	课程名称	总学分	学时		开课学期
					理论学时	实践（含实验）	
公共必修课	1	FL101	大学外语（Ⅰ）	2	36	0	2023-1
	2	MAR103	中国近现代史纲要	3	54	0	2023-1
	3	MAR115	习近平新时代中国特色社会主义思想概论	3	54	0	2023-1
	4	PE101	体育	1	0	36	2023-1

续表

课程类别 / 课程细类	序号	课程编码	课程名称	总学分	学时		开课学期
					理论学时	实践(含实验)	
公共必修课	5	PUB121	军事课	4	36	2 周	2023-1
	6	PSY199	心理健康教育	2	36	0	2023-1~2023-2
	7	MAR114	形势与政策	3	18	72	2023-1~2026-2
	8	PUB178	劳动教育	1	9	27	2023-1~2026-2
	9	PUB199	国家安全教育	1	9	18	2023-1~2026-2
	10	FL102	大学外语(Ⅱ)	2	36	0	2023-2
	11	MAR109	四史(中共党史)	1	18	0	2023-2
	12	MAR112	思想道德与法治	3	54	0	2023-2
	13	PE102	体育	1	0	36	2023-2
	14	FL201	大学外语(Ⅲ)	2	36	0	2024-1
	15	MAR202	马克思主义基本原理	3	54	0	2024-1
	16	PE201	体育	0.5	0	18	2024-1
	17	FL202	大学外语(Ⅳ)	2	36	0	2024-2
	18	MAR207	毛泽东思想和中国特色社会主义理论体系概论	3	54	0	2024-2
	19	PE202	体育	0.5	0	18	2024-2
	20	PE305	体育	0.5	0	18	2025-1
	21	PE302	体育	0.5	0	18	2025-2
学分要求	课程门数	总学分数		理论学时数	实践(含实验)学时数		
39	21	39		540	261+ 2 周		

2. 公共选修课

分为人文与社会、科技与未来、生命与健康、艺术与审美四个模块,最低学分要求为 8 学分,其中须包含 2 学分“艺术与审美”课程。

3. 专业必修课

课程类别 / 课程细类	序号	课程编码	课程名称	总学分	学时		开课学期
					理论学时	实践(含实验)	
专业实践课	1	IC316	生产实习	1	0	1 周	2026-1
	2	IC412	毕业论文(设计)	6	0	6 周	2026-2

续表

课程类别 / 课程细类	序号	课程编码	课程名称	总学分	学时		开课学期
					理论学时	实践（含实验）	
专业基础课	3	IC201	模拟电路	3	54	0	2024–1
	4	IC203	模拟电路实验	1	0	36	2024–1
	5	IC217	程序设计 I	3	54	0	2024–1
	6	IC219	程序设计 I 实验	1	0	36	2024–1
	7	IC234	概率统计	3	54	0	2024–1
	8	SS221	数学物理方法与复变函数	4	72	0	2024–1
	9	IC202	半导体物理	3	54	0	2024–2
	10	IC208	模拟集成电路设计	3	54	0	2024–2
	11	IC210	模拟集成电路设计实验	1	0	36	2024–2
	12	IC218	量子力学与固体物理	4	72	0	2024–2
	13	IC220	硬件描述语言与 FPGA 设计	2	18	36	2024–2
	14	IC223	信号与系统	4	72	0	2024–2
专业核心课	15	IC222	半导体器件物理	3	54	0	2025–1
	16	IC311	微电子材料	3	54	0	2025–1
	17	IC323	数字信号处理	2	36	0	2025–1
	18	IC324	数字集成电路设计	2	36	0	2025–1
	19	IC326	数字集成电路设计实验	1	0	36	2025–1
	20	IC303	微机原理与嵌入式系统	3	54	0	2025–2
	21	IC305	微机原理与嵌入式系统实验	1	0	36	2025–2
	22	IC318	半导体材料与器件特性表征实验	1	0	36	2025–2
	23	IC340	微加工技术	4	72	0	2025–2
	24	IC341	微加工工艺实验	1	0	36	2025–2
大类基础课	25	EIT117	电路理论基础（一）	3	54	0	2023–1
	26	EIT149	电路理论基础实验	1	0	36	2023–1
	27	IC101	工程制图与 CAD（二）	2	18	36	2023–1
	28	MA189	高等数学一（Ⅰ）	5	90	0	2023–1
	29	PHY128	大学物理（理）（上）	4	72	0	2023–1
	30	PHY147	大学物理实验（理）（上）	1	0	36	2023–1
	31	EIT120	数字电路与逻辑设计（一）	3	54	0	2023–2
	32	EIT122	数字电路与逻辑设计实验（一）	1	0	36	2023–2

续表

课程类别 / 课程细类	序号	课程编码	课程名称	总学分	学时		开课学期
					理论学时	实践（含实验）	
大类基础课	33	MA179	线性代数	3	54	0	2023-2
	34	MA190	高等数学一（Ⅱ）	5	90	0	2023-2
	35	PHY131	大学物理（理）（下）	4	72	0	2023-2
	36	PHY149	大学物理实验（理）（下）	1	0	36	2023-2
学分要求	课程门数	总学分数	理论学时数	实践（含实验）学时数			
93	36	93	1 314	468+ 7 周			

4. 专业选修课

课程类别 / 课程细类	序号	课程编码	课程名称	总学分	学时		开课学期
					理论学时	实践（含实验）	
专业选修课模块	创新实践模块						
	1	IC233	电子工艺实习	1	0	36	2024-1
	2	IC214	电子线路开放性实验	1	0	36	2024-2
	3	IC339	专业及行业认知	2	36	0	2025-1
	4	IC345	创新技能训练	2	0	72	2025-1
	5	IC313	工程设计与实践	2	0	72	2025-2
	通信工程模块						
	6	IC315	通信原理	3	36	36	2025-1
	7	IC331	数字信号处理实验	1	0	36	2025-1
	8	IC216	电磁场与电磁波	3	54	0	2025-2
	计算机模块						
	9	IC231	数值计算方法	3	36	36	2024-1
	10	SS306	科学计算方法与实践	3	18	72	2025-1
	微电子模块						
	11	IC225	微电子学导论	2	36	0	2024-1
	12	IC212	科技英语阅读与写作	2	36	0	2024-2
	13	IC330	高频电路	3	54	0	2025-2
	14	IC342	微处理器设计与实践	1	0	36	2025-2
	15	IC343	模拟集成电路版图设计实验	1	0	36	2025-2
	16	IC344	微纳电子器件	3	54	0	2025-2

续表

课程类别/课程细类	序号	课程编码	课程名称	总学分	学时		开课学期
					理论学时	实践（含实验）	
专业选修课模块	17	IC414	传感器与检测技术	2	18	36	2026–1
	18	IC416	DSP 算法与硬件系统实验	1	0	36	2026–1
	数理基础模块						
	19	IC226	离散数学	2	36	0	2024–2
学分要求		课程门数	总学分数	理论学时数		实践（含实验）学时数	
25		19	38	414		540	

5. 荣誉课程

课程类别/课程细类	序号	课程编码	课程名称	总学分	学时		开课学期
					理论学时	实践（含实验）	
荣誉课程	1	IC417	高级半导体物理	3	54	0	2026–1
	2	IC421	现代数学引论	3	54	0	2026–1
	3	IC423	现代电路理论与设计	3	54	0	2026–1
	4	IC431	集成电路设计方法学	4	72	0	2026–1
	5	IC433	EDA 软件设计方法导论	2	36	0	2026–1
	6	IC435	现代集成电路装备概论	2	36	0	2026–1
	7	IC439	现代数字信号处理	3	54	0	2026–1
	8	IC441	现代通信原理	3	54	0	2026–1
学分要求		课程门数	总学分数	理论学时数		实践（含实验）学时数	
0		8	23	414		0	

六、学分学时分布情况

学年	学期	公必课		专必课		专选课			公选课		合计（公选课除外）	
		学分	学时	学分	学时	开设学分	建议修读		学分	学时	总学分	总学时
							学分	学时				
第一学年	第一学期	13	244	16	342	0	0	0	0	0	29	586
	第二学期	9	180	17	342	0	0	0	0	0	26	522

续表

学年	学期	公必课		专必课		专选课			公选课		合计(公选课除外)	
		学分	学时	学分	学时	开设学分	建议修读		学分	学时	总学分	总学时
							学分	学时				
第二学年	第一学期	5.5	108	15	306	6	4	72	0	0	24.5	486
	第二学期	5.5	108	17	342	5	3	54	0	0	25.5	504
第三学年	第一学期	0.5	18	11	216	11	9	162	0	0	20.5	396
	第二学期	0.5	18	10	234	13	6	108	0	0	16.5	360
第四学年	第一学期	0	0	1	14	3	3	54	0	0	4	68
	第二学期	5	153	6	84	0	0	0	0	0	11	237
合计		39	829	93	1 880	38	25	450	0	0	157	3 159

注:1 周按 14 学时折算。

七、专业实践教学环节(含实验)

序号	课程编码	实践教学课程名称	课程类别	开课学期	课程类型	其中实践教学环节学分	其中实践教学环节学时
1	PE101	体育	公必	2023-1	其他集中性实践	1	36
2	PUB121	军事课	公必	2023-1	理论 + 实践	2	2 周
3	MAR114	形势与政策	公必	2023-1~2026-2	理论 + 实践	2	72
4	PUB178	劳动教育	公必	2023-1~2026-2	理论 + 实践	0.5	27
5	PUB199	国家安全教育	公必	2023-1~2026-2	理论 + 实践	0.5	18
6	PE102	体育	公必	2023-2	其他集中性实践	1	36
7	PE201	体育	公必	2024-1	其他集中性实践	0.5	18
8	PE202	体育	公必	2024-2	其他集中性实践	0.5	18
9	PE305	体育	公必	2025-1	其他集中性实践	0.5	18
10	PE302	体育	公必	2025-2	其他集中性实践	0.5	18

续表

序号	课程编码	实践教学课程名称	课程类别	开课学期	课程类型	其中实践教学环节学分	其中实践教学环节学时
11	EIT149	电路理论基础实验	专必	2023–1	实验	1	36
12	IC101	工程制图与 CAD(二)	专必	2023–1	理论 + 实验	1	36
13	PHY147	大学物理实验(理)(上)	专必	2023–1	实验	1	36
14	EIT122	数字电路与逻辑设计实验(一)	专必	2023–2	实验	1	36
15	PHY149	大学物理实验(理)(下)	专必	2023–2	实验	1	36
16	IC203	模拟电路实验	专必	2024–1	实验	1	36
17	IC219	程序设计 I 实验	专必	2024–1	实验	1	36
18	IC210	模拟集成电路设计实验	专必	2024–2	实验	1	36
19	IC220	硬件描述语言与 FPGA 设计	专必	2024–2	理论 + 实验	1	36
20	IC326	数字集成电路设计实验	专必	2025–1	实验	1	36
21	IC305	微机原理与嵌入式系统实验	专必	2025–2	实验	1	36
22	IC318	半导体材料与器件特性表征实验	专必	2025–2	实验	1	36
23	IC341	微加工工艺实验	专必	2025–2	实验	1	36
24	IC316	生产实习	专必	2026–1	集中性实践(含见习、实习)	1	1 周
25	IC412	毕业论文(设计)	专必	2026–2	毕业论文、毕业设计	6	6 周
26	IC231	数值计算方法	专选	2024–1	理论 + 实验	1	36
27	IC233	电子工艺实习	专选	2024–1	集中性实践(含见习、实习)	1	36
28	IC214	电子线路开放性实验	专选	2024–2	实验	1	36
29	IC315	通信原理	专选	2025–1	理论 + 实验	1	36
30	IC331	数字信号处理实验	专选	2025–1	实验	1	36
31	IC345	创新技能训练	专选	2025–1	实验	2	72

续表

序号	课程编码	实践教学课程名称	课程类别	开课学期	课程类型	其中实践教学环节学分	其中实践教学环节学时
32	SS306	科学计算方法与实践	专选	2025–1	理论＋实践	2	72
33	IC313	工程设计与实践	专选	2025–2	实验	2	72
34	IC342	微处理器设计与实践	专选	2025–2	实验	1	36
35	IC343	模拟集成电路版图设计实验	专选	2025–2	实验	1	36
36	IC414	传感器与检测技术	专选	2026–1	理论＋实验	1	36
37	IC416	DSP 算法与硬件系统实验	专选	2026–1	实验	1	36
合计						44	1 269+9 周

附录 A “101 计划”工作组(24 所参与高校名单)

1. 西安电子科技大学
2. 东南大学
3. 深圳大学
4. 复旦大学
5. 清华大学
6. 浙江大学
7. 武汉大学
8. 华中科技大学
9. 北京大学
10. 北京工业大学
11. 北京航空航天大学
12. 北京理工大学
13. 电子科技大学
14. 福州大学
15. 国防科技大学
16. 哈尔滨工业大学
17. 南京大学
18. 山东大学
19. 上海交通大学
20. 天津大学
21. 西安交通大学
22. 香港科技大学(广州)
23. 中国科学院大学
24. 中山大学

附录B 核心课程体系建设参与人员名单

1. 半导体物理课程组

黄如（课程组负责人，东南大学）、孙伟锋（东南大学）、蒋玉龙（复旦大学）、蔡浩（东南大学）、刘川（中山大学）、刘斌（南京大学）、黎明（北京大学）、柴常春（西安电子科技大学）、李迪（西安电子科技大学）、耿莉（西安交通大学）、刘诺（电子科技大学）、聂凯明（天津大学）、余林蔚（南京大学）、庄喆（南京大学）、王军转（南京大学）、徐骏（南京大学 / 南通大学）、王润声（北京大学）、康晋峰（北京大学）、刘晓彦（北京大学）、韩德栋（北京大学）、娄永乐（西安电子科技大学）、李高明（西安交通大学）、杨明超（西安交通大学）、郭卓奇（西安交通大学）、雷冰洁（西安交通大学）、樊超（西安交通大学）、赵怡程（电子科技大学）、韩磊（东南大学）、雷双瑛（东南大学）、李霁（东南大学）、聂萌（东南大学）

2. 半导体器件物理课程组

郝跃（课程组负责人，西安电子科技大学）、马晓华（西安电子科技大学）、王业亮（北京理工大学）、王冲（西安电子科技大学）、王利明（西安电子科技大学）、朱樟明（西安电子科技大学）、乔明（电子科技大学）、刘洪军（中国电子科技集团第五十五研究所）、刘继芝（电子科技大学）、刘璐（华中科技大学）、杨林安（西安电子科技大学）、张国和（西安交通大学）、郑雪峰（西安电子科技大学）、赵雪（西安电子科技大学）、胡辉勇（西安电子科技大学）、郜定山（华中科技大学）、贾新章（西安电子科技大学）、徐晓龙（北京理工大学）、徐静平（华中科技大学）、殷华湘（中国科学院大学）、黄晓东（东南大学）、曹磊（中国科学院大学）、程晓敏（华中科技大学）、游海龙（西安电子科技大学）、雷鑑铭（华中科技大学）、缪向水（华中科技大学）

3. 模拟集成电路设计课程组

毛军发（课程组负责人，深圳大学）、黄磊（深圳大学）、张沛昌（深圳大学）、钟世达（深圳大学）、黎冰（深圳大学）、闫岩（深圳大学）、金晶（上海交通大学）、杜力（南京大学）、施毅（南京大学）、余涵（北京华大九天科技股份有限公司）、胡远奇（北京航空航天大学）、于奇（电子科技大学）、陈志铭（北京理工大学）、杜湘渝（国防科技大学）、雷鑑铭（华中科技大学）、易婷（复旦大学）、过悦康（上海交通大学）、周健军（上海交通大学）、邹兰榕（北京华大九天科技股份有限公司）、孔谋夫（电子科技大学）、王昭昊（北京航空航天大学）、张子岳（北京理工大学）、马顺利（复旦大学）、陈长林（国防科技大学）、邹志革（华中科技大学）

4. 数字集成电路设计课程组

刘明（课程组负责人，复旦大学）、叶凡（复旦大学）、解玉凤（复旦大学）、易婷（复旦大学）、沈磊（复旦大学、上海复旦微电子股份有限公司）、陈迟晓（复旦大学）、杨帆（复旦大学）、周鹏（复旦大学）、董永康（哈尔滨工业大学）、王天琦（哈尔滨工业大学）、齐春华（哈尔滨工业大学）、程军（西安交通大学）、汪航（西安交通大学）、王旭辉（西安交通大学）、齐欢欢（西安交通大学）、张奥扬（清华大学）、刘雷波（清华大学）、吴行军（清华大学）、朱建峰（清华大学）、朱益

宏（清华大学）、雷鑑铭（华中科技大学）、叶大蔚（华中科技大学）、张延军（北京理工大学）、王业亮（北京理工大学）、马远骁（北京理工大学）、莫非（北京理工大学）、付宇卓（上海交通大学）、何卫峰（上海交通大学）、孙亚男（上海交通大学）、俞涉（北京华大九天科技股份有限公司）、邓检（北京华大九天科技股份有限公司）

5. 大规模集成电路设计方法课程组

魏少军（课程组负责人，清华大学）、尹首一（清华大学）、杨军（东南大学）、王源（北京大学）、李华伟（中国科学院计算技术研究所）、虞志益（中山大学）、罗国杰（北京大学）、叶佐昌（清华大学）、李兴权（鹏城实验室）、朱自然（东南大学）、林哲（中山大学）、张弘策（香港科技大学 广州）、郭龙坤（福州大学）、朱文兴（福州大学）、闫浩（东南大学）、赵康（北京邮电大学）、马玉涛（概伦电子）、林亦波（北京大学）、梁云（北京大学）、曹鹏（东南大学）、王翕（东南大学）、王明羽（中山大学）、肖山林（中山大学）、刘垚（中山大学）

6. 集成电路制造技术课程组

吴汉明（课程组负责人，浙江大学）、程然（浙江大学）、高大为（浙江大学）、张睿（浙江大学）、吴永玉（浙江大学）、陈一宁（浙江大学）、程志渊（浙江大学）、魏榕山（福州大学）、阮敦宝（福州大学）、王凌华（福州大学）、任堃（浙江大学）、周国栋（浙江大学）、薛国标（浙江大学）、江辉云（浙江大学）、李云龙（浙江大学）、张培勇（浙江大学）、唐建石（清华大学）、田禾（清华大学）、樊易嘉（清华大学）、张伊蓓（清华大学）、于世浚（清华大学）、李虎（山东大学）、李玉香（山东大学）、王新河（北京航空航天大学）、常晓阳（北京航空航天大学）、彭守仲（北京航空航天大学）、高滨（清华大学）、宋三年（中国科学院大学）、罗庆（中国科学院大学）、谢会开（北京理工大学）、张帅龙（北京理工大学）、逯遥（北京理工大学）、王晓毅（北京理工大学）、丁英涛（北京理工大学）、曹慧亮（北京理工大学）、宋爽（浙江大学）、杨斯元（上海捷省优质量技术服务有限公司）、刘冬（浙江大学）、袁雅暄（浙江大学）、钟璞珺（浙江大学）、曹登达（浙江大学）

7. 集成电路封装与测试技术课程组

刘胜（课程组负责人，武汉大学）、王安阳（武汉大学）、王启东（中国科学院微电子研究所）、文嘉玥（哈尔滨工业大学）、田艳红（哈尔滨工业大学）、史泰龙（东南大学）、朱敏敏（福州大学）、刘小婷（南京邮电大学）、刘丰满（中国科学院微电子研究所）、苏梅英（中国科学院微电子研究所）、李力一（东南大学）、李君（中国科学院微电子研究所）、李泽源（武汉大学）、李晗（东南大学）、余伟（武汉大学）、张弘（西安电子科技大学）、张召富（武汉大学）、张威（哈尔滨工业大学）、张海忠（福州大学）、张新（杭州长川科技股份有限公司）、陈江华（杭州长川科技股份有限公司）、陈思乡（杭州长川科技股份有限公司）、郑怀（武汉大学）、赵文（杭州长川科技股份有限公司）、赵阳（杭州长川科技股份有限公司）、钟锋浩（杭州长川科技股份有限公司）、侯峰泽（中国科学院微电子研究所）、殷长帅（武汉大学）、郭宇铮（武汉大学）、曹立强（中国科学院微电子研究所）、蔡志匡（南京邮电大学）、廖武刚（深圳大学）、戴风伟（中国科学院微电子研究所）

8. 集成电路可靠性设计与评价课程组

尤政（课程组负责人，华中科技大学）、缪向水（华中科技大学）、雷鑑铭（华中科技大学）、游海龙（西安电子科技大学）、郑雪峰（西安电子科技大学）、霍明学（哈尔滨工业大学）、刘斯扬（东南大学）、冯士维（北京工业大学）、李文昌（中国科学院大学）、靳磊（长江存储科技有限责

任公司)、尹盛(华中科技大学)、何强(华中科技大学)、罗为(华中科技大学)、张光祖(华中科技大学)、胡昂(华中科技大学)、王真(华中科技大学)、贾新章(西安电子科技大学)、李聪(西安电子科技大学)、刘超铭(哈尔滨工业大学)、田丽(哈尔滨工业大学)、李胜(东南大学)、叶然(东南大学)、张亚民(北京工业大学)、郭春生(北京工业大学)、张小玲(北京工业大学)、曹晓东(中国科学院大学)、张天一(中国科学院大学)

郑重声明

高等教育出版社依法对本书享有专有出版权。任何未经许可的复制、销售行为均违反《中华人民共和国著作权法》，其行为人将承担相应的民事责任和行政责任；构成犯罪的，将被依法追究刑事责任。为了维护市场秩序，保护读者的合法权益，避免读者误用盗版书造成不良后果，我社将配合行政执法部门和司法机关对违法犯罪的单位和个人进行严厉打击。社会各界人士如发现上述侵权行为，希望及时举报，我社将奖励举报有功人员。

反盗版举报电话 (010)58581999 58582371

反盗版举报邮箱 dd@hep.com.cn

通信地址 北京市西城区德外大街4号

高等教育出版社知识产权与法律事务部

邮政编码 100120

读者意见反馈

为收集对教材的意见建议，进一步完善教材编写并做好服务工作，读者可将对本教材的意见建议通过如下渠道反馈至我社。

咨询电话 400-810-0598

反馈邮箱 gjdzfwb@pub.hep.cn

通信地址 北京市朝阳区惠新东街4号富盛大厦1座

高等教育出版社总编辑办公室

邮政编码 100029

防伪查询说明

用户购书后刮开封底防伪涂层，使用手机微信等软件扫描二维码，会跳转至防伪查询网页，获得所购图书详细信息。

防伪客服电话 (010)58582300